南麂列岛海洋自然保护区
浅海生态环境与渔业资源

俞存根　蔡厚才　刘录三　林岿璇 等　著

科学出版社

北京

内 容 简 介

　　本书共分四章：第一章扼要介绍调查研究方法及内容；第二章主要阐述南麂列岛浅海生态环境，包括海洋水文、海水化学、沉积物、叶绿素a、浮游植物、浮游动物、大型底栖动物、环境质量评价等；第三章主要介绍南麂列岛浅海渔业资源的种类组成、优势种、数量时空分布、渔业资源蕴藏量评估、生物多样性及其群落结构特征等；第四章主要阐述南麂列岛国家级海洋自然保护区渔业资源保护与合理开发利用的对策建议。最后为附图和附录，主要包括南麂列岛国家级海洋自然保护区功能区划图、南麂列岛浅海区部分渔业生物图片、浙江省南麂列岛国家级海洋自然保护区管理条例及其实施细则等。本书是一本全面介绍南麂列岛国家级海洋自然保护区浅海生态环境与渔业生物资源的著作，内容丰富，资料翔实。

　　本书可供有关海洋生态、渔业资源、海洋生物等专业的师生，有关科研院所的研究人员，海洋与渔业行政管理部门、海洋自然保护区管理机构等相关单位的工作人员参考使用。

图书在版编目（CIP）数据

　　南麂列岛海洋自然保护区浅海生态环境与渔业资源/俞存根等著. ——北京：科学出版社，2018.10
　　ISBN 978-7-03-059024-4

　　Ⅰ. ①南… Ⅱ. ①俞… Ⅲ. ① 浅海–生态环境–平阳县 ② 浅海–海洋渔业–水产资源–平阳县 Ⅳ.① X145 ② S922.554

　　中国版本图书馆 CIP 数据核字(2018)第 226510 号

责任编辑：朱　瑾　田明霞 / 责任校对：郑金红
责任印制：张　伟 / 封面设计：无极书装

科 学 出 版 社 出版
北京东黄城根北街 16 号
邮政编码：100717
http://www.sciencep.com

北京虎彩文化传播有限公司 印刷
科学出版社发行　　各地新华书店经销

*

2018 年 10 月第 一 版　　开本：720×1000　B5
2018 年 10 月第一次印刷　　印张：18
字数：363 000
定价：188.00 元

(如有印装质量问题，我社负责调换)

本书获得浙江海洋大学学术著作出版基金和
南麂列岛国家级海洋自然保护区科研专项共同资助

项目组成员

渔业资源组组长：俞存根　蔡厚才　陈万东

渔业资源组成员：郑　基　章飞军　林　利

　　　　　　　　何贤保　李　新　毕耜瑶

　　　　　　　　叶　深　李德伟　夏陆军

　　　　　　　　谢　旭　伍尔魏　倪孝品

　　　　　　　　曾贵侯　郭小雨

　　　　　　　　CHEIKH SARR

生态环境组组长：刘录三　林岿璇　蔡厚才

生态环境组成员：蔡文倩　朱延忠　王　瑜

　　　　　　　　魏虎进　夏　阳　扈培龙

　　　　　　　　汪　星　周　娟　陈万东

　　　　　　　　林　利　倪孝品　曾贵侯

　　　　　　　　伍尔魏

后勤协调组组长：蔡厚才　杨加波　陈万东

后勤协调组成员：林岿璇　章飞军　郑　基

　　　　　　　　陈志锋　谢秉伟

前　　言

南麂列岛位于浙江省平阳县东南的东海大陆架上，由52个面积大于500m²的岛屿和几十个明礁、暗礁所组成，岛屿岸线总长约为75km。南麂列岛国家海洋自然保护区是1990年9月经国务院批准建立的我国首批5个国家级海洋自然保护区之一，1998年12月又被列入联合国教科文组织世界生物圈保护区网络，成为我国最早加入该网络的海洋类型自然保护区。南麂列岛国家级海洋自然保护区范围为27°24′30″N～27°30′00″N、120°56′30″E～121°08′30″E，总面积为201.06km²，其中岛域面积为11.13km²，海域面积为189.93km²，海域面积约为岛域面积的17倍。它是一个以保护海洋生物多样性为目标，以海洋贝藻类、鸟类、野生水仙花及其生态环境为主要保护对象的典型海洋岛屿生态系统保护区。目前，该保护区划分为三级保护管理：核心区包括大山、上马鞍、下马鞍、破屿、小柴屿、后麂山、部分大檑山及其附近海域，面积为8.04km²，约占总面积的4.0%，实行封闭式保护；缓冲区面积为34.04km²，约占总面积的16.9%，实行有重点的保护；实验区面积为158.98km²，约占总面积的79.1%，实行开发性保护。

南麂列岛国家级海洋自然保护区的海洋水文环境主要受台湾暖流与江浙沿岸流两大流系交替消长所控制，具有明显的季节变化，冬季主要受江浙沿岸流影响，夏季主要受台湾暖流影响。气候属亚热带海洋性季风气候区，冬暖夏凉，严寒期和酷暑期短。此外，保护区内众多的岛礁和岬角，使得该海域的上下层海水混合相当剧烈，根据许建平和杨士英（1992）的研究报道，该海域存在上升流且有终年存在的可能。独特的地理位置和自然环境造就了一个典型的海洋生态系统，由于海水水质肥沃，饵料生物丰富，水文和气候条件特殊，温度性质截然不同（暖水性、暖温性、冷水性）的海洋生物种类聚集于此，在保护区内栖息共存，促使南麂列岛国家级海洋自然保护区海洋生物种类繁多，区系组成复杂，生物多样性水平很高。根据蔡厚才等（2011）统计报道，南麂列岛国家级海洋自然保护区分布有贝类 427 种，大型底栖藻类 178 种，微小型藻类 459 类，鱼类 397 种，甲壳类 257 种，其他海洋生物 158 种，共计 1876 种。特别是贝类和藻类，不仅种类十分丰富（分布在保护区内的贝类和大型底栖藻类两者约占全国的 20%、浙江省的80%），而且具有温带、热带两种温度性质和区系特征完全不同的种类相聚集的情况，并表现出明显的地域上"断裂分布"现象，是一些不同温度性质和生态类型种类在我国南北海域分布的分界线。根据尤仲杰等（1992）的调查结果，有 22

种贝类在我国沿海仅出现在南麂列岛，而根据曾呈奎和陆保仁（1985）及曾呈奎（2000）的报道，出现在南麂列岛国家级海洋自然保护区的黑叶马尾藻、头状马尾藻均属于褐藻新种，根据王树渤（1994）的报道，浙江褐茸藻为南麂海域发现的又一褐藻新种。随着调查的深入开展，新种、新记录种不断被发现，保护区的生物名录物种数量一直在增加，南麂列岛海域呈现出很好的生物多样性、代表性和稀缺性。可以说，南麂列岛国家级海洋自然保护区是我国主要海洋贝藻类的天然博物馆，是典型的海洋生物资源种质基因库和"南种北移、北种南移"的引种过渡驯化基地。

自 20 世纪以来，随着世界经济的高速发展、人口的急剧增长及对自然资源的需求以前所未有的速度增加，出现了全球范围的人口膨胀、资源枯竭和生态环境恶化等一系列问题，并对人类社会的可持续发展构成了极大的威胁。因此，自第二次世界大战以后，国际社会在发展经济的同时开始更加关注生物资源的合理利用与保护问题，并且在拯救珍稀濒危物种、防止自然资源的过度利用等方面做了大量的工作。例如，早在 1948 年就由联合国和法国政府创建了世界自然保护联盟（IUCN）；1961 年建立了世界野生生物基金会（World Wildlife Fund，WWF）（现为世界自然基金会）；1971 年由联合国教科文组织提出了著名的"人与生物圈计划"（Man and the Biosphere Programme，MAB）；1980 年，正式颁布了由 IUCN等国际自然保护组织编制完成的《世界自然保护大纲》，该大纲提出了要把自然资源的有效保护与合理利用有机地结合起来的观点。在海洋生物多样性、主要优势种类的数量分布时空动态和特征及群落结构演替机制研究方面也备受世界各国广泛关注，自 20 世纪 60 年代以来，各种国际性的生态研究计划都关注着海洋生态系统。例如，20 世纪 60 年代实施的"国际生物学计划"（International Biological Program，IBP），主要目的是了解地球上各种不同的生态系统，其主要任务之一就是鼓励出版一系列生态学研究方法手册。在这些手册中，Holme 和 Mcintyre（1970）撰写的手册专门针对海洋和河口生态系统的底栖动物，说明了 IBP 对河口生态系统的底栖亚系统及其生物群落研究的关注。70 年代开始的 MAB 研究计划，其主要内容是探讨生物圈及各种生态系统的结构和功能，研究人类活动所引起的生物圈及自然资源的变化。MAB 共有 14 个项目，其中第 6 项主要是研究人类活动对河口湾及海岸带的价值和资源的生态影响。1986 年，由国际科学联盟理事会（ICSU）、国际社会科学联盟理事会（ISSC）等国际科学协会与世界气象组织（WMO）、联合国环境规划署（UNEP）、联合国教科文组织（UNESCO）等联合国的有关机构发起并实施了一个国际全球变化研究计划。该计划分为四大部分：世界气候研究计划（WCRP）、国际地圈生物圈计划（IGBP）、国际全球环境变化人文因素计划（IHDP）、国际生物多样性计划（DIVERSITAS）。其中 IGBP 研究全球变化对全球生态系统（包括海洋生态系统）及其多样性的结构与功能的影响，海洋生态过程对全球变化的响应或反馈等，并且出版了相应的研究报告。2000 年，为了了解海洋生命的过去和现在，并预测其未来的发展趋势，一项规模庞大的国际海洋生物普查计划（Census of Marine Life，CoML）在全球范围内正式启动。这是一个在全球尺度上评估和解释海洋生物分布、丰度和多样性的国际计划，由美国斯隆基金会（Sloan Foundation）发起，有 80 多个国家和地区的科研人员参加，耗时 10 年完成了历史上第一次较全面的海洋生物普查。这次海洋生物普查项目取得了丰硕成果，2010 年 10 月 4 日在伦敦发布了一份较为简明的海洋生物普查报告、3 本汇集普查结果的大部头书籍和海洋生物分布图等辅助资料。此外，研究人员在 10 年里共发表了 2600 多篇学术文章，平均每 1.5 天就有一篇文章问世。科学家在此基础上建立了世界最大的海洋生物信息库，勾勒出了迄今最全面的海洋生物"全景图"。根据普查结果，海洋生物物种总计约有 100 万种，其中 25 万种是人类已认知或已命名的海洋生物物种。10 年间，科学家共发现 6000 多种新物种，以甲壳类动物和软体动物居多，其中有 1200 种已认知或已命名，新发现待命名的物种约 5000 种。研究人员据此建立了"海洋生物地理信息系统"（OBIS），是迄今最大、最全面的海洋研究数据库。该数据库整合了世界各国 800 多个海洋数据库的内容，现在共有 2800 多万条海洋生物观察记录，并正以每年 500 万条新记录的速度在增长。据估计，其吸纳的全球总投资约为 6.5 亿美元。共有来自全球各地 670 个研究机构的 2700 多名科研人员参加普查，他们为此进行的远航次数超过 540 次，在海上度过的总时间超过 9000 天。中国海洋研究人员积极参加了本次普查并提供了中国海洋生物数据，中国科学院海洋研究所所长孙松任首届 CoML 中国委员会主席，中国在参加此次全球海洋生物普查的过程中，对过去几十年里收藏的海洋生物标本和相关记录进行了系统的鉴定和整理，发表了一批论文，出版了一批专著，中国已有记录和描述过的海洋生物物种约有 2.23 万种，占已认知全球海洋生物物种的 1/10 左右。

为了做好我国海洋自然资源和生态环境的保护工作，自 20 世纪 60 年代起，我国就开始着手海洋自然保护区的建设与管理，并于 1963 年在渤海划定了蛇岛自然保护区。到了 20 世纪 80 年代中后期，海洋自然保护区的建设与管理更是受到了我国政府领导及主管部门的高度重视，1988 年 6 月 28 日，国务委员宋健给时任国家海洋局局长严宏谟的信中直接指示，"建议海洋局的同志研究一下中国 18 000km 海岸线上有否必要建立几个保护区"，"海洋必须开发。但是，如果一点原始资源都不保护，结果可能全部破坏，后代就什么大自然也看不到了"。1988 年 7 月开始，国家海洋局根据上述批示，组织全国沿海地方海洋管理部门及有关单位进行了海洋自然保护区选划的调研和论证工作，并于 1989 年 5 月向国务院申报了拟选的国家级海洋自然保护区的材料，1990 年 9 月经国务院批准建立了昌黎黄金海岸、山口红树林生态、大洲岛海洋生态、三亚珊瑚礁、南麂列岛 5 个国家级海洋自然保护区，并取得了良好的保护效果。例如，南麂列岛国家级海洋自然保护区的建立有效地保护了当地的海洋生物种质资源及其赖以生存的生态环境，并成为我国最早加入联合国教科文组织世界生物圈保护区网络的海洋类型自然保护区，在全球海洋生物多样性保护上确立了重要的地位，同时保护区的建立也有力地促进了当地海洋经济的发展，特别是海水生态养殖业和生态旅游业出现了前所未有的发展速度。目前，南麂列岛已被列为全国科技兴海示范基地（1997 年），连续两次被评为中国十大美丽海岛（2005 年、2015 年）之一，也是人们休闲旅游度假的胜地。

海洋自然保护区是推动海洋生态文明建设、优化海洋空间开发保护格局的重要抓手，在保护海洋生态系统、维护海洋生物多样性等方面具有不可替代的作用。进入 21 世纪以来，国家各有关部门和沿海地区各级人民政府努力贯彻执行《中华人民共和国海洋环境保护法》《中华人民共和国海域使用管理法》《中华人民共和国海岛保护法》等相关法律法规，认真履行海洋生态保护职责，不断推进海洋自然保护区建设，海洋自然保护区数量、保护面积不断增加，类型不断丰富，我国海洋自然保护区事业取得了显著的成就。截至 2014 年 4 月，全国建有各种类型海洋保护区 249 处（不含港澳台地区），其中，海洋自然保护区 186 处，海洋特别保护区 63 处，总保护海洋面积 137 950.80km^2，约占中国管辖海域面积的 4.6%（曾江宁，2016）。

中国南部沿海人口和经济的快速增长已经导致沿海生境的退化，尽管已经采取了建设海洋自然保护区、海岸带综合管理等措施，但还是给具有国际意义的海洋生物多样性带来了威胁（俞永跃，2011）。随着南麂列岛知名度的不断提高，来岛上旅游的人数日益增多，保护区内人类开发与经济活动等外来影响也越来越严重，对南麂列岛及其附近海域生物资源与生态环境造成的压力已越来越大，在 21 世纪海洋开发大热潮中，保护区内的海洋开发活动有可能更加频繁，因此，必须进一步加大自然保护的力度。面对保护和开发之间出现的各种日益尖锐的矛盾，正确处理和协调两者的关系已刻不容缓。在《中国 21 世纪议程》白皮书中也明确提出"在南麂列岛海洋自然保护区内开展保护和开发协调发展实验，建设人与生物圈保护区"这一要求。若要解决以上问题，一方面需要大量的生物资源及环境的本底资料和图件，建立一个信息量大、使用方便的生物资源及环境数据信息库；另一方面需要对生物资源开发利用现状及环境条件的变化状况进行跟踪调查与评价，及时掌握生物资源的种类组成、数量分布、生物多样性、群落结构及生物学和环境变化状况。

过去曾有不少专家学者对南麂列岛国家级海洋自然保护区的生物资源及环境做过调查研究，但是大多比较零星分散，相对比较全面的调查共有 3 次。1989 年 8 月 25 日至 9 月 5 日曾由环保部门组织海洋、生物、地理、土壤、地质、环保和规划等方面的专家对南麂列岛进行过一次多学科考察，掌握了保护区生物与环境的基本概况。1992 年 5 月至 1993 年 3 月，曾由国家海洋局第二海洋研究所牵头，组织相关单位参与，进行了春、夏、秋、冬四季潮间带本底调查，取得了丰硕的研究成果，基本查清了该保护区潮间带底栖生物和环境质量的状况。2003 年 3 月 16 日至 20 日、6 月 27 日至 7 月 4 日，国家海洋局第二海洋研究所再次牵头，完成了浙江南麂列岛国家级海洋自然保护区功能区调整科学考察。但是，对南麂列岛浅海生态环境与渔业生物资源的调查却是个空白，一直没有开展过系统的专业调查。

"南麂列岛国家级海洋自然保护区海洋生物资源与栖息环境调查及保护效果评估"项目为国家海洋局下达任务，项目执行时间为 2012~2015 年，主要任务与目标是开展南麂列岛潮间带贝藻类资源调查，了解南麂列岛国家级海洋自然保护区潮间带生物的种类组成、丰度和生物量组成等群落结构，生物多样性特点；开展南麂列岛浅海生物资源种类组成、数量分布及其群落结构特点调查，掌握鱼类、虾类、蟹类等的种类组成、数量分布、群落结构及优势种种群动态；开展南麂列岛国家级海洋自然保护区生态环境调查与海流系统特征及变动规律研究；在此基础上，建立海洋生物资源及栖息环境数据库，提出南麂列岛国家级海洋自然保护区保护生物多样性措施及生物资源可持续利用对策，为科学管理保护区的海洋生物多样性及生态环境，合理利用保护区的生物资源，促进保护区社会与经济的可持续发展提供基础资料。

本项目研究任务分两大部分：一是浅海游泳生物资源和潮间带底栖生物资源调查，由浙江海洋大学、中国科学院海洋研究所和南麂列岛国家海洋自然保护区管理局共同负责实施；二是浅海生态环境调查，由中国环境科学研究院和南麂列岛国家海洋自然保护区管理局共同负责实施。浅海调查采用海上大面定点的方法。浅海游泳生物资源调查共设置 25 个调查站位（保护区内设置了 20 个站位，为了便于比较保护区内外的生物资源状况，在保护区外设置了 5 个站位），调查船租用"浙苍渔 0942"号。浅海环境因子调查共设置 28 个调查站位，调查的环境因子包括水文要素、水质化学要素、沉积物化学要素、生物要素等。本著作不包括潮间带底栖生物资源调查内容。

先后参与浅海游泳生物资源和浅海生态环境调查与研究的人员共有 31 人（其中浙江海洋大学 12 人，南麂列岛国家海洋自然保护区管理局 9 人，中国环境科学研究院 10 人），经过项目组成员 3 年多的共同努力，已圆满完成外业调查及室内鉴定测量、数据处理、调查资料的整理分析工作，基本查明了南麂列岛国家级海洋自然保护区浅海区域的鱼类、虾类、蟹类等生物种类组成及优势种等；掌握了南麂列岛国家级海洋自然保护区鱼类、虾类、蟹类等生物的数量时空分布，绘制了不同生物类群及优势种的数量时空分布图；计算并分析了南麂列岛国家级海洋自然保护区生物多样性、生物群落结构特点；利用定量方法评估了南麂列岛国家级海洋自然保护区生物资源密度及其资源量；掌握了浅海水温、盐度、水深、溶解氧、pH、硝酸盐、亚硝酸盐、氨氮、活性磷酸盐、硅酸盐、化学需氧量、石油类、总磷、总氮、重金属、叶绿素 a、浮游植物、浮游动物、大型底栖动物等生态环境状况；建立了南麂列岛国家级海洋自然保护区海洋生物资源及栖息环境数据库。

　　本著作主要由 2012～2015 年实施的国家海洋局下达的"南麂列岛国家级海洋自然保护区海洋生物资源与栖息环境调查及保护效果评估"项目部分调查资料编写而成，为了更加全面、直观地反映南麂列岛浅海区分布的渔业生物种类，丰富内容，在南麂列岛浅海区渔业生物图片中还结合采用了 2010～2011 年实施的浙江省海洋与渔业局下达的"南麂列岛岛礁鱼类资源调查及管理技术开发"项目调查所获得的渔业生物样品及其拍摄的照片。

　　本著作的完成是全体项目组成员共同努力的结晶，在海上调查过程中还得到了中国海监南麂列岛国家级海洋自然保护区支队"中国海监 7072"号艇、"浙苍渔 0942"号全体船员的大力支持，也得到了中国科学院海洋研究所等其他项目组成员的热心帮助，还有其他很多同事、同学和朋友都为本著作的完成做出了很大的贡献。在此一并致以谢意。

　　出版本著作的目的是为南麂列岛国家级海洋自然保护区乃至我国海洋保护区的建设、管理及可持续发展提供科学依据。由于作者的水平有限，书中难免存在一些不妥之处，敬请广大读者批评指正。

俞存根

2017 年 1 月 21 日于舟山

目　　录

第一章 调查研究方法及内容

第一节 调查时间、范围及其站位

一、调查时间

南麂列岛国家级海洋自然保护区浅海生态环境及渔业资源调查野外工作始于 2013 年 11 月,至 2014 年 9 月结束。其中浅海生态环境调查时间分别为 2013 年 11 月(秋季)、2014 年 2 月(冬季)、2014 年 5 月(春季)和 2014 年 8 月(夏季)。在浅海渔业资源的秋、冬、春、夏四季调查中,由于夏季的 8 月正值伏季休渔期,因此,4 个季度的调查时间设定为 2013 年 11 月(秋季)、2014 年 2 月(冬季)、2014 年 5 月(春季)和 2014 年 9 月(夏季)。

二、调查范围与站位

1. 浅海生态环境调查

调查范围为 27°24′29″N～27°30′00″N、120°56′31″E～121°08′28″E。调查站位采用网格状设置,共设置 28 个站位,具体调查站位设置与地理坐标如图 1-1 和表 1-1 所示。

2. 浅海渔业资源调查

调查范围为 27°24′30″N～27°30′30″N、120°45′00″E～121°25′00″E。调查站位采用网格状设置,在保护区内设置了 20 个站位,为了便于比较保护区内外的渔业生物资源状况,在保护区外设置了 5 个站位。具体调查站位设置与地理坐标如图 1-2 和表 1-2 所示,其中,1 号站、2 号站分布在保护区外的靠沿岸侧,水深小于 15m,23 号站、24 号站、25 号站分布在保护区外的靠外海侧,水深大于 45m,其他站位位于保护区范围内,水深分布在 15～45m。

三、调查船、网工具与设备

浅海渔业资源调查租用群众单拖网渔船,船号为“浙苍渔 0942”号,渔船主机功率为 202kW,网具规格分别为 750 目×150mm(2013 年 11 月)、750 目×80mm(2014

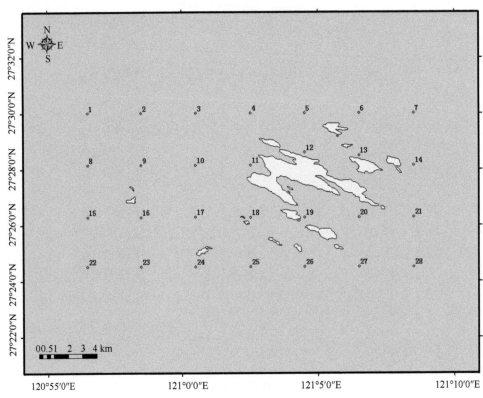

图 1-1　浅海生态环境调查采样站位图

表 1-1　浅海生态环境调查站位的经纬度分布

站位	纬度（N）	经度（E）	站位	纬度（N）	经度（E）
1	27°30′00″	120°56′31″	15	27°26′17″	120°56′31″
2	27°30′00″	120°58′30″	16	27°26′17″	120°58′30″
3	27°30′00″	121°00′29″	17	27°26′17″	121°00′29″
4	27°30′00″	121°02′31″	18	27°26′17″	121°02′31″
5	27°30′00″	121°04′30″	19	27°26′17″	121°04′30″
6	27°30′00″	121°06′29″	20	27°26′17″	121°06′29″
7	27°30′00″	121°08′28″	21	27°26′17″	121°08′28″
8	27°28′08″	120°56′31″	22	27°24′29″	120°56′31″
9	27°28′08″	120°58′30″	23	27°24′29″	120°58′30″
10	27°28′08″	121°00′29″	24	27°24′29″	121°00′29″
11	27°28′08″	121°02′31″	25	27°24′29″	121°02′31″
12	27°28′08″	121°04′30″	26	27°24′29″	121°04′30″
13	27°28′08″	121°06′29″	27	27°24′29″	121°06′29″
14	27°28′08″	121°08′28″	28	27°24′29″	121°08′28″

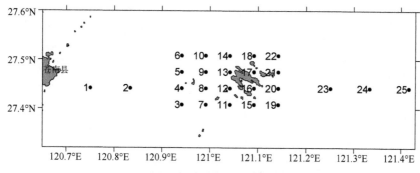

图 1-2　浅海渔业资源调查采样站位图

表 1-2　浅海渔业资源调查站位的经纬度分布

站位	纬度（N）	经度（E）	站位	纬度（N）	经度（E）
1	27°26′30″	120°45′00″	14	27°28′30″	121°02′30″
2	27°26′30″	120°50′00″	15	27°24′30″	121°05′30″
3	27°24′30″	120°56′30″	16	27°26′30″	121°05′30″
4	27°26′30″	120°56′30″	17	27°28′30″	121°05′30″
5	27°28′30″	120°56′30″	18	27°28′30″	121°05′30″
6	27°30′30″	120°56′30″	19	27°24′30″	121°08′30″
7	27°24′30″	120°59′30″	20	27°26′30″	121°08′30″
8	27°26′30″	120°59′30″	21	27°28′30″	121°08′30″
9	27°28′30″	120°59′30″	22	27°28′30″	121°08′30″
10	27°28′30″	120°59′30″	23	27°26′30″	121°15′00″
11	27°24′30″	121°02′30″	24	27°26′30″	121°20′00″
12	27°26′30″	121°02′30″	25	27°26′30″	121°25′00″
13	27°28′30″	121°02′30″			

年 2 月、2014 年 5 月、2014 年 9 月）。调查船上配备有雷达、卫星导航、探鱼仪（测深仪）等导航、定位及其他助航助渔设备。

浅海生态环境调查使用中国海监南麂列岛国家级海洋自然保护区支队"中国海监 7072"号艇。大型底栖动物定量采样调查使用开口面积为 0.1m^2 的静力式采泥器。浮游植物利用浅水Ⅲ型浮游生物网（网口内径 37cm，网口面积 0.1m^2，筛绢网目孔径 77μm）自底至表垂直拖网采集。浮游动物使用浅水Ⅰ型浮游生物网（网口内径 50cm，筛绢网目孔径约 505μm）由底至表垂直拖曳采集。水文环境要素调查使用 CTD 等仪器。

第二节 调查内容及调查方法

一、调查内容

1. 浅海生态环境调查

（1）水文要素：水温、水深。

（2）水质化学要素：盐度（底-表）、溶氧（底-表）、pH（底-表）、硝酸盐、亚硝酸盐、氨氮、活性磷酸盐、硅酸盐、化学需氧量、石油类。

（3）沉积物化学要素：总磷、总氮、重金属（As[①]、Cu、Pb、Zn、Cd、Cr、Hg）、粒度。

（4）生物要素：叶绿素 a（表层）、浮游植物、浮游动物、大型底栖动物。

2. 浅海渔业资源调查

（1）浅海生物资源种类组成、数量分布及其群落结构特点研究：查明南麂列岛国家级海洋自然保护区海域鱼类、虾类、蟹类种类组成及优势种等。

（2）浅海生物资源数量分布研究：掌握南麂列岛国家级海洋自然保护区海域鱼类、虾类、蟹类种类组成及优势种的数量时空分布，绘制不同生物类群及优势种的数量时空分布图。

（3）浅海生物多样性及群落结构特征研究：计算并分析南麂列岛国家级海洋自然保护区海域生物多样性、生物群落结构特点。

（4）浅海生物资源量评估：利用定量方法评估南麂列岛国家级海洋自然保护区海域生物资源密度及其资源量。

（5）水文环境与海流系统特征研究：主要研究南麂列岛国家级海洋自然保护区的水温、盐度分布，同时，利用历史资料，分析其海流系统的分布及消长规律，探讨环境因子与生物群落结构之间的关系。

二、调查方法

1. 浅海生态环境调查

浅海生态环境现场调查的采样、观测方法均按照《海洋调查规范》（GB/T 12763—2007）进行。其中，底栖动物定量采样工作，每站位取 3 个重复样，通过 0.5mm 孔径的筛网冲洗后，生物样品用 75%乙醇保存。浮游植物和浮游动物每

---

① As 为类金属，但其具有金属性质，本书将其看作重金属。

站位各取 1 个样。生物样品处理按照《海洋调查规范 第 6 部分：海洋生物调查》（GB/T 12763.6—2007）中的技术规定进行，底栖动物样品鉴定到种，定量样品用精度为 0.001g 的电子天平称量，人工计数并换算栖息密度；浮游植物样品运用沉降计数法或浓缩法在显微镜下镜检计数；浮游动物样品在体视显微镜下进行种类鉴定，人工计数并换算栖息密度。水质分析采用《海水水质标准》（GB 3097—1997）推荐的方法和相关标准方法进行；沉积物分析采用《海洋监测规范 第 5 部分：沉积物分析》（GB 17378.5—2007）和相关标准方法进行。

2. 浅海渔业资源调查

浅海渔业资源调查方法按照《海洋渔业资源调查规范》（SC/T9403—2012）进行。每一航次海上调查都有 3～4 名专业技术人员上船，调查过程中的技术工作由专业技术人员负责进行。每站位拖曳约 1h，拖速约为 3 节，每站位拖网所获得的渔获物全部取样装入样品袋，并进行编号、记录后，冰鲜保存，带回实验室分析、鉴定，并对主要渔获种类进行生物学测定。同时，在每一个调查站位，采用 CTD 测量水温、盐度、叶绿素 a 等环境因子，其中秋季 1 号站由于特殊原因没有调查。

第三节　数据处理及分析方法

一、相对重要性指数计算公式

浅海游泳生物优势种的计算采用相对重要性指数，计算公式如下：

$$\text{IRI} = [(n_i / N + w_i / W) \times f_i / m] \times 10^5 \qquad (1\text{-}1)$$

式中，n_i、w_i 分别为第 i 种生物的个体数和生物量；N、W 分别为总个体数和总生物量；f_i 为第 i 种生物在 m 次取样中出现的频率；m 为取样次数。

二、优势度计算公式

浮游动物优势种采用优势度计算公式计算，公式如下：

$$Y = (n_i/N) \times f_i \qquad (1\text{-}2)$$

式中，Y 为优势度；n_i 为第 i 种生物的个体数；f_i 为第 i 种生物在各站位出现的频率；N 为每个种出现的总个体数。

三、生物多样性指数计算公式

生物多样性主要采用香农-维纳（Shannon-Wiener）指数（H'）、均匀度指数（J'）、丰度指数（d）计算，公式如下：

（1）Shannon-Wiener 指数（H'）计算公式：

$$H' = -\sum_{i=1}^{S} P_i \log_2 P_i \qquad (1\text{-}3)$$

式中，H' 为 Shannon-Wiener 指数；P_i 为第 i 种生物占总个体数或总生物量的比例；S 为生物总种数。

（2）均匀度指数（J'）计算公式：

$$J' = H' / \log_2 S \qquad (1\text{-}4)$$

式中，J' 为均匀度指数；H' 为 Shannon-Wiener 指数；S 为生物总种数。

（3）丰度指数（d）计算公式：

$$d = (S-1)/\log_2 N \qquad (1\text{-}5)$$

$$或 d = (S-1)/\log_2 G \qquad (1\text{-}6)$$

式中，d 为丰度指数；N 为总个体数；G 为总生物量；S 为生物总种数。

四、群落结构分析计算公式

对于群落调查得到的原始数据，为了降低数量上占优势的个别物种对群落结构的影响权重，在计算样方之间的相似性系数之前，通常需要对原始数据进行数学上的变换，如采用对数转化[lg(x+1)]、四次方根变换等，使它们的分布更接近正态分布。在布雷-柯蒂斯（Bray-Curtis）相似性测量的基础上，也采用聚类和非度量多维标度（NMDS）进行群落结构分析，对这两种方法结果的准确性进行验证。通过胁强系数（stress）评价 NMDS 结果，stress<0.05 时效果非常好，stress<0.1 时效果较好，stress<0.2 时效果一般；采用相似性百分比（SIMPER）分析生物对组内相似性和组间相异性的贡献率。

（1）站位间 Bray-Curtis 相似性系数公式

$$B = 100 \times \left[1 - \frac{\sum_{i=1}^{S} \left| x_{ij} - x_{im} \right|}{\sum_{i=1}^{S} \left| x_{ij} + x_{im} \right|} \right] \qquad (1\text{-}7)$$

式中，B 为 Bray-Curtis 相似性系数；S 为种类数；x_{ij}、x_{im} 分别为 i 种在 j 站和 m 站生物量转化后的数值（经对数标准化转换）。

（2）等级聚类分析

根据计算出来的 Bray-Curtis 相似性系数，采用逐步成群法中均值连接法，选择距离最近的一对样方合并为一类，再计算新类与其他类之间的距离，删除已选出的一对所在的行和列，再进行新的合并，直至所有样品合并为一类为止。

（3）非度量多维标度

非度量多维标度的基本原理：假设有 n 个实体 1，2，…，n，实体 j 和 k 之间的相异性为 W_{jk}，将其列为半矩阵，实体自身的相异性略去，则共有 $m=n(n-1)/2$ 个相异值。假设这 m 个值按序值从小到大排列：$W_{j1k1} \leqslant W_{j2k2} \leqslant \cdots \leqslant W_{jmkm}$。若为相似性值，则按序值从大到小排列。非度量多维标度的目的就在于用 t 维（$t \leqslant n$）欧氏空间上的 n 个点来表示这个实体，而且点间欧氏距离大小 $d_{jk} = \sqrt{\sum_{i=1}^{p}(y_{ij} - y_{ik})^2}$ 顺序与相异值序列一致。其中，d_{jk} 是欧氏空间上第 j 点与第 k 点之间的距离；y_{ij} 是第 j 个样方的第 i 物种个体数；y_{ik} 是第 k 个样方的第 i 物种个体数；p 是所有物种总数。

五、ABC 曲线

ABC 曲线即丰度/生物量比较曲线，在同一坐标系中，通过比较生物量优势度曲线和数量优势度曲线的走势情况来分析某一群落受到的干扰。如果生物量优势度曲线在数量优势度曲线之上，则表示群落稳定；若两条曲线相交或者重叠在一起，则表示群落受到中等程度干扰；若数量优势度曲线在生物量优势度曲线之上，则表明群落受到严重干扰。

ABC 曲线的统计量用 W 表示，计算公式为：

$$W = \sum_{i=1}^{S} \frac{B_i - A_i}{50(S-1)} \tag{1-8}$$

式中，S 为出现种类数，B_i 和 A_i 表示 ABC 曲线中种类序号对应的生物量和数量累积百分比。可见，当生物量优势度曲线在上方时 W 为正值，当数量优势度曲线在上方时 W 为负值。W 逐渐接近 1 时，表示群落生物量优势逐渐由单一物种所统治，但各物种的丰度趋于相同；当 W 逐渐趋近于 -1 时，情况恰好相反。

六、生物资源密度估算方法

生物资源密度估算方法根据《建设项目对海洋生物资源影响评价技术规程》（SC/T 9110—2007）进行，计算公式如下：

$$D = C/aq \tag{1-9}$$

式中，D 为生物资源密度，单位为尾/平方千米（ind/km²）或 kg/km²；C 为平均每小时拖网渔获量，单位为 ind/h 或 kg/h；a 为每小时网具扫海面积，单位为 km²/h；q 为捕获率，本书取值 0.5。

生物资源量计算公式如下：

$$N = \left(\sum_{i=1}^{n} D_i / n \right) A \qquad (1\text{-}10)$$

式中，N 为整个调查区域的现存资源量（t）；D_i 为第 i 站位的资源密度（t/km^2）；A 为调查区域的面积（km^2）；n 为站位数。

第二章　浅海生态环境

第一节　海　　流

南麂列岛位于东海大陆架上的浙江南部海域，其水文环境主要受台湾暖流及江浙沿岸流的交替消长影响。国家海洋局第二海洋研究所许建平和杨士英（1992）指出，影响南麂列岛海域水系配置的海流乃是台湾暖流和江浙沿岸流（或称东海沿岸流），它们的消长变化对该海域水温、盐度、透明度等水文要素起到了控制性作用。

台湾暖流是黑潮暖流进入东海后的第一分支。黑潮是太平洋洋流的一环，由北赤道海流在菲律宾海域北转，主流沿我国台湾东岸、琉球群岛西侧流入东海，又经吐噶喇和大隅海峡流向日本东岸，在 40°N 附近再折向东去成为北太平洋暖流，为全球第二大暖流。黑潮具有流速强，流量大，流向稳定，流幅狭窄，延伸深邃，高温高盐等特征。黑潮主干仅在我国大陆架边缘流过，而未直接通达我国近海。但是，黑潮在台湾东北部穿过与那国海峡沿着东黄海大陆架边缘北上的过程中，存在着对我国近海水文环境产生巨大影响的两个分支——台湾暖流和黄海暖流。台湾暖流在台湾东北部从黑潮主干分出后，沿 123°E 线的东海大陆架逆坡北上，在北上过程中，流速逐渐减慢，在 30°N 以南，流速为 0.6~0.8 节，在 30°N~32°N 海域，流速减为 0.4 节，到了长江口外侧，减为 0.2 节。台湾暖流的表层流向易受季风影响，而下层流向则终年保持东北向。台湾暖流年间温度变化较大，盐度变化较小，同时，越往北进，暖流变性越大，温度和盐度越低，春夏自南朝北楔入，直抵浙江北部沿岸水域，一般年份的北缘多止于长江口，其势力是夏季最强，冬季最弱，夏季可达舟山渔场沿岸，几乎遍及整个东海浅水区，冬季在偏北风的作用下，暖流势力受到削弱，向南退缩。同时由于此时江浙沿岸水流势减弱，流幅变狭窄，紧贴海岸南下，冬季台湾暖流西偏拢岸明显。

20 世纪 60 年代初期，我国著名海洋学家毛汉礼等（1964）最早指出，台湾暖流是来自台湾东北的一个黑潮分支；日本学者松宫義晴和和田時夫（1977）也提出台湾暖流是黑潮的一个分支。之后，中国科学院海洋研究所管秉贤（1978）则认为夏季台湾暖流主要来自台湾海峡，与前者看法不一致。到了 80 年代中期，中国科学院海洋研究所翁学传和王从敏（1985，1989）及国家海洋局第一海洋研究所郭炳火等（1985）采用大量的实测资料澄清了早期的一些看法，提出台湾暖流水的组成不是单一的，其表层水在冬半年来自于黑潮表层水，夏半年则来自于流经台湾海峡北上的南海表层水，而其深层水则终年来自于黑潮次表层水在东海陆坡区的涌升。近年来，国家海洋局第二海洋研究所曾定勇等（2012）通过观测发现，台湾暖流主要分布在 50m 等深线的向外海一侧，随着接近海底其范围向岸靠近，在底层影响可达 30m 等深线附近。台湾暖流的流向颇为稳定，大体沿东海西部陆架 50～100m 等深线流向东北，这个位置正好就在南麂列岛的外侧不远处，在底层可到达南麂列岛附近。中国海洋大学石晓勇等（2013）发现，夏季的台湾暖流水具有台湾海峡水和黑潮次表层涌升水两个来源，分别构成台湾暖流的表层水和深层水，而台湾海峡水由南海水和部分黑潮水混合而成，在海峡北部势力较强的海峡水甚至有进入黑潮区的迹象。值得一提的是，在南麂海区已鉴定出不少仅生长于南海的热带生物种类，而某些种类可作为海流的指示种，这或许可以帮助人们进一步认识黑潮水确实对南麂海域产生显著的影响。

低温、低盐的东海北部海水（即江浙沿岸流），只有在冬季影响到南麂海域。江浙沿岸流主要源自长江和钱塘江径流，以低盐为主要特征。当其沿浙江近海南下时，又汇入了甬江、曹娥江、椒江、清江、瓯江、飞云江、鳌江等江河的径流，是南麂海域营养物质的主要来源。在季风的影响下，江浙沿岸流具有明显的季节变化特征，年间水温变幅大，盐度一年四季均低，其强度主要受长江、钱塘江和瓯江等河流的径流影响。冬季，浙江沿海盛行东北季风，且径流量减少，故沿岸流向南流动，方向恰好与台湾暖流相反，而流幅则限于离岸 70～90km，沿岸水盐度达到全年最高，温度下降到全年最低。自秋末到翌年初春为江浙沿岸流顺岸向南运移时期，这时，随着气温下降和径流量减少，江浙沿岸流开始降温增盐，向沿岸收缩，并且在偏北季风的作用下，沿着海岸逐渐转向南伸展，从而在冬季影响到南麂海域，并与台湾暖流相交汇，形成发达的海洋锋面，而其他季节，则对南麂海域少有影响。夏季，沿岸流在西南季风的作用下向北流动，与台湾暖流流向一致。由于江浙沿岸流的强烈作用，浙江近海多为浑水区。据卫星红外遥感观测，浙江省近海有一条北宽南窄的浑水带，南麂列岛适值其南部末端外缘，故这里成为浙江近海少有的清水海区，水色以绿色至浅蓝色为主，透明度一般大于 2m，夏秋季节最大可达 7m 以上。3 月中旬台湾暖流开始影响该海区，透明度逐步增加，到 10 月受江浙沿岸流影响，透明度才开始逐渐下降。

此外，上升流也是作用于南麂海域异常活跃的海洋动力因子，是南麂海域的一个重要水文现象。南麂海域上升流的形成，主要与流经南麂海域东侧北上的台湾暖流在海底遇阻所产生的下层水逆坡爬升有关。上升流终年存在，夏季在西南季风影响下还有所加强，可将底层富含磷酸盐、硝酸盐等营养物质的海水源源不断地送往上层，使该海域初级生产力维持在较高的水平，为各种海洋生物提供了丰富的饵料。

第二节　水 文 环 境

根据 2013 年 11 月（秋季）、2014 年 2 月（冬季）、2014 年 5 月（春季）和 2014 年 8 月（夏季）的定点调查结果，浅海水文环境状况如下。

一、水深

春季航次，实测南麂列岛浅海区站位的水深为 16～39m，平均水深为 26m。最浅站位出现在 11 号站，最深站位出现在 13 号站。

夏季航次，实测南麂列岛浅海区站位的水深为 14～44m，平均水深为 25.2m。最浅站位出现在 11 号站，最深站位出现在 6 号站。

秋季航次，实测南麂列岛浅海区站位的水深为 15～45m，平均水深为 26.3m。最浅站位出现在 11 号站，最深站位出现在 13 号站。

冬季航次，实测南麂列岛浅海区站位的水深为 15～34m，平均水深为 25.1m。最浅站位出现在 7 号站，最深站位出现在 5 号站。

二、温度分布

春季，南麂列岛浅海区表层水温为 18.28～19.86℃，平均水温为 18.92℃。最低水温出现在 6 号站，最高水温出现在 8 号站。

夏季，南麂列岛浅海区表层水温为 28.28～29.05℃，平均水温为 28.61℃。最低水温出现在 12 号站，最高水温出现在 23 号站。

秋季，南麂列岛浅海区表层水温为 20.25～20.93℃，平均水温为 20.62℃。最低水温出现在 14 号站，最高水温出现在 28 号站。

冬季，南麂列岛浅海区表层水温为 8.72～9.83℃，平均水温为 9.27℃。最低水温出现在 3 号站，最高水温出现在 27 号站。

三、盐度分布

春季，南麂列岛浅海区表层盐度为 25.99～31.55，平均盐度为 29.72，最低盐度出现在 25 号站，最高盐度出现在 6 号站（图 2-1c）。底层盐度为 30.04～33.26，平均盐度为 31.71，最低盐度出现在 1 号站，最高盐度出现在 28 号站（图 2-2b）。

夏季，南麂列岛浅海区表层盐度为 28.01～29.9，平均盐度为 29.29，最低盐度出现在 1 号站，最高盐度出现在 5 号站（图 2-1d）。底层盐度为 29.5～31.89，平均盐度为 30.19，最低盐度出现在 1 号站，最高盐度出现在 5 号站（图 2-2c）。

秋季，南麂列岛浅海区表层盐度为 28.39～29.1，平均盐度为 28.76，最低盐度出现在 2 号站，最高盐度出现在 19 号站（图 2-1a）。

冬季，南麂列岛浅海区表 层盐度为 29.53～33.13，平均盐度为 31.75，最低盐度出现在 11 号站，最高盐度出现在 28 号站（图 2-1b）。底层盐度为 29.69～33.19，平均盐度为 32.03，最低盐度出现在 12 号站，最高盐度出现在 20 号站（图 2-2a）。

四、浊度

春季，南麂列岛浅海区表层浊度为 2.16～31.49FTU，平均值为 9.73FTU，最低值出现在 7 号站，最高值出现在 9 号站（图 2-3c）。底层浊度为 8.30～277.64FTU，平均值为 31.71FTU，最低值出现在 13 号站，最高值出现在 4 号站（图 2-4a）。

夏季，南麂列岛浅海区表层浊度为 6.46～124.08FTU，平均值为 13.94FTU，最低值出现在 10 号站，最高值出现在 5 号站（图 2-3d）。底层浊度为 6.30～1155.06FTU，平均值为 87.84FTU，最低值出现在 28 号站，最高值出现在 7 号站（图 2-4b）。

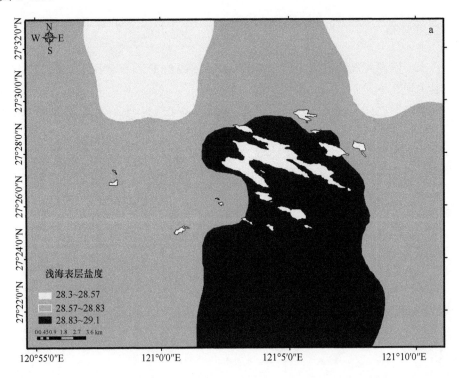

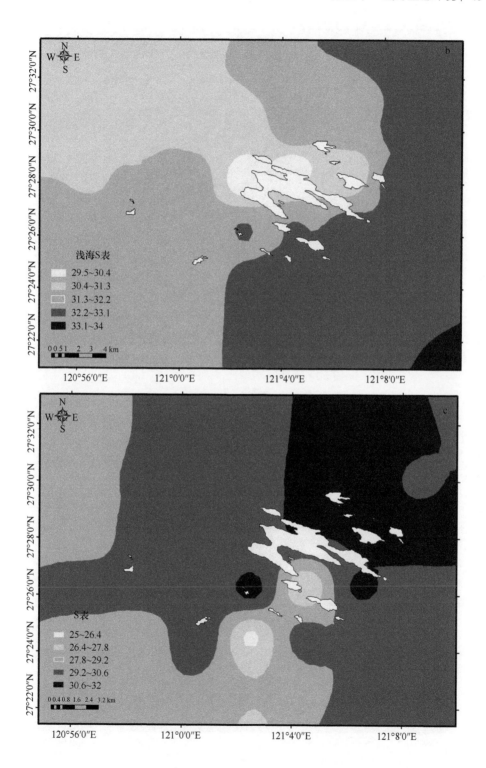

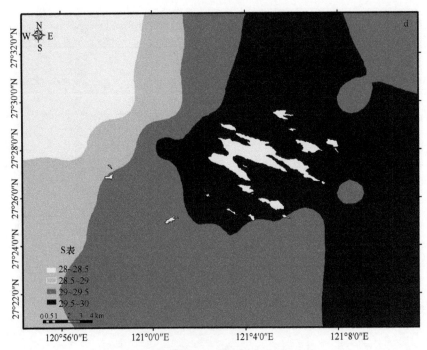

图 2-1 南麂列岛浅海区表层盐度分布
a. 秋季；b. 冬季；c. 春季；d. 夏季

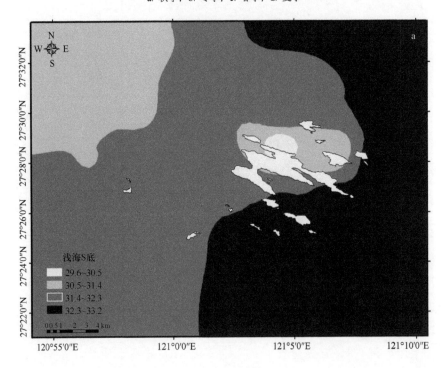

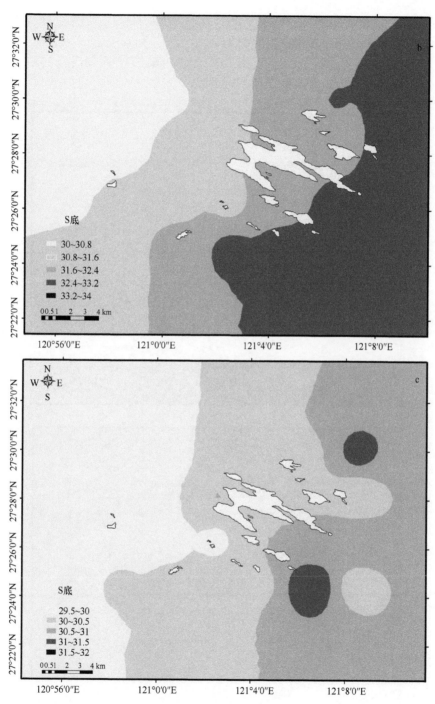

图 2-2 南麂列岛浅海区底层盐度分布

a. 冬季；b. 春季；c. 夏季

秋季，南麂列岛浅海区表层浊度为 11.80～42.60FTU，平均值为 31.59FTU，最低值出现在 11 号站，最高值出现在 27 号站（图 2-3a）。

冬季，南麂列岛浅海区表层浊度为 103.20～319.60FTU，平均值为 224.80FTU，最低值出现在 12 号站，最高值出现在 18 号站（图 2-3b）。

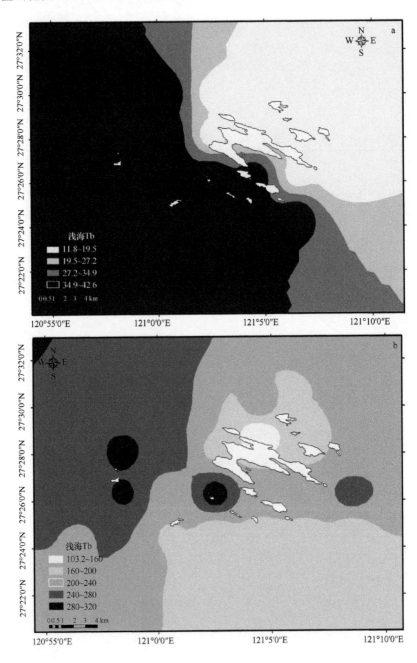

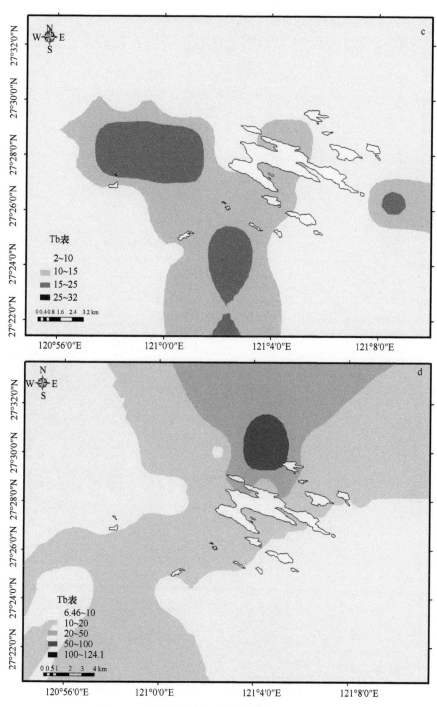

图 2-3 南麂列岛浅海区表层浊度（FTU）分布

a. 秋季；b. 冬季；c. 春季；d. 夏季

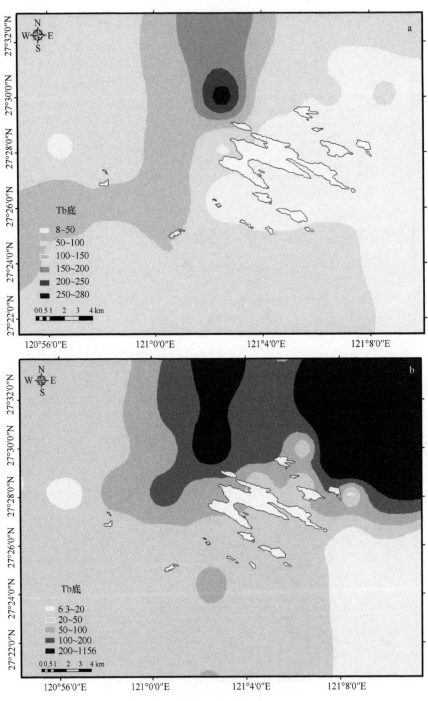

图 2-4　南麂列岛浅海区底层浊度（FTU）分布

a. 春季；b. 夏季

第三节　海　水　化　学

根据 2013 年 11 月（秋季）、2014 年 2 月（冬季）、2014 年 5 月（春季）和 2014 年 8 月（夏季）的定点调查结果，南麂列岛浅海区海水化学要素状况如下。

一、溶解氧

春季，南麂列岛浅海区表层溶解氧（DO）为 5.31～14.63mg/L，平均值为 9.32mg/L，最低值出现在 3 号站，最高值出现在 28 号站（图 2-5b）。底层溶解氧为 5.73～9.28mg/L，平均值 7.28mg/L，最低值出现在 28 号站，最高值出现在 1 号站（图 2-6a）。

夏季，南麂列岛浅海区表层溶解氧为 6.32～6.80mg/L，平均值为 6.54mg/L，最低值出现在 13 号站，最高值出现在 9 号站（图 2-5c）。底层溶解氧为 3.37～6.69mg/L，平均值为 5.36mg/L，最低值出现在 27 号站，最高值出现在 8 号站（图 2-6b）。

秋季，南麂列岛浅海区表层溶解氧为 6.84～7.54mg/L，平均值为 7.28mg/L，最低值出现在 11 号站，最高值出现在 16 号站和 24 号站，均为 7.54mg/L（图 2-5a）。

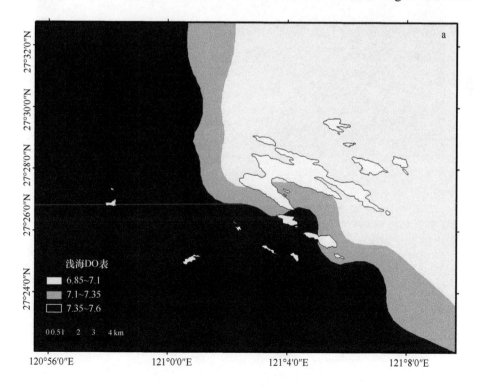

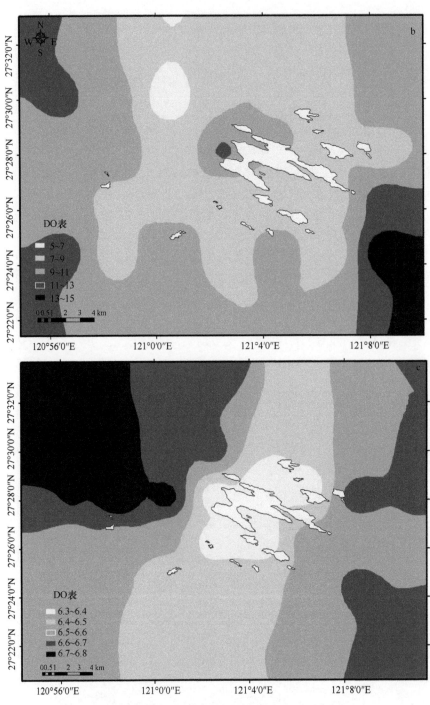

图 2-5　南麂列岛浅海区表层溶解氧（mg/L）分布
a. 秋季；b. 春季；c. 夏季

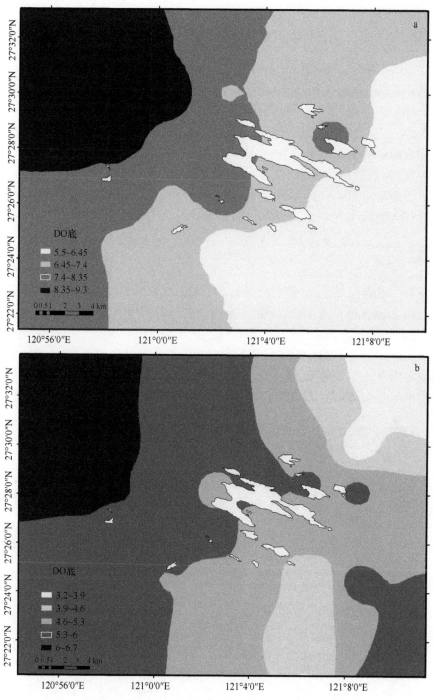

图 2-6 南麂列岛浅海区底层溶解氧（mg/L）分布

a. 春季；b. 夏季

二、pH

春季，南麂列岛浅海区表层 pH 为 7.96～8.57，平均值为 8.22，最低值出现在 23 号站，最高值出现在 9 号站（图 2-7c）。底层 pH 为 7.99～8.35，平均值为 8.12，最低值出现在 28 号站，最高值出现在 8 号站（图 2-8b）。

秋季，南麂列岛浅海区表层 pH 为 7.84～8.32，平均值为 8.21。最低值出现在 14 号站，最高值出现在 11 号站（图 2-7a）。

冬季，南麂列岛浅海区表层 pH 为 7.82～8.32，平均值为 8.03，最低值出现在 3 号站，最高值出现在 13 号站（图 2-7b）。底层 pH 为 7.84～8.35，平均值为 7.96，最低值出现在 21 号站，最高值出现在 13 号站（图 2-8a）。

三、氮

春季，南麂列岛浅海区水体 NO_3^--N 浓度为 0.084～0.748mg/L，平均值为 0.262mg/L，最低值出现在 22 号站，最高值出现在 18 号站；NO_2^--N 为 0.005～0.018mg/L，平均值为 0.010mg/L，最低值出现在 28 号站，最高值出现在 11 号站；NH_4^+-N 为 0.007～0.023mg/L，平均值为 0.014mg/L，最低值出现在 22 号站，最高值出现在 20 号站；无机氮 DIN 含量为 0.097～0.779mg/L，平均值为 0.286mg/L，最低值出现在 22 号站，最高值出现在 18 号站（图 2-9）。

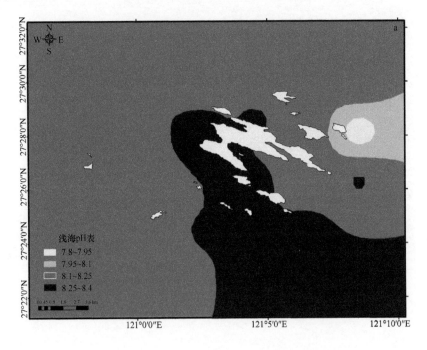

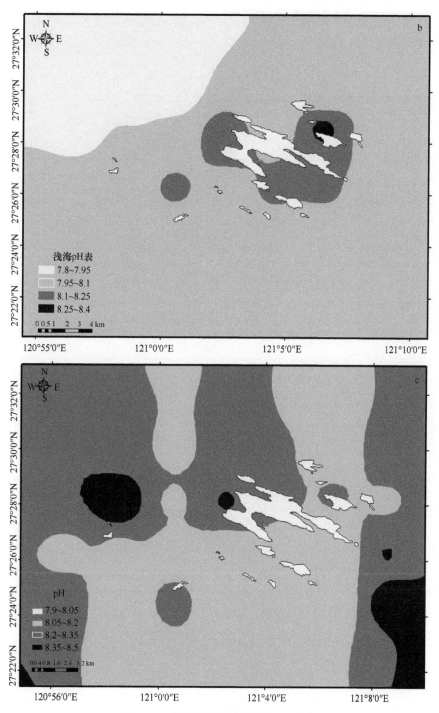

图 2-7　南麂列岛浅海区表层 pH 分布

a. 秋季；b. 冬季；c. 春季

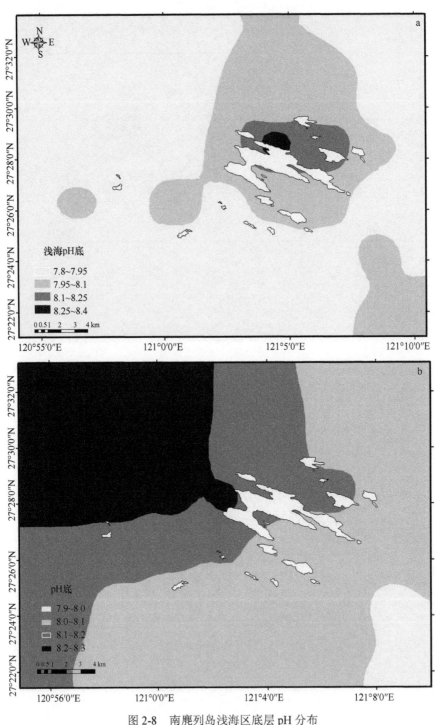

图 2-8 南麂列岛浅海区底层 pH 分布

a. 冬季; b. 春季

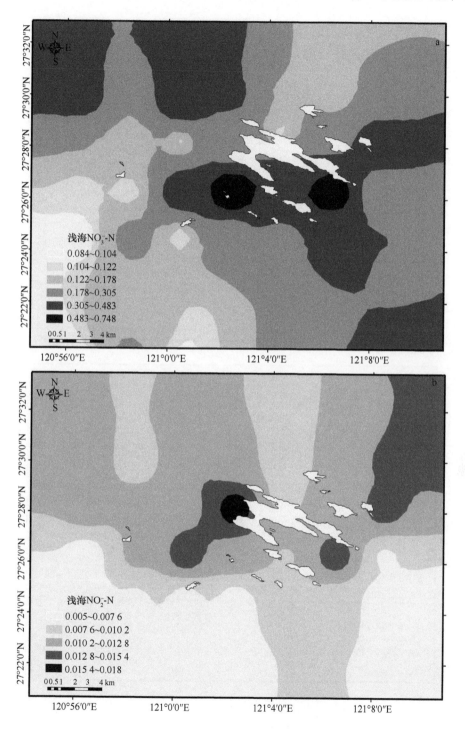

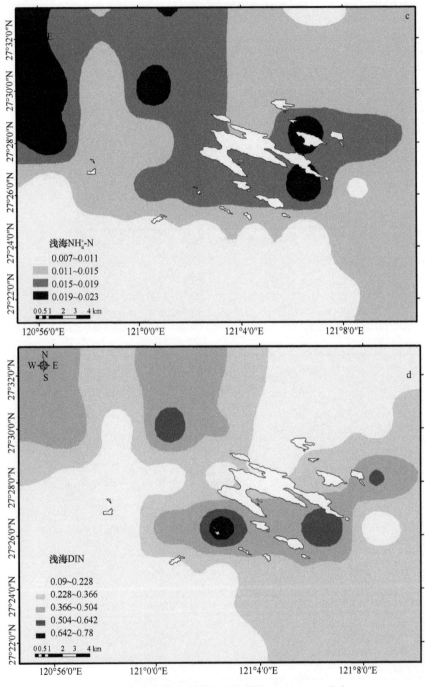

图 2-9　春季南麂列岛浅海区营养盐 N（mg/L）分布

a.NO$_3$-N；b.NO$_2$-N；c. NH$_4^+$-N；d. DIN

　　夏季，南麂列岛浅海区水体 NO$_3^-$-N 浓度为 0.074～0.502mg/L，平均值为 0.218mg/L，最低值出现在 28 号站，最高值出现在 4 号站；NO$_2^-$-N 为 0.005～0.046mg/L，平均值为 0.018mg/L，最低值出现在 19 号站，最高值出现在 22 站；NH$_4^+$-N 为 0.009～0.076mg/L，平均值 0.025mg/L，最低值出现在 11 号站，最高值出现在 1 号站；无机氮 DIN 含量为 0.098～0.584mg/L，平均值为 0.262mg/L，最低值出现在 5 号站，最高值出现在 1 号站（图 2-10）。

　　秋季，南麂列岛浅海区水体 NO$_3^-$-N 浓度为 0.167～0.398mg/L，平均值为 0.298mg/L，最低值出现在 17 号站，最高值出现在 13 号站；NO$_2^-$-N 为 0.009～0.052mg/L，平均值为 0.017mg/L，最低值出现在 5 号站，最高值出现在 13 号站；NH$_4^+$-N 为 0.008～0.091mg/L，平均值为 0.039mg/L，最低值出现在 5 号站，最高值出现在 13 号站；无机氮 DIN 含量为 0.206～0.541mg/L，平均值为 0.355mg/L，最低值出现在 12 号站，最高值出现在 13 号站（图 2-11）。

　　冬季，南麂列岛浅海区水体 NO$_3^-$-N 浓度为 0.146～0.299mg/L，平均值为 0.234mg/L，最低值出现在 11 号站，最高值出现在 17 号站；NO$_2^-$-N 为 0.007～0.018mg/L，平均值为 0.012mg/L，最低值出现在 28 号站，最高值出现在 4 号站；NH$_4^+$-N 为 0.012～0.042mg/L，平均值为 0.022mg/L，最低值出现在 28 号站，最高值出现在 11 号站；无机氮 DIN 含量为 0.203～0.332mg/L，平均值为 0.268mg/L，最低值出现在 11 号站，最高值出现在 18 号站（图 2-12）。

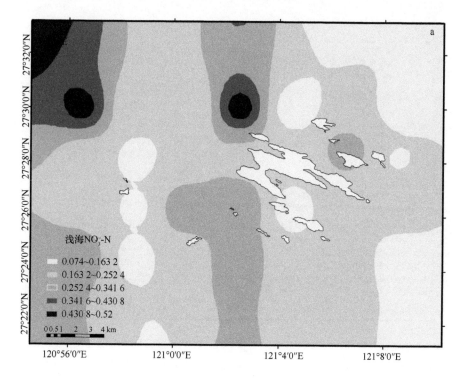

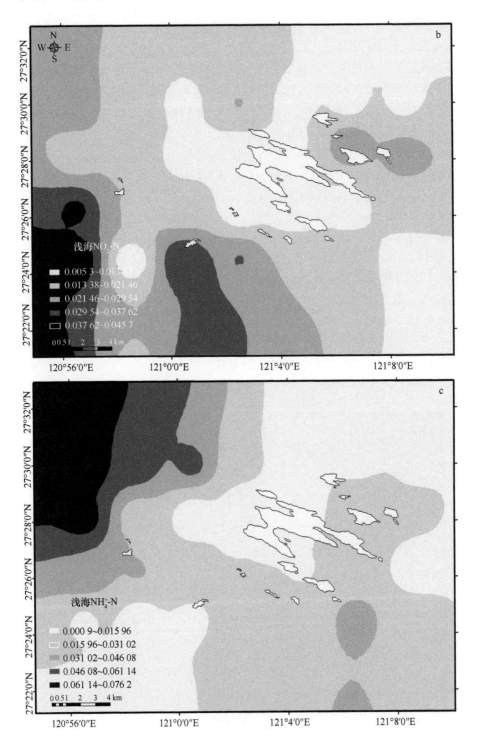

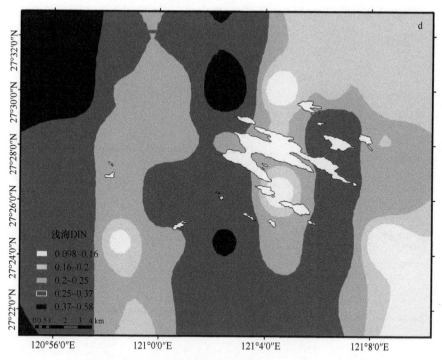

图 2-10　夏季南麂列岛浅海区营养盐 N（mg/L）分布

a.NO$_3^-$-N；b.NO$_2^-$-N；c. NH$_4^+$-N；d. DIN

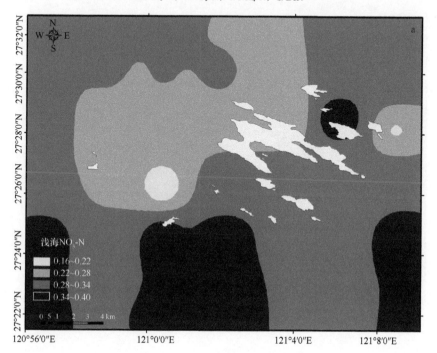

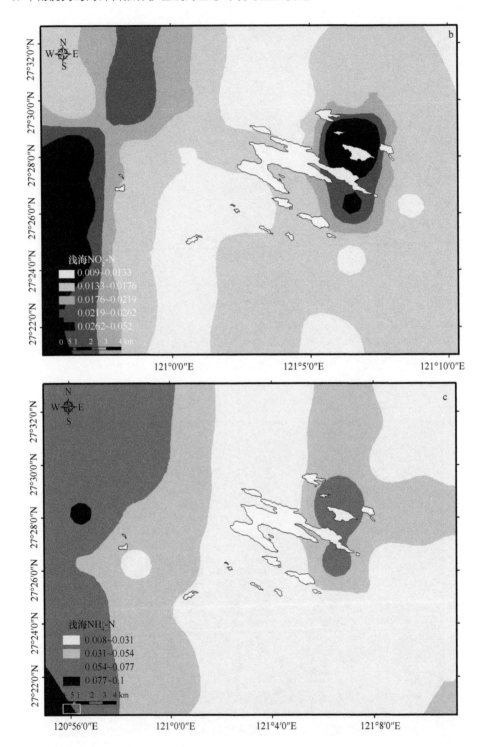

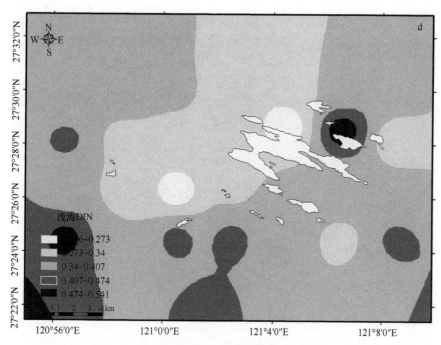

图 2-11 秋季南麂列岛浅海区营养盐 N（mg/L）分布

a.NO$_3^-$-N；b.NO$_2^-$-N；c. NH$_4^+$-N；d. DIN

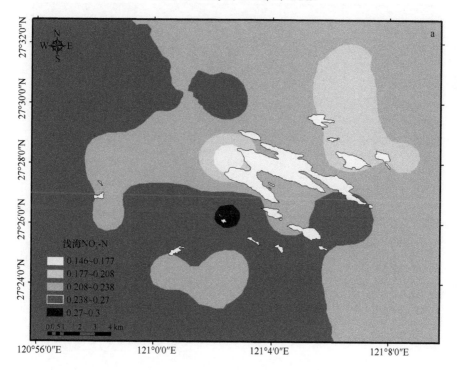

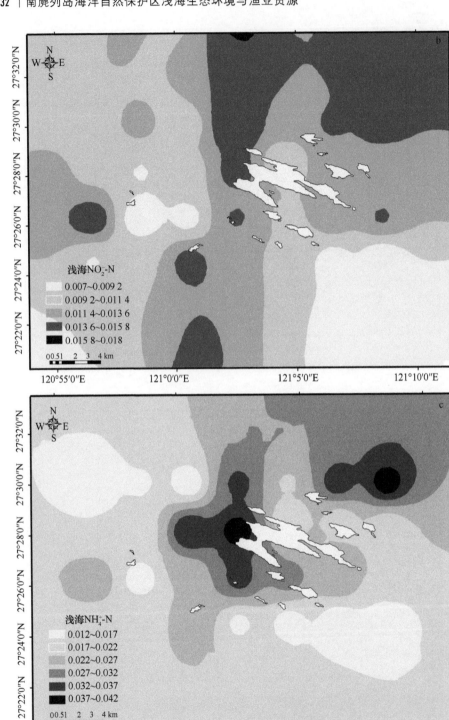

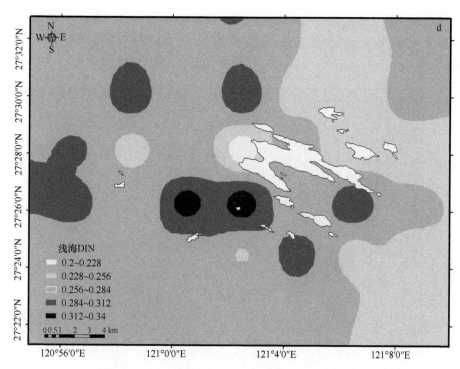

图 2-12　冬季南麂列岛浅海区营养盐 N（mg/L）分布
a.NO_3^--N；b.NO_2^--N；c. NH_4^+-N；d. DIN

四、磷

春季，南麂列岛浅海区水体活性磷酸盐 PO_4^{3-}-P 浓度为 0.010～0.045mg/L，平均值为 0.020mg/L，最低值出现在 20 号站，最高值出现在 1 号站（图 2-13c）。

夏季，南麂列岛浅海区水体 PO_4^{3-}-P 浓度为 0.003～0.200mg/L，平均值为 0.033mg/L，最低值出现在 5 号站，最高值出现在 4 号站（图 2-13d）。

秋季，南麂列岛浅海区水体 PO_4^{3-}-P 浓度为 0.007～0.013mg/L，平均值为 0.009mg/L，最低值出现在 28 号站，最高值出现在 16 号站（图 2-13a）。

冬季，南麂列岛浅海区水体 PO_4^{3-}-P 浓度为 0.016～0.038mg/L，平均值为 0.025mg/L，最低值出现在 17 号站，最高值出现在 3 号站（图 2-13b）。

五、硅酸盐

春季，南麂列岛浅海区水体 SiO_3-Si 浓度为 1.28～1.44mg/L，平均值为 1.34mg/L，最低值出现在 14 号站，最高值出现在 22 号站（图 2-14c）。

夏季，南麂列岛浅海区水体 SiO_3-Si 浓度为 0.42～2.55mg/L，平均值为

1.22mg/L，最低值出现在 5 号站，最高值出现在 1 号站（图 2-14d）。

　　秋季，南麂列岛浅海区水体 SiO_3-Si 浓度为 1.435～2.248mg/L，平均值为 1.676mg/L，最低值出现在 22 号站，最高值出现在 16 号站（图 2-14a）。

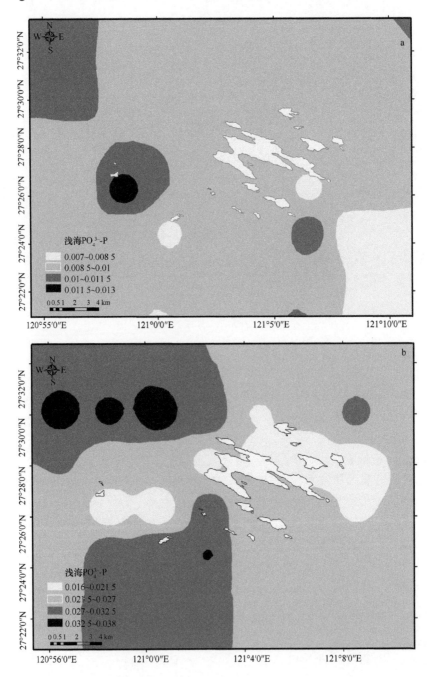

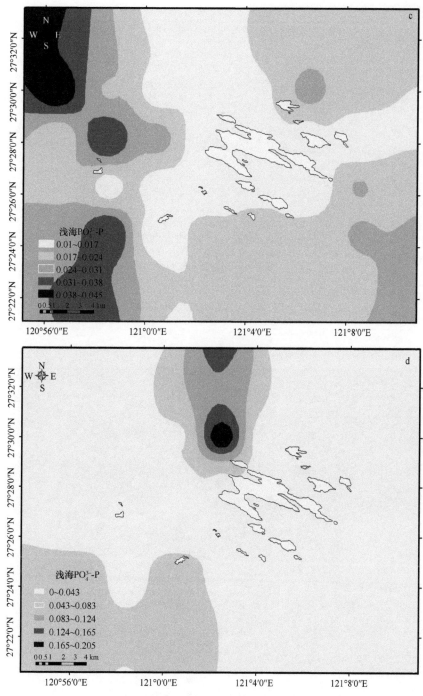

图 2-13 南麂列岛浅海区活性磷酸盐（mg/L）分布

a. 秋季；b. 冬季；c. 春季；d. 夏季

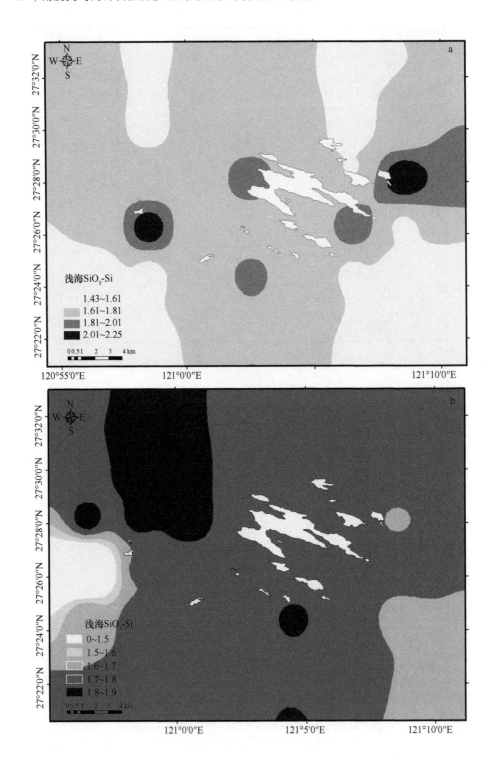

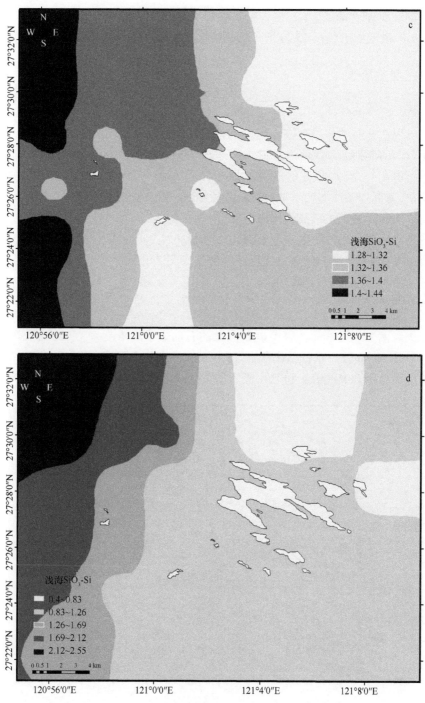

图 2-14　南麂列岛浅海区硅酸盐（mg/L）分布
a. 秋季；b. 冬季；c. 春季；d. 夏季

冬季，南麂列岛浅海区水体 SiO₃-Si 浓度为 0.75～1.87mg/L，平均值为
1.73mg/L，最低值出现在 15 号站，最高值出现在 8 号站（图 2-14b）。

六、高锰酸盐指数

春季，南麂列岛浅海区水体 COD$_{Mn}$ 为 1.26～2.11mg/L，平均值为 1.61mg/L，
最低值出现在 2 号站，最高值出现在 15 号站（图 2-15c）。

夏季，南麂列岛浅海区水体 COD$_{Mn}$ 为 0.59～2.71mg/L，平均值为 1.07mg/L，
最低值出现在 15 号站，最高值出现在 18 号站和 19 号站，均为 2.71mg/L（图 2-15d）。

秋季，南麂列岛浅海区水体 COD$_{Mn}$ 为 2.468～3.057mg/L，平均值为 2.643mg/L，
最低值出现在 3 号站，最高值出现在 25 号站（图 2-15a）。

冬季，南麂列岛浅海区水体 COD$_{Mn}$ 为 1.33～1.71mg/L，平均值为 1.55mg/L，
最低值出现在 28 号站，最高值出现在 5 号站（图 2-15b）。

七、石油烃

春季，南麂列岛浅海区整个调查区域的石油烃平均浓度为 0.020mg/L，变幅
为 0.013～0.026mg/L，最低值出现在 18 号站，最高值出现在 5 号站。所有站位石
油烃浓度均小于 0.05mg/L，符合 Ⅰ 类、Ⅱ 类标准限值，水质状况良好（图 2-16c）。

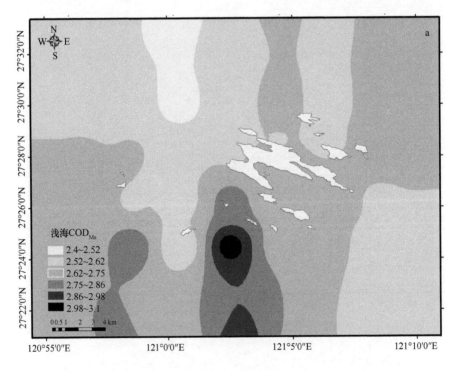

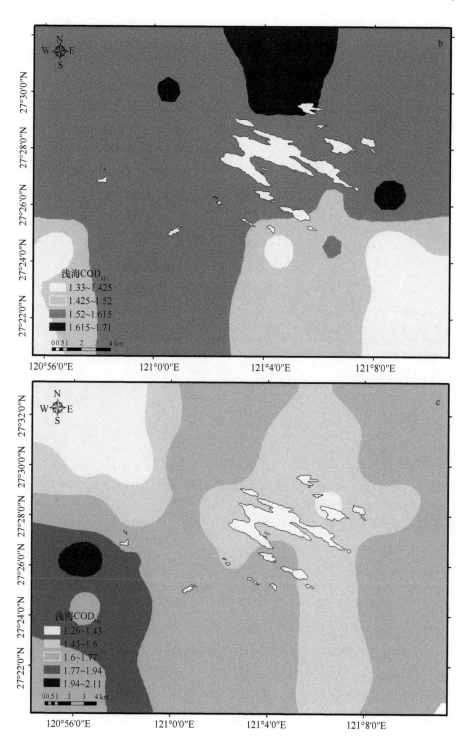

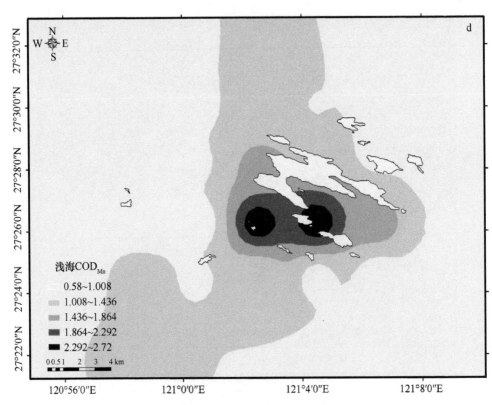

图 2-15　南麂列岛浅海区 COD$_{Mn}$（mg/L）分布
a. 秋季；b. 冬季；c. 春季；d. 夏季

夏季，南麂列岛浅海区整个调查区域的石油烃平均浓度为 0.033mg/L，变幅为 0.008～0.089mg/L，最低值出现在 2 号站，最高值出现在 12 号站和 15 号站。除 12～16 号站为Ⅲ类水质外，其余站位石油烃浓度均小于 0.05mg/L，符合Ⅰ类、Ⅱ类标准限值。总体看来，调查区域的水质状况良好（图 2-16d）。

秋季，南麂列岛浅海区整个调查区域的石油烃平均浓度为 0.053mg/L，变幅为 0.028～0.065mg/L，最低值出现在 19 号站，最高值出现在 1 号站和 7 号站。除 19 号站、22 号站、26 号站、27 号站、28 号站外，其余站位石油烃浓度均大于 0.05mg/L，为Ⅲ类水质（图 2-16a）。

冬季，南麂列岛浅海区整个调查区域的石油烃平均浓度为 0.036mg/L，变幅为 0.021～0.07mg/L，最低值出现在 27 号站，最高值出现在 5 号站和 26 号站。除 5 号站、8 号站、13 号站、23 号站、25 号站、26 号站为Ⅲ类水质外，其余站位石油烃浓度均小于 0.05mg/L，符合Ⅰ类、Ⅱ类标准限值。总体看来，调查区域的水质状况良好（图 2-16b）。

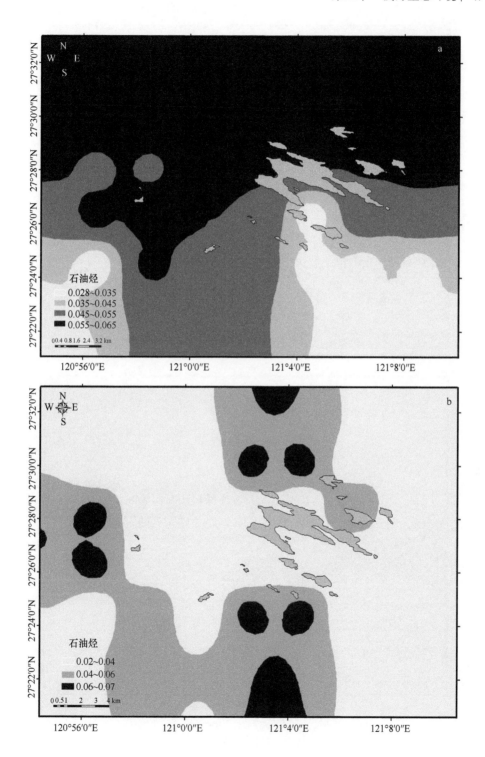

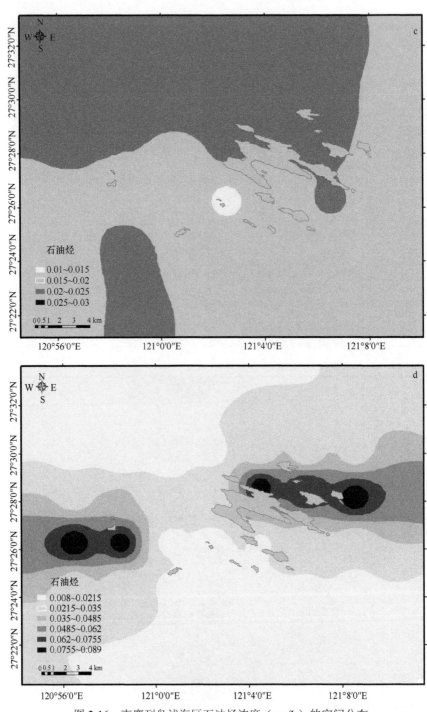

图 2-16　南麂列岛浅海区石油烃浓度（mg/L）的空间分布

a. 秋季；b. 冬季；c. 春季；d. 夏季

第四节 沉 积 物

2013 年 11 月（秋季）对南麂列岛浅海区的沉积物进行了沉积物粒度、营养元素及重金属的采样和检测调查，结果如下。

一、沉积物粒度

南麂列岛浅海区沉积物粒度分析的站位包括 19 个站位，沉积物中值粒径（Φ）为 6.68～7.56，平均值为 7.1，沉积物性质较为均一，都是黏土质粉砂（表 2-1）。

表 2-1 南麂列岛浅海区沉积物粒度

站位	中值粒径（Φ）	黏土（%）	粉砂（%）	砂（%）	砾（%）	性质
1	6.83	19.6	71.5	8.9	0	黏土质粉砂
2	7.18	25.9	67.0	4.2	2.9	黏土质粉砂
3	7.12	22.7	72.1	5.2	0	黏土质粉砂
4	7.14	22.9	74.0	3.1	0	黏土质粉砂
6	6.90	22.2	69.4	8.4	0	黏土质粉砂
8	6.68	21.9	66.2	11.9	0	黏土质粉砂
9	7.22	23.8	72.7	3.5	0	黏土质粉砂
12	7.56	28.8	71.0	0.1	0	黏土质粉砂
14	6.76	19.7	64.1	16.2	0	黏土质粉砂
15	6.94	23.7	70.7	5.5	0	黏土质粉砂
16	7.04	21.8	71.7	6.5	0	黏土质粉砂
17	7.48	28.3	70.9	0.8	0	黏土质粉砂
19	7.49	28.8	70.1	1.1	0	黏土质粉砂
21	7.35	26.9	71.5	1.6	0	黏土质粉砂
22	6.98	23.0	69.1	7.9	0	黏土质粉砂
23	7.33	26.9	71.5	1.6	0	黏土质粉砂
24	7.02	22.4	69.1	8.5	0	黏土质粉砂
25	7.28	25.1	71.6	3.2	0	黏土质粉砂
27	7.19	23.3	73.5	3.2	0	黏土质粉砂

二、营养元素

1. 总氮

秋季，南麂列岛浅海区沉积物总氮含量为 69.3～152.2mg/kg，平均为 120.3mg/kg，最低值出现在 12 号站，最高值出现在 2 号站（图 2-17）。

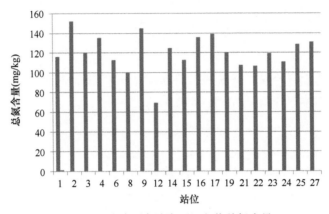

图 2-17   南麂列岛浅海区沉积物总氮含量

2. 总磷

南麂列岛浅海区沉积物总磷含量为 471.2~645.4mg/kg，平均为 524.2mg/kg，最低值出现在 19 号站，最高值出现在 6 号站（图 2-18）。

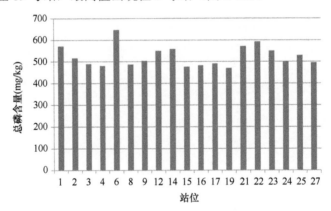

图 2-18   南麂列岛浅海区沉积物总磷含量

3. 总有机碳

南麂列岛浅海区沉积物总有机碳含量为 2.20~3.89g/kg，平均为 3.07g/kg，最低值出现在 12 号站，最高值出现在 9 号站（图 2-19）。

三、重金属

1. 砷

南麂列岛浅海区沉积物砷（As）含量为 13.79~29.58mg/kg，平均为 19.82mg/kg。最低值出现在 22 号站，最高值出现在 21 号站（图 2-20）。

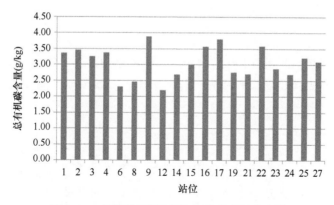

图 2-19　南麂列岛浅海区沉积物总有机碳含量

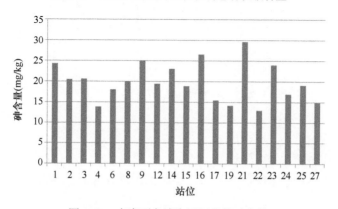

图 2-20　南麂列岛浅海区沉积物砷含量

2. 铜

南麂列岛浅海区沉积物铜（Cu）含量为 17.59～26.11mg/kg，平均为23.16mg/kg。最低值出现在 6 号站，最高值出现在 17 号站（图 2-21）。

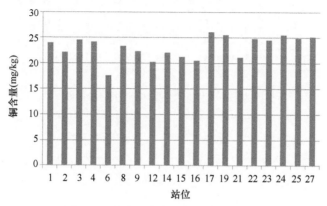

图 2-21　南麂列岛浅海区沉积物铜含量

3. 铅

南麂列岛浅海区沉积物铅（Pb）含量为 21.33～29.87mg/kg，平均为 26.38mg/kg。最低值出现在 6 号站，最高值出现在 25 号站（图 2-22）。

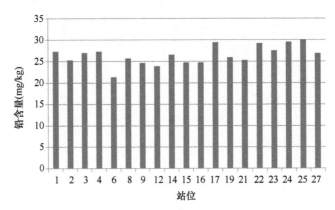

图 2-22 南麂列岛浅海区沉积物铅含量

4. 锌

南麂列岛浅海区沉积物锌（Zn）含量为 89.15～125.3mg/kg，平均为 102.16mg/kg。最低值出现在 6 号站，最高值出现在 8 号站（图 2-23）。

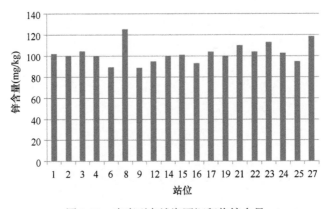

图 2-23 南麂列岛浅海区沉积物锌含量

5. 镉

南麂列岛浅海区沉积物镉（Cd）含量为 0.65～0.92mg/kg，平均为 0.78mg/kg。最低值出现在 6 号站，最高值出现在 14 号站（图 2-24）。

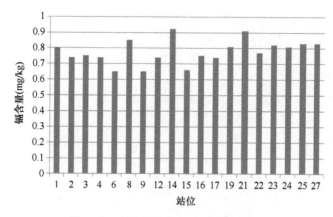

图 2-24　南麂列岛浅海区沉积物镉含量

6. 铬

南麂列岛浅海区沉积物铬（Cr）含量为 49.35～68.97mg/kg，平均为 62.23mg/kg。最低值出现在 6 号站，最高值出现在 19 号站（图 2-25）。

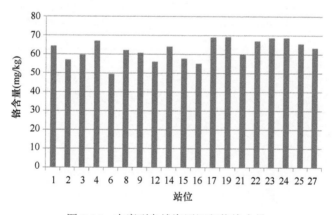

图 2-25　南麂列岛浅海区沉积物铬含量

第五节　叶 绿 素 a

春季，南麂列岛浅海区叶绿素a含量为1.27～10.07mg/m³，平均值为3.42mg/m³，最低值出现在20号站，最高值出现在9号站（图2-26b）。

夏季，南麂列岛浅海区叶绿素a含量为 1.05～7.39mg/m³，平均值为 2.97mg/m³，最低值出现在 25 号站，最高值出现在 28 号站（图 2-26c）。

冬季，南麂列岛浅海区叶绿素a含量为 0.16～0.79mg/m³，平均值为 0.34mg/m³，最低值出现在 14 号站，最高值出现在 17 号站（图 2-26a）。

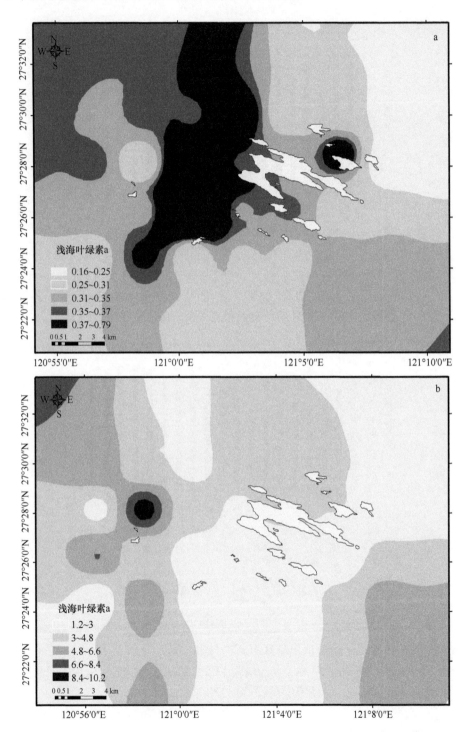

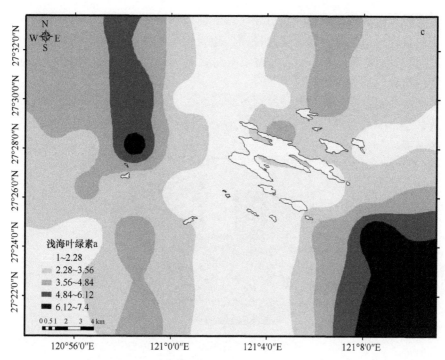

图 2-26　南麂列岛浅海区叶绿素 a（mg/m³）分布

a.冬季；b.春季；c.夏季

第六节　浮 游 植 物

一、种类组成

根据在南麂列岛浅海区一年四季的调查样品，春季，共鉴定出浮游植物 2 门 24 种（属），其中硅藻门占绝对优势，为 20 种（属），占 83.3%；甲藻门 4 种，占 16.7%（图 2-27）。主要种类有夜光藻、圆筛藻属等。

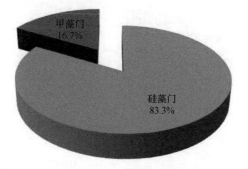

图 2-27　春季南麂列岛浅海区浮游植物种类组成

　　春季调查海域的浮游植物以近岸广温广盐种和近岸广温低盐种为主要优势类群，主要有夜光藻、圆筛藻属、海链藻。夜光藻是本次调查的绝对优势种，其平均丰度为222.80个/L，为总平均细胞丰度的82.29%，夜光藻成为支配调查海域春季浮游植物数量的关键种。

　　夏季，共鉴定出浮游植物 2 门 29 种（属），其中硅藻门占绝对优势，为 23 种（属），占 79.3%；甲藻门 6 种，占 20.7%（图 2-28）。主要种类有梭状角藻、圆筛藻属等。

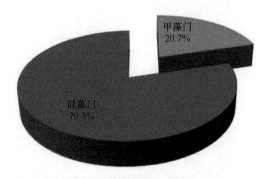

图 2-28　夏季南麂列岛浅海区浮游植物种类组成

　　夏季调查海域的浮游植物以近岸广温广盐种和近岸广温低盐种为主要优势类群，主要有梭状角藻、骨条藻属、夜光藻、圆筛藻属、三角角藻、星脐圆筛藻。梭状角藻与骨条藻属是本次调查的绝对优势种，其平均丰度分别为 38.58 个/L 和 358.24 个/L，两者合计为总平均细胞丰度的 87.22%，梭状角藻和骨条藻属成为支配调查海域夏季浮游植物数量的关键种。

　　秋季，共鉴定出浮游植物 2 门 22 种（属），其中硅藻门占绝对优势，为 19 种（属），占 86.4%；甲藻门 3 种，占 13.6%（图 2-29）。主要种类有具槽帕拉藻、圆筛藻属等。

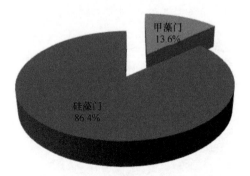

图 2-29　秋季南麂列岛浅海区浮游植物种类组成

秋季调查海域的浮游植物以近岸广温广盐种和近岸广温低盐种为主要优势类群，主要有具槽帕拉藻、圆筛藻属、梭状角藻。具槽帕拉藻是本次调查的绝对优势种，其平均丰度为 620 个/L，为总平均细胞丰度的 98.67%。具槽帕拉藻成为支配调查海域秋季浮游植物数量的关键种。

冬季，共鉴定出浮游植物 2 门 27 种（属），其中硅藻门占绝对优势，为 24 种（属），占 88.9%；甲藻门 3 种，占 11.1%。（图 2-30）。主要种类有圆筛藻属、星脐圆筛藻、中华盒形藻等。

冬季调查海域的浮游植物以近岸广温广盐种和近岸广温低盐种为主要优势类群，主要有圆筛藻属、星脐圆筛藻、中华盒形藻。中华盒形藻、星脐圆筛藻是本次调查的优势种，其平均丰度分别为 7.14 个/L 和 6.37 个/L，分别为总平均细胞丰度的 20.5% 和 18.3%。

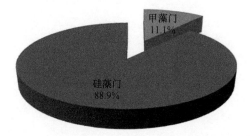

图 2-30　冬季南麂列岛浅海区浮游植物种类组成

分析 4 个季度的调查结果可知，不同季节间浮游植物种类变化较大，经整理，南麂列岛调查海域全年共出现浮游植物 2 门 57 种（属），其中硅藻门占绝对优势，为 50 种（属），占 87.7%；甲藻门 7 种，占 12.3%（表 2-2）。

表 2-2　南麂列岛调查海域浮游植物种类名录

类别	种名	出现季节			
		春	夏	秋	冬
	中心纲 Centricae				
	直链藻科 Melosiraceae				
	帕拉藻属 *Paralia*				
	1. 具槽帕拉藻 *Paralia sulcata*	√	√	√	√
	直链藻属 *Melosira*				
硅藻门	2. 念珠直链藻 *Melosira moniliformis*				√
	圆筛藻科 Coscinodiscaceae				
	圆筛藻属 *Coscinodiscus*				
	3. 星脐圆筛藻 *Coscinodiscus asteromphalus*	√	√	√	√
	4. 虹彩圆筛藻 *Coscinodiscus oculus-iridis*	√	√	√	√

续表

类别	种名	出现季节			
		春	夏	秋	冬
	5. 有翼圆筛藻 *Coscinodiscus bipartitus*	√	√	√	
	6. 辐射圆筛藻 *Coscinodiscus radiatus*	√	√		
	7. 弓束圆筛藻 *Coscinodiscus curvatulus*			√	
	8. 琼氏圆筛藻 *Coscinodiscus jonesianus*	√	√		
	9. 格氏圆筛藻 *Coscinodiscus granii*	√	√	√	√
	10. 强氏圆筛藻 *Coscinodiscus janischii*	√			
	11. 细弱圆筛藻 *Coscinodiscus subtilis*	√			
	12. 线性圆筛藻 *Coscinodiscus lineatus*				√
	13. 狭线性圆筛藻 *Coscinodiscus anguste-lineatus*				√
	14. 蛇目圆筛藻 *Coscinodiscus argus*				√
	15. 圆筛藻属 1 种 *Coscinodiscus* sp.	√	√	√	√
	海链藻科 Thalassiosiraceae				
	海链藻属 *Thalassiosira*				
	16. 狭线性海链藻 *Thalassiosira anguste-lineatus*				√
	17. 海链藻属 1 种 *Thalassiosira* sp.	√			
	骨条藻科 Skeletonemaceae				
	骨条藻属 *Skeletonema*				
硅藻门	18. 中肋骨条藻 *Skeletonema costatum*	√		√	√
	19. 骨条藻属 1 种 *Skeletonema* sp.		√		
	细柱藻科 Leptocylindraceae				
	细柱藻属 *Leptocylindrus*				
	20. 微小细柱藻 *Leptocylindrus minimus*		√		
	根管藻科 Rhizosoleniaceae				
	根管藻属 *Rhizosolenia*				
	21. 翼根管藻 *Rhizosolenia alata*	√			
	22. 粗根管藻 *Rhizosolenia robusta*	√			
	23. 刚毛根管藻 *Rhizosolenia setigera*	√	√	√	
	24. 笔尖形根管藻 *Rhizosolenia styliformis*		√		
	25. 根管藻属 1 种 *Rhizosolenia* sp.	√			
	角毛藻科 Chaetoceraceae				
	角毛藻属 *Chaetoceros*				
	26. 远距角毛藻 *Chaetoceros distans*			√	
	27. 并基角毛藻 *Chaetoceros decipiens*			√	
	28. 劳氏角毛藻 *Chaetoceros lorenzianus*			√	
	29. 卡氏角毛藻 *Chaetoceros castracanei*				√

续表

类别	种名	出现季节			
		春	夏	秋	冬
	30. 丹麦角毛藻 *Chaetoceros danicus*				√
	31. 角毛藻属 1 种 *Chaetoceros* sp.			√	√
	盒形藻科 Biddulphiaceae				
	盒形藻属 *Biddulphia*				
	32. 中华盒形藻 *Biddulphia sinensis*				√
	双尾藻属 *Ditylum*				
	33. 布氏双尾藻 *Ditylum brightwellii*		√		√
	角管藻属 *Cerataulina*				
	34. 大洋角管藻 *Cerataulina pelagica*				
	35. 角管藻属 1 种 *Cerataulina* sp.		√		
	弯角藻科 Eucampiaceae				
	梯形藻属 *Climacodium*				
	36. 宽梯形藻 *Climacodium frauenfeldianum*		√		
	羽纹纲 Pennatae				
	脆杆藻科 Fragilariaceae				
	脆杆藻属 *Fragilaria*				
	37. 脆杆藻属 1 种 *Fragilaria* sp.				√
硅藻门	针杆藻属 *Synedra*				
	38. 针杆藻属 1 种 *Synedra* sp.		√	√	√
	星杆藻属 *Asterionella*				
	39. 标志星杆藻 *Asterionella notata*				√
	海线藻属 *Thalassionema*				
	40. 佛氏海线藻 *Thalassionema frauenfeldii*		√	√	
	41. 菱形海线藻 *Thalassionema nitzschioides*				√
	海毛藻属 *Thalassiothrix*				
	42. 长海毛藻 *Thalassiothrix longissima*	√	√	√	√
	平板藻科 Tabellariaceae				
	楔形藻属 *Licmophora*				
	43. 短楔形藻 *Licmophora abbreviata*			√	
	舟形藻科 Naviculaceae				
	曲舟藻属 *Pleurosigma*				
	44. 曲舟藻属 1 种 *Pleurosigma* sp.	√	√		
	菱形藻科 Nitzschiaceae				
	菱形藻属 *Nitzschia*				
	45. 洛氏菱形藻 *Nitzschia lorenziana*	√	√		

续表

类别	种名	出现季节			
		春	夏	秋	冬
硅藻门	46. 长菱形藻 *Nitzschia longissima*	√		√	
	47. 奇异菱形藻 *Nitzschia paradoxa*				√
	伪菱形藻属 *Pseudo-nitzschia*				
	48. 菱形藻属 1 种 *Nitzschia* sp.		√	√	√
	49. 柔弱伪菱形藻 *Pseudo-nitzschia delicatissima*		√		
	50. 尖刺伪菱形藻 *Pseudo-nitzschia pungens*		√		
甲藻门	多甲藻目 Peridiniales				
	角藻科 Ceratiaceae				
	角藻属 *Ceratium*				
	51. 梭状角藻 *Ceratium fusus*	√	√	√	√
	52. 叉状角藻 *Ceratium furca*		√	√	√
	53. 大角角藻 *Ceratium macroceros*		√	√	
	54. 三角角藻 *Ceratium tripos*	√	√		
	55. 角藻属 1 种 *Ceratium* sp.	√			
	原多甲藻科 Protoperidiniaceae				
	原多甲藻属 *Protoperidinium*				
	56. 长椭圆原多甲藻 *Protoperidinium oblongum*		√		
	夜光藻目 Noctilucales				
	夜光藻科 Noctilucaceae				
	夜光藻属 *Noctiluca*				
	57. 夜光藻 *Noctiluca scintillans*	√	√		√

二、空间分布

1. 种类数

春季，南麂列岛浅海区浮游植物每站平均出现种类数为 5.54 种，变幅为 3～8种。最高值出现在 15 号站，出现 8 种，最低值出现在 27 号、28 号站，种类数都为 3 种（图 2-31）。

夏季，南麂列岛浅海区浮游植物每站平均出现种类数为 8.46 种，变幅为 2～16 种。最高值出现在 27 号站，出现 16 种，最低值出现在 13 号站，种类数为 2种（图 2-32）。

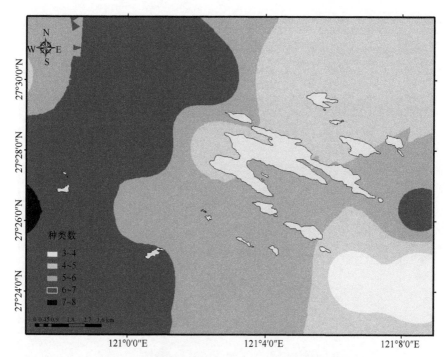

图 2-31 春季南麂列岛浅海区浮游植物种类分布

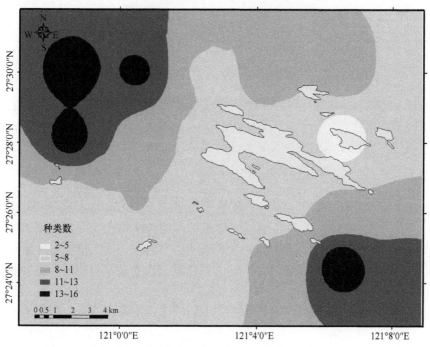

图 2-32 夏季南麂列岛浅海区浮游植物种类分布

秋季，南麂列岛浅海区浮游植物每站平均出现种类数为 4.29 种，变幅为 1～8 种。最高值出现在 1 号、8 号、26 号站，均出现 8 种，其次为 4 号、18 号、24 号站，均出现 6 种，最低值出现在 11 号、16 号站位，种类数都为 1 种（图 2-33）。

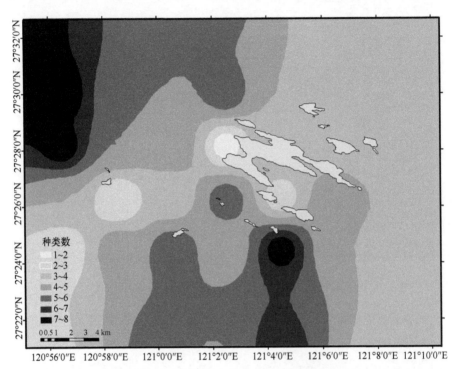

图 2-33　秋季南麂列岛浅海区浮游植物种类分布

冬季，南麂列岛浅海区浮游植物每站平均出现种类数为 5.32 种，变幅为 2～9 种。最高值出现在 14 号站，出现 9 种，其次为 3 号、9 号、17 号站，均出现 8 种，最低值出现在 4 号站，种类数为 2 种（图 2-34）。

2. 丰度

春季，南麂列岛浅海区浮游植物细胞平均丰度为 270.74 个/L，变幅为 65.0～639.53 个/L（图 2-35）。其中 10 号站丰度最高，为 639.53 个/L，其次为 4 号站，丰度为 613.33 个/L，在这两个站位中夜光藻为主要种类。浮游植物丰度最低的站位出现在 6 号站，丰度为 65.0 个/L，在该站位发现夜光藻、角藻属、海链藻、圆筛藻属。

夏季，南麂列岛浅海区浮游植物细胞平均丰度为 454.98 个/L，变幅为 4.88～3114.00 个/L（图 2-36）。其中 9 号站丰度最高，为 3114.00 个/L，其次为 3 号、1 号和 2 号站，丰度分别为 2720.00 个/L、2130.95 个/L 和 2056.52 个/L，在这 4 个

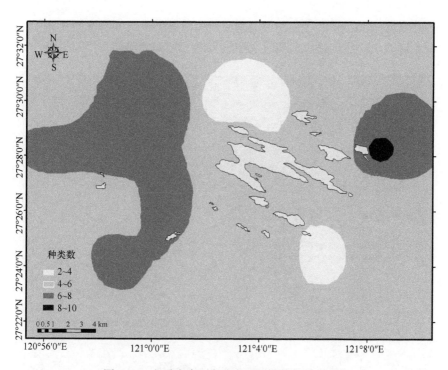

图 2-34 冬季南麂列岛浅海区浮游植物种类分布

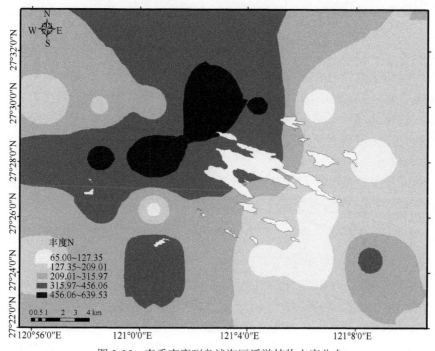

图 2-35 春季南麂列岛浅海区浮游植物丰度分布

站位中角藻属和骨条藻属为主要种类。浮游植物丰度最低的站位出现在 13 号站,丰度为 4.88 个/L,在该站位仅发现叉状角藻和星脐圆筛藻。

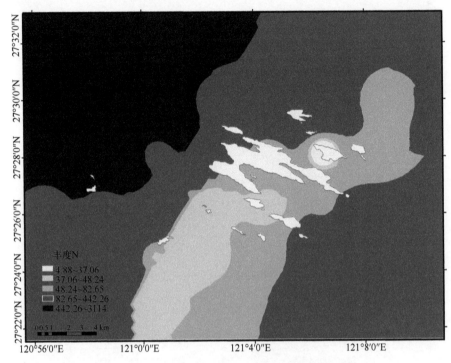

图 2-36 夏季南麂列岛浅海区浮游植物丰度分布

秋季,南麂列岛浅海区浮游植物细胞平均丰度为 628.38 个/L,变幅为 110～1400.74 个/L(图 2-37)。其中 26 号站丰度最高,为 1400.74 个/L,其次为 2 号站,丰度为 1370.69 个/L,在这两个站位中具槽帕拉藻为主要种类。浮游植物丰度最低的站位出现在 7 号站,丰度为 110 个/L,在该站位发现具槽帕拉藻、叉状角藻、菱形藻属。

冬季,南麂列岛浅海区浮游植物细胞丰度较小,平均丰度为 34.83 个/L,变幅为 9.21～101.56 个/L(图 2-38)。其中 7 号站丰度最高,为 101.56 个/L,其次为 14 号站,丰度为 73.63 个/L。浮游植物丰度最低的站位出现在 19 号站,丰度为 9.21 个/L。

3. 生物多样性

春季,南麂列岛浅海区浮游植物 Shannon-Wiener 指数(H')为 0.35～1.99,平均值为 1.07。均匀度指数(J')为 0.12～0.76,平均值为 0.45。4 号站 Shannon-Wiener 指数(H')最低,为 0.35,群落均匀度指数(J')为 0.12;3 号站 Shannon-Wiener 指数(H')最高,为 1.99,群落均匀度指数(J')为 0.71(图 2-39,图 2-40)。

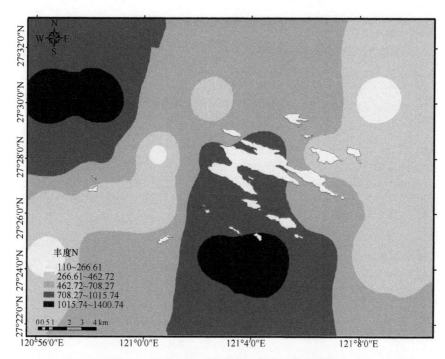

图 2-37 秋季南麂列岛浅海区浮游植物丰度分布

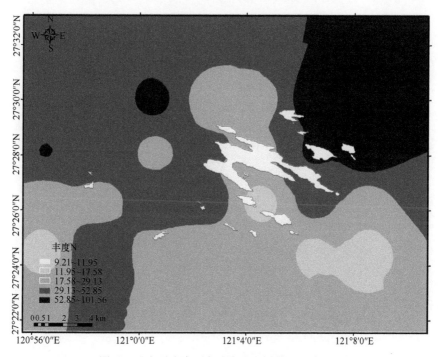

图 2-38 冬季南麂列岛浅海区浮游植物丰度分布

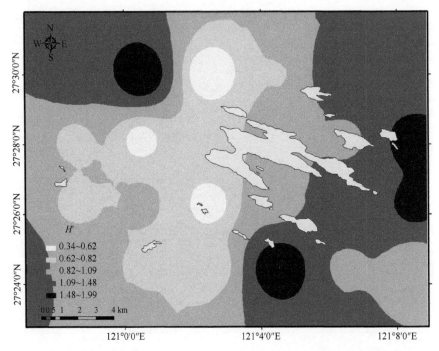

图 2-39　春季南麂列岛浅海区浮游植物 Shannon-Wiener 指数（H'）空间分布

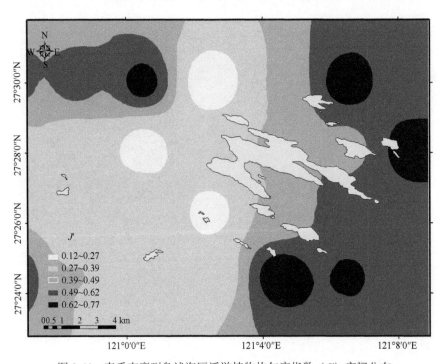

图 2-40　春季南麂列岛浅海区浮游植物均匀度指数（J'）空间分布

　　夏季，南麂列岛浅海区浮游植物 Shannon-Wiener 指数（H'）为 0.4～2.96，平均值为 1.86。群落均匀度指数（J'）为 0.11～1.00，平均值为 0.67。3 号站 Shannon-Wiener 指数（H'）最低，为 0.40，群落均匀度指数（J'）为 0.11；28 号站 Shannon-Wiener 指数（H'）最高，为 2.96，群落均匀度指数（J'）为 0.80（图 2-41，图 2-42）。

　　秋季，南麂列岛浅海区浮游植物 Shannon-Wiener 指数（H'）为 0～0.54，平均值为 0.13。群落均匀度指数（J'）为 0.02～0.22，平均值为 0.06。11 号站和 16 号站均出现 1 个物种，其 Shannon-Wiener 指数（H'）为 0，4 号站 Shannon-Wiener 指数（H'）最高，为 0.54，群落均匀度指数（J'）为 0.21（图 2-43，图 2-44）。

　　冬季，南麂列岛浅海区浮游植物 Shannon-Wiener 指数（H'）为 0.44～2.78，平均值为 1.99。群落均匀度指数（J'）为 0.43～1，平均值为 0.85。4 号站出现两个物种，其 Shannon-Wiener 指数（H'）为 0.44，9 号站 Shannon-Wiener 指数（H'）最高，为 2.78，群落均匀度指数（J'）为 0.93（图 2-45，图 2-46）。

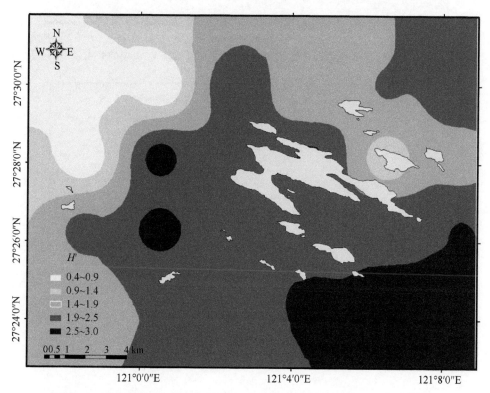

图 2-41　夏季南麂列岛浅海区浮游植物 Shannon-Wiener 指数（H'）空间分布

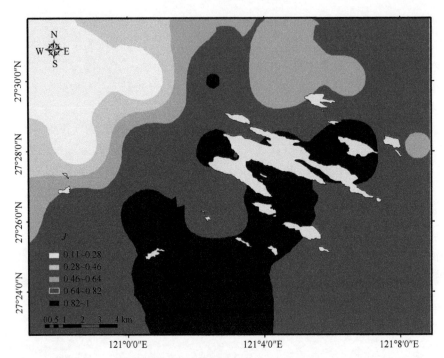

图 2-42　夏季南麂列岛浅海区浮游植物均匀度指数（J'）空间分布

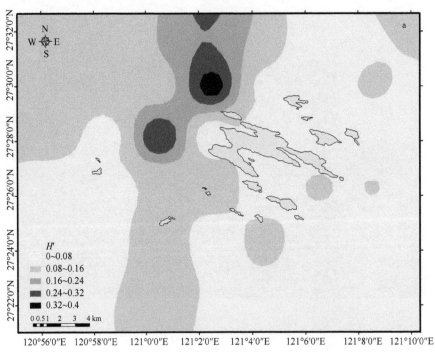

图 2-43　秋季南麂列岛浅海区浮游植物 Shannon-Wiener 指数（H'）空间分布

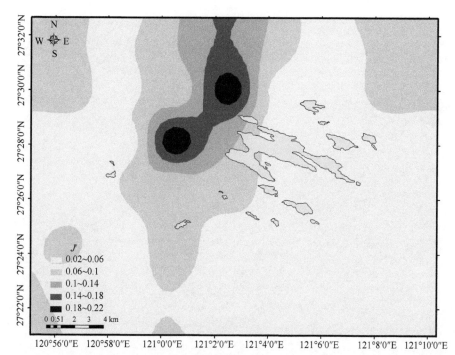

图 2-44 秋季南麂列岛浅海区浮游植物均匀度指数（J'）空间分布

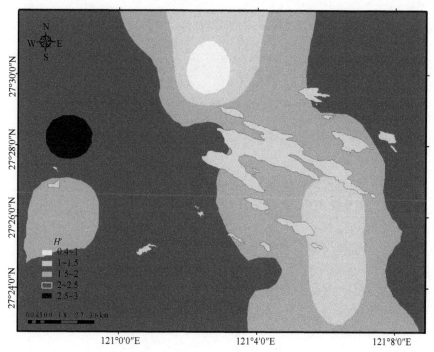

图 2-45 冬季南麂列岛浅海区浮游植物 Shannon-Wiener 指数（H'）空间分布

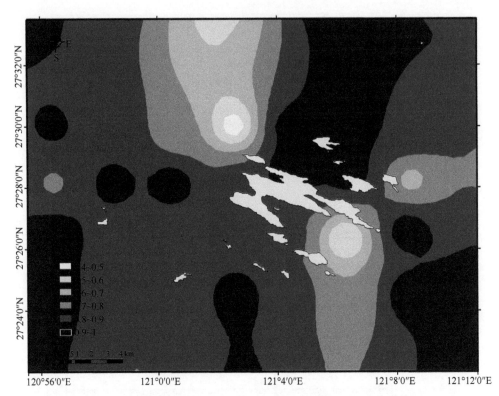

图 2-46 冬季南麂列岛浅海区浮游植物均匀度指数（J'）空间分布

第七节 浮游动物

一、种类组成

春季，南麂列岛调查海域共采集并鉴定出浮游动物 71 种（含未定种），浮游幼虫 21 类，合计种类数 92 种。水母类、桡足类、浮游幼虫为其主要类群。其中，甲壳动物的桡足类和浮游幼虫种类数最多，均为 21 种，均占总种类数的 22.83%。水母类 19 种，占总种类数的 20.65%（图 2-47）。

此外，糠虾类 6 种，端足类 5 种，箭虫类 4 种，被囊类 4 种，十足类 3 种，涟虫类 2 种，介形类 2 种，磷虾类 2 种，多毛类 1 种，软体类 1 种，原生动物 1 种。

在春季调查中，优势种（夜光虫未计算在内）比较单一，只有两种。其中第一优势种为中华哲水蚤，占绝对优势，优势度为 0.838；第二优势种为百陶箭虫，优势度为 0.056（表 2-3）。

图 2-47　春季南麂列岛浅海区浮游动物种类组成

表 2-3　春季南麂列岛浅海区浮游动物优势种组成

种名	优势度	出现频率（%）
中华哲水蚤	0.838	100.00
百陶箭虫	0.056	100.00

夏季，南麂列岛调查海域共采集并鉴定出浮游动物 79 种（含未定种），浮游幼虫 20 类，合计种类数 99 种。桡足类、浮游幼虫、水母类是其主要类群。其中，甲壳动物的桡足类种类数最多，达 28 种，占总种类数的 28.28%；浮游幼虫种类数 20 种，占总种类数的 20.20%，水母类 12 种，占总种类数的 12.12%（图 2-48）。

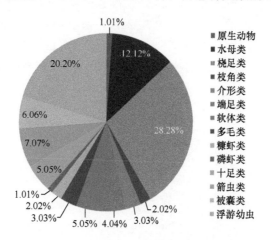

图 2-48　夏季南麂列岛浅海区浮游动物种类组成

此外，箭虫类 7 种，被囊类 6 种，十足类和软体类各 5 种，端足类 4 种，介形类和多毛类各 3 种，枝角类和糠虾类各 2 种，磷虾类和原生动物各 1 种。

在夏季调查中，优势种（夜光虫未计算在内）较多，共有 10 个，优势种优势度相对均衡。第一优势种为小拟哲水蚤，优势度为 0.174；第二优势种为肥胖箭虫，优势度为 0.144，第三优势种为精致真刺水蚤，优势度为 0.077。按照优势度（Y）≥0.02 计算，夏季南麂列岛海域浮游动物优势种还有微刺哲水蚤、太平洋纺锤水蚤、中华假磷虾、锥形宽水蚤、磷虾节胸幼体、真刺水蚤幼体和背针胸刺水蚤（表2-4）。

表 2-4　夏季南麂列岛浅海区浮游动物优势种组成

种名	优势度	出现频率（%）
小拟哲水蚤	0.174	96.43
肥胖箭虫	0.144	96.43
精致真刺水蚤	0.077	89.29
微刺哲水蚤	0.073	96.43
太平洋纺锤水蚤	0.064	92.86
中华假磷虾	0.046	96.43
锥形宽水蚤	0.043	89.29
磷虾节胸幼体	0.038	89.29
真刺水蚤幼体	0.031	89.29
背针胸刺水蚤	0.025	92.86

秋季，南麂列岛调查海域共采集并鉴定出浮游动物 71 种（含未定种），浮游幼虫 20 类，合计种类数 91 个。水母类、桡足类、浮游幼虫是其主要类群。其中，甲壳动物的桡足类种类数最多，达 29 种，占总种类数的 31.87%。水母类 18 种，占总种类数的 19.78%；浮游幼虫种类数 20，占总种类数的 21.98%。此外，箭虫类 5 种，糠虾类 4 种，十足类 3 种，涟虫类 2 种，多毛类 2 种，磷虾类 2 种，被囊类 2 种，等足类 1 种，原生动物 1 种，端足类 1 种，软体类 1 种（图 2-49）。

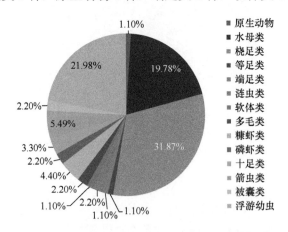

图 2-49　秋季南麂列岛浅海区浮游动物种类组成

在秋季调查中，第一优势种为针刺拟哲水蚤，优势度为 0.197；第二优势种为太平洋纺锤水蚤，优势度为 0.147。此外，按照优势度（Y）≥0.02 计算，秋季南麂列岛海域浮游动物优势种还有平滑真刺水蚤（$Y=0.043$）、精致真刺水蚤（$Y=0.054$）、背针胸刺水蚤（$Y=0.042$）、百陶箭虫（$Y=0.108$）、真刺水蚤幼体（$Y=0.079$）、磷虾节胸幼体（$Y=0.027$）（表 2-5）。

表 2-5　秋季南麂列岛浅海区浮游动物优势种组成

种名	优势度	出现频率（%）
针刺拟哲水蚤	0.197	96.43
太平洋纺锤水蚤	0.147	100.00
百陶箭虫	0.108	100.00
真刺水蚤幼体	0.079	100.00
精致真刺水蚤	0.054	100.00
平滑真刺水蚤	0.043	100.00
背针胸刺水蚤	0.042	89.29
磷虾节胸幼体	0.027	96.43

冬季，南麂列岛调查海域共采集并鉴定出浮游动物 30 种（含未定种），浮游幼虫 10 类，合计种类数 40 个。桡足类、浮游幼虫是其主要类群。其中，甲壳动物的桡足类种类数最多，达 16 种，占总种类数的 40.00%；浮游幼虫种类数为 10 种，占总种类数的 25.00%。此外，水母类 3 种，箭虫类 3 种，糠虾类 1 种，十足类 1 种，涟虫类 1 种，磷虾类 1 种，被囊类 1 种，原生动物 1 种，等足类 1 种，端足类 1 种（图 2-50）。

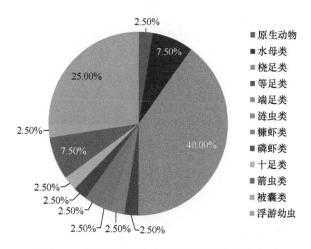

图 2-50　冬季南麂列岛浅海区浮游动物种类组成

在冬季调查中，第一优势种为中华哲水蚤，优势度为 0.416；第二优势种为针刺拟哲水蚤，优势度为 0.247。此外，按照优势度（Y）≥0.02 计算，秋季南麂列岛海域浮游动物优势种还有克氏纺锤水蚤（Y=0.155），相比秋季，冬季浮游动物优势类群比较集中，优势度明显（表 2-6）。

表 2-6　冬季南麂列岛浅海区浮游动物优势种组成

种名	优势度	出现频率（%）
中华哲水蚤	0.416	100.00
针刺拟哲水蚤	0.247	100.00
克氏纺锤水蚤	0.155	92.86

分析 4 个季度的调查结果可知，不同季节间浮游动物种类变化较大，经整理，南麂列岛调查海域全年共出现浮游动物 132 种（含未定种），浮游幼虫 27 类，合计种类数 159 个。其中，节肢动物门种类数最多，达 74 种，占总种类数的 46.54%；刺胞动物门 30 种，占总种类数的 18.87%；浮游幼虫 27 种，占总种类数的 16.98%。此外，还有毛颚动物门 7 种，尾索动物门 7 种，软体动物门 6 种，栉水母门 4 种，环节动物门 3 种，原生动物门 1 种，小计 28 种，占总种类数的 17.61%（表 2-7）。

表 2-7　南麂列岛调查海域浮游动物种类名录

类别	物种	出现季节			
		春	夏	秋	冬
原生动物门	鞭毛纲 Mastigophora				
	夜光藻目 Noctilucales				
	夜光藻科 Noctilucaceae				
	夜光藻属 *Noctiluca*				
	1. 夜光藻属 1 种 *Noctiluca* sp.	√	√	√	√
刺胞动物门	水螅水母纲 Hydroidomedusa				
	头螅水母目 Capitata				
	摩勒水母科 Moerisiidae				
	帽铃水母属 *Tiaricodon*				
	2. 帽铃水母 *Tiaricodon coeruleus*			√	
	棒状水母科 Corymorphidae				
	真囊水母属 *Euphysora*				
	3. 顶室真囊水母 *Euphysora apiciloculifera*	√			
	4. 褐色真囊水母 *Euphysora brunnescentis*	√			
	5. 真囊水母属 1 种 *Euphysora* sp.	√		√	
	囊水母科 Euphysidae				
	似内胞水母属 *Paraeuphysilla*				

续表

类别	物种	出现季节			
		春	夏	秋	冬
	6. 台湾似内胞水母 *Paraeuphysilla taiwanensis*				√
	筒螅水母科 Tubulariidae				
	外肋水母属 *Ectopleura*				
	7. 外肋水母属 1 种 *Ectopleura* sp.	√		√	
	丝螅水母目 Filifera				
	高手水母科 Bougainvilliidae				
	单肢水母属 *Nubiella*				
	8. 单肢水母属 1 种 *Nubiella* sp.	√		√	
	介螅水母科 Hydractiniidae				
	介螅水母属 *Hydractinia*				
	9. 东山介螅水母 *Hydractinia dongshanensis*			√	
	10. 小介螅水母 *Hydractinia minima*	√			
	面具水母科 Pandeidae				
	隔膜水母属 *Leuckartiara*				
	11. 挺隔膜水母 *Leuckartiara zhangraotingae*	√			
	枝管水母科 Proboscidactylidae				
	枝管水母属 *Proboscidactyla*				
刺胞动物门	12. 枝管水母属 1 种 *Proboscidactyla* sp.			√	
	吻螅水母目 Proboscoida				
	钟螅水母科 Campanulariidae				
	薮枝螅水母属 *Obelia*				
	13. 薮枝螅水母属 1 种 *Obelia* sp.	√			
	美螅水母属 *Clytia*				
	14. 半球美螅水母 *Clytia hemisphaerica*	√			
	15. 马来美螅水母 *Clytia malayense*				√
	假美螅水母属 *Pseudoclytia*				
	16. 五假美螅水母 *Pseudoclytia pentata*			√	
	拟杯水母科 Phialuciidae				
	拟杯水母属 *Phialucium*				
	17. 真拟杯水母 *Phialucium mbenga*	√			
	锥螅水母目 Conica				
	和平水母科 Eirenidae				
	和平水母属 *Eirene*				
	18. 细颈和平水母 *Eirene menoni*			√	
	19. 短柄和平水母 *Eirene brevistylis*			√	

类别	物种	出现季节			
		春	夏	秋	冬
	秀氏水母科 Sugiuridae				
	秀氏水母属 *Sugiura*				
	20. 嵊山秀氏水母 *Sugiura chengshanensis*	√			
	触丝水母科 Lovenellidae				
	真唇水母属 *Eucheilota*				
	21. 奇异真唇水母 *Eucheilota paradoxica*	√			
	22. 黑球真唇水母 *Eucheilota menoni*			√	
	自育水母纲 Automedusa				
	筐水母亚纲 Narcomedusae				
	间囊水母科 Aeginidae				
	两手筐水母属 *Solmundella*				
	23. 两手筐水母 *Solmundella bitentaculata*	√	√	√	
	硬水母亚纲 Trachymedusae				
	怪水母科 Geryoniidae				
	小舌水母属 *Liriope*				
刺胞动物门	24. 四叶小舌水母 *Liriope tetraphylla*	√	√	√	
	管水母亚纲 Siphonophora				
	气囊水母科 Physophoridae				
	气囊水母属 *Physophora*				
	25. 气囊水母 *Physophora hydrostatica*		√	√	
	双生水母科 Diphyidae				
	双生水母属 *Diphyes*				
	26. 双生水母 *Diphyes chamissonis*	√	√	√	
	五角水母属 *Muggiaea*				
	27. 五角水母 *Muggiaea atlantica*	√	√	√	√
	浅室水母属 *Lensia*				
	28. 拟细浅室水母 *Lensia subtiloides*	√	√		
	29. 细浅室水母 *Lensia subtilis*		√		
	30. 小体浅室水母 *Lensia hotspur*		√		
	杯水母科 Abylidae				
	多面水母属 *Abyla*				
	31. 多面水母属1种 *Abyla* sp.			√	
栉水母门	有触手纲 Tentaculata				
	瓜水母目 Beroida				
	瓜水母科 Beroidae				

续表

类别	物种	出现季节			
		春	夏	秋	冬
	瓜水母属 *Beroe*				
	32. 瓜水母属 1 种 *Beroe* sp.	√	√		
	球栉水母目 Cydippida				
	侧腕水母科 Pleurobrachiidae				
	侧腕水母属 *Pleurobrachia*				
栉水母门	33. 球型侧腕水母 *Pleurobrachia globosa*	√	√	√	
	黑格水母科 Haeckeliidae				
	黑格水母属 *Haeckelia*				
	34. 刺胞黑格水母 *Haeckelia rubra*			√	√
	兜水母目 Lobata				
	蝶水母科 Ocyropsidae				
	蝶水母属 *Ocyropsis*				
	35. 蝶水母 *Ocyropsis crystallina*		√		
	多毛纲 Polychaeta				
	叶须虫目 Phyllodocida				
	浮蚕科 Tomopteridae				
	浮蚕属 *Tomopteris*				
环节动物门	36. 浮蚕属 1 种 *Tomopteris* sp.	√	√		
	盲蚕科 Typhloscolecidae				
	瘤蚕属 *Travisiopsis*				
	37. 无瘤蚕 *Travisiopsis dubia*			√	√
	38. 沙蚕科 1 种 Nereididae sp.			√	√
	头足纲 Cephalopoda				
	翼足目 Pteropoda				
	蜨螺科 Limacinidae				
	强卷螺属 *Agadina*				
	39. 强卷螺 *Agadina stimpsoniji*			√	
	龟螺科 Cavoliniidae				
软体动物门	笔帽螺属 *Creseis*				
	40. 尖笔帽螺 *Creseis acicula*	√	√		
	41. 棒笔帽螺 *Creseis clava*		√		
	42. 笔帽螺属 1 种 *Creseis* sp.		√		
	腹足纲 Gastropoda				
	异足亚目 Heteropoda				
	明螺科 Atlantidae				

续表

类别	物种	出现季节			
		春	夏	秋	冬
软体动物门	原明螺属 *Protatlanta*				
	43. 原明螺 *Protatlanta souleyeti*		√		
	明螺属 *Atlanta*				
	44. 明螺属 1 种 *Atlanta* sp.		√		
节肢动物门	甲壳纲 Crustacea				
	枝角目 Cladocera				
	仙达溞科 Sididae				
	尖头溞属 *Penilia*				
	45. 鸟喙尖头溞 *Penilia avirostris*		√		
	圆囊溞科 Podonidae				
	三角溞属 *Evadne*				
	46. 肥胖三角溞 *Evadne tergestina*		√		
	壮肢目 Myodocopa				
	海萤科 Cypridinidae				
	海萤属 *Cypridina*				
	47. 齿形海萤 *Cypridina dentata*		√		
	48. 海萤属 1 种 *Cypridina* sp.	√	√		
	吸海萤科 Halocypridae				
	真浮萤属 *Euconchoecia*				
	49. 针刺真浮萤 *Euconchoecia aculeata*	√	√		
	哲水蚤目 Calanoida				
	哲水蚤科 Calanidae				
	哲水蚤属 *Calanus*				
	50. 中华哲水蚤 *Calanus sinicus*	√	√	√	√
	刺哲水蚤属 *Canthocalanus*				
	51. 微刺哲水蚤 *Canthocalanus pauper*	√	√	√	
	小哲水蚤属 *Nannocalanus*				
	52. 小哲水蚤 *Nannocalanus minor*				√
	波水蚤属 *Undinula*				
	53. 普通波水蚤 *Undinula vulgaris*		√		
	真哲水蚤科 Eucalanidae				
	真哲水蚤属 *Eucalanus*				
	54. 强真哲水蚤 *Eucalanus crassus*		√	√	
	55. 亚强真哲水蚤 *Eucalanus subcrassus*	√	√	√	
	拟哲水蚤科 Paracalanidae				

续表

类别	物种	出现季节			
		春	夏	秋	冬
	拟哲水蚤属 *Paracalanus*				
	56. 小拟哲水蚤 *Paracalanus parvus*	√	√	√	√
	57. 针刺拟哲水蚤 *Paracalanus aculeatus*			√	√
	58. 强额拟哲水蚤 *Paracalanus crassirostris*	√	√	√	
	隆哲水蚤属 *Acrocalanus*				
	59. 微驼隆哲水蚤 *Acrocalanus gracilis*	√			
	60. 驼背隆哲水蚤 *Acrocalanus gibber*			√	
	真刺水蚤科 Euchaetidae				
	真刺水蚤属 *Euchaeta*				
	61. 海洋真刺水蚤 *Euchaeta marina*	√	√	√	
	62. 精致真刺水蚤 *Euchaeta concinna*	√	√	√	√
	63. 平滑真刺水蚤 *Euchaeta plana*	√		√	√
	厚壳水蚤科 Scolecithricidae				
	厚壳水蚤属 *Scolecithrix*				
	64. 缘齿厚壳水蚤 *Scolecithrix nicobarica*	√		√	√
	宽水蚤科 Temoridae				
	宽水蚤属 *Temora*				
节肢动物门	65. 锥形宽水蚤 *Temora turbinata*	√	√	√	
	66. 异尾宽水蚤 *Temora discaudata*	√	√		
	胸刺水蚤科 Centropagidae				
	胸刺水蚤属 *Centropages*				
	67. 腹针胸刺水蚤 *Centropages abdominalis*			√	√
	68. 叉胸刺水蚤 *Centropages furcatus*	√			
	69. 背针胸刺水蚤 *Centropages dorsispinatus*		√	√	
	70. 瘦尾胸刺水蚤 *Centropages tenuiremis*		√	√	
	华哲水蚤属 *Sinocalanus*				
	71. 中华华哲水蚤 *Sinocalanus sinensis*			√	
	72. 细巧华哲水蚤 *Sinicalanus tenellus*				√
	伪镖水蚤科 Pseudodiaptomidae				
	伪镖水蚤属 *Pseudodiaptomus*				
	73. 海洋伪镖水蚤 *Pseudodiaptomus marinus*		√		
	平头水蚤科 Candaciidae				
	平头水蚤属 *Candacia*				
	74. 异尾平头水蚤 *Candacia discaudata*	√			
	75. 双刺平头水蚤 *Candacia bipinnata*		√		

续表

类别	物种	出现季节			
		春	夏	秋	冬
	76. 伯氏平头水蚤 *Candacia bradyi*		√		
	77. 截平头水蚤 *Candacia truncata*			√	
	78. 幼平头水蚤 *Candacia catula*			√	
	角水蚤科 Pontellidae				
	唇角水蚤属 *Labidocera*				
	79. 双刺唇角水蚤 *Labidocera bipinnata*	√	√	√	
	80. 真刺唇角水蚤 *Labidocera euchaeta*	√	√	√	√
	81. 尖刺唇角水蚤 *Labidocera acuta*		√		
	纺锤水蚤科 Acartiidae				
	纺锤水蚤属 *Acartia*				
	82. 克氏纺锤水蚤 *Acartia clausi*				√
	83. 太平洋纺锤水蚤 *Acartia pacifica*	√	√	√	√
	剑水蚤目 Cyclopoida				
	长腹剑水蚤科 Oithonidae				
	长腹剑水蚤属 *Oithona*				
	84. 拟长腹剑水蚤 *Oithona similis*	√	√		√
	85. 羽长腹剑水蚤 *Oithona plumifera*	√		√	
节肢动物门	86. 长腹剑水蚤属 1 种 *Oithona* sp.			√	
	隆剑水蚤科 Oncaeidae				
	隆剑水蚤属 *Oncaea*				
	87. 丽隆剑水蚤 *Oncaea venusta*	√	√		
	大眼剑水蚤科 Corycaeidae				
	大眼剑水蚤属 *Corycaeus*				
	88. 近缘大眼剑水蚤 *Corycaeus affinis*	√	√		√
	89. 平大眼剑水蚤 *Corycaeus dahli*			√	√
	90. 东亚大眼剑水蚤 *Corycaeus asiaticus*			√	
	91. 大眼剑水蚤属 1 种 *Corycaeus* sp.			√	
	叶剑水蚤科 Sapphirinidae				
	叶剑水蚤属 *Sapphirina*				
	92. 星叶剑水蚤 *Sapphirina stellata*			√	
	93. 叶剑水蚤属 1 种 *Sapphirina* sp.		√		
	猛水蚤目 Harpacticoida				
	长猛水蚤科 Ectinosomidae				
	小毛猛水蚤属 *Microsetella*				
	94. 小毛猛水蚤 *Microsetella norvegica*		√	√	√

类别	物种	出现季节			
		春	夏	秋	冬
	粗毛猛水蚤科 Macrosetellidae				
	毛猛水蚤属 *Setella*				
	95. 瘦长毛猛水蚤 *Setella gracilis*		√		
	暴猛水蚤科 Clytemnestridae				
	暴猛水蚤属 *Clytemnestra*				
	96. 硬鳞暴猛水蚤 *Clytemnestra scutellata*			√	
	怪水蚤目 Monstrilloida				
	怪水蚤科 Monstrillidae				
	怪水蚤属 *Monstrilla*				
	97. 巨大怪水蚤 *Monstrilla dana*			√	
	等足目 Isopoda				
	小寄虱科 Microniscidae				
	小寄虱属 *Microniscus*				
	98. 小寄虱属 1 种 *Microniscus* sp.			√	√
	涟虫目 Cumacea				
	针尾涟虫科 Diastylidae				
	99. 针尾涟虫属未定种 *Diastylis* spp.	√		√	√
节肢动物门	涟虫科 Bodotriidae				
	100. 无尾涟虫属未定种 *Leueon* spp.	√		√	
	端足目 Amphipoda				
	蜮亚目 Hyperiidea				
	泉蜮科 Hyperiidae				
	蛮蜮属 *Lestrigonus*				
	101. 裂额蛮蜮 *Lestrigonus schizogeneios*	√	√		
	102. 大眼蛮蜮 *Lestrigonus macrophthalmus*	√	√		
	尖头蜮科 Oxycephalidae				
	小涂氏蜮属 *Tullbergella*				
	103. 细尖小涂氏蜮 *Tullbergella cuspidata*	√	√		
	海精蜮科 Pronoidae				
	海精蜮属 *Pronoe*				
	104. 海精蜮属 1 种 *Pronoe* sp.	√	√		
	钩虾科 Gammaridae				
	105. 钩虾属未定种 *Gammarus* spp.	√		√	√
	糠虾目 Mysidacea				
	糠虾科 Mysidae				

续表

类别	物种	出现季节			
		春	夏	秋	冬
	小井伊糠虾属 *Iiella*				
	106. 漂浮小井伊糠虾 *Iiella pelagicus*	√	√	√	
	107. 台湾小井伊糠虾 *Iiella formosensis*	√			
	盲糠虾属 *Pseudomma*				
	108. 半刺盲糠虾 *Pseudomma semispinosum*	√			
	刺糠虾属 *Acanthomysis*				
	109. 宽尾刺糠虾 *Acanthomysis latiscauda*	√	√	√	
	110. 窄尾刺糠虾 *Acanthomysis leptura*	√		√	
	111. 刺糠虾属 1 种 *Acanthomysis* sp.	√		√	√
	磷虾目 Eupdausiacea				
	磷虾科 Euphausiidae				
	磷虾属 *Euphausia*				
	112. 太平洋磷虾 *Euphausia pacifica*	√		√	
节肢动物门	假磷虾属 *Pseudeuphausia*				
	113. 中华假磷虾 *Pseudeuphausia sinica*	√	√	√	√
	十足目 Decapoda				
	樱虾科 Sergestidae				
	莹虾属 *Lucifer*				
	114. 中型莹虾 *Lucifer intermedius*	√	√	√	
	115. 正型莹虾 *Lucifer typus*		√		
	毛虾属 *Acetes*				
	116. 日本毛虾 *Acetes japonicus*	√	√	√	
	117. 中国毛虾 *Acetes chinensis*		√		√
	玻璃虾科 Pasiphaeoidea				
	细螯虾属 *Leptochela*				
	118. 细螯虾 *Leptochela gracilis*	√	√	√	
	箭虫纲 Sagittoidea				
	箭虫科 Sagittidae				
	箭虫属 *Sagitta*				
	119. 美丽箭虫 *Sagitta pulchra*		√	√	
毛颚动物门	120. 肥胖箭虫 *Sagitta enflata*	√	√	√	√
	121. 百陶箭虫 *Sagitta bedoti*	√	√	√	√
	122. 拿卡箭虫 *Sagitta nagae*	√	√	√	√
	123. 凶形箭虫 *Sagitta ferox*	√	√		
	124. 漂浮箭虫 *Sagitta planctonis*		√	√	

续表

类别	物种	出现季节			
		春	夏	秋	冬
毛颚动物门	125. 时冈隆箭虫 *Sagitta tokiokai*		√		
尾索动物门	有尾纲 Appendiculata				
	住囊虫科 Oikopleuridae				
	住囊虫属 *Oikopleura*				
	126. 长尾住囊虫 *Oikopleura longicauda*	√	√	√	
	127. 异体住囊虫 *Oikopleura dioica*	√	√	√	√
	128. 白住囊虫 *Oikopleura albicans*	√			
	海樽纲 Thaliacea				
	全肌目 Cyclomyaria				
	海樽科 Doliolidae				
	拟海樽属 *Dolioletta*				
	129. 软拟海樽 *Dolioletta gegenbauri*	√	√		
	海樽属 *Doliolum*				
	130. 小齿海樽 *Doliolum denticulatum*		√		
	半肌目 Hemimyaria				
	纽鳃樽科 Salpidae				
	纽鳃樽属 *Thalia*				
	131. 萨利纽鳃樽 *Thalia democratica*		√		
	132. 海樽 Doliod sp.		√		
浮游幼虫	133. 四叶小舌水母幼体 *Liriope tetraphylla* larva	√	√		
	134. 球型侧腕水母幼体 *Pleurobrachia globosa* larva				√
	135. 帚虫类幼体 Actinotrocha larva	√			√
	136. 担轮幼虫 Trochophore larva		√	√	
	137. 多毛类幼体 Polychaeta larva	√	√	√	√
	138. 桡足类无节幼体 Nauplius larva（Copepoda）	√	√	√	
	139. 桡足幼体 Copepodite larva		√	√	
	140. 真刺水蚤幼体 *Euchaeta* larva	√	√	√	√
	141. 双壳类幼体 Bivalve larva	√	√	√	√
	142. 腹足类幼体 Gastropoda larva	√	√		
	143. 磷虾节胸幼体 Calyptopis larva	√	√		
	144. 磷虾带叉幼体	√	√	√	
	145. 蔓足类无节幼体 Nauplius larva （Cirripedia）	√			
	146. 阿利马幼虫 Alima larva	√	√	√	
	147. 萤虾幼体 *Lucifer* larva	√			
	148. 糠虾幼体 Mysidacea larva		√	√	

续表

类别	物种	出现季节			
		春	夏	秋	冬
	149. 糠虾的幼体 Mysidae larva	√	√		
	150. 长尾类幼体 Macrura larva	√	√	√	
	151. 短尾类蚤状幼体 Brachyura zoea larva	√	√	√	
	152. 短尾类大眼幼体 Megalopa larva	√	√	√	
	153. 歪尾类蚤状幼体 Porcellana zoea larva		√		
浮游幼虫	154. 箭虫幼体 *Sagitta* larva	√	√	√	√
	155. 海星羽腕幼体 Bipinnaria larva	√		√	√
	156. 海蛇尾长腕幼体 Ophiopluteus larva	√		√	
	157. 海胆长腕幼虫 Echinopluteus larva			√	
	158. 鱼卵 Fish eggs	√	√	√	√
	159. 仔稚鱼 Fish larva	√	√	√	√

二、空间分布

1. 种类数

　　春季，南麂列岛调查海域浮游动物每站平均出现种类数为 28.79 个，最高值出现在 13 站，共出现 41 种，其次为 6 号站，出现 40 种，种类数最少的为 18 种，出现在 9 号站。种类空间分布如图 2-51 所示。

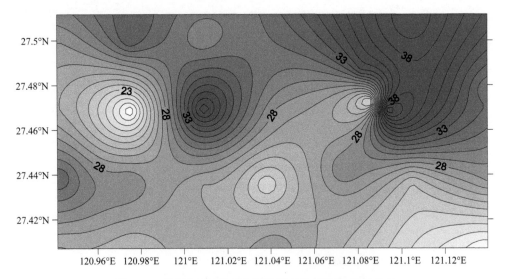

图 2-51　春季南麂列岛浅海区浮游动物种类数空间分布

夏季，南麂列岛调查海域浮游动物每站平均出现种类数为 35.96 个，最高值出现在 5 号站，出现 62 种，其次为 21 号站，出现 47 种，种类数最少的为 19 种，出现在 19 号站。种类空间分布如图 2-52 所示。

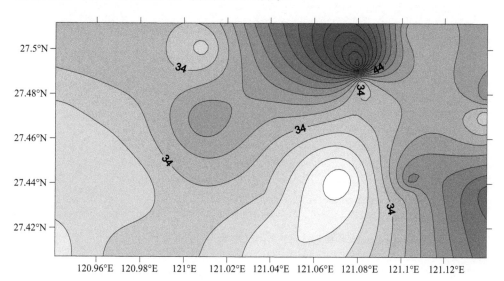

图 2-52　夏季南麂列岛浅海区浮游动物种类数空间分布

秋季，南麂列岛调查海域浮游动物每站平均出现种类数为 26.86 个，最高值出现在 21 站，共出现 37 种，其次为 2 号站和 14 号站，均出现 34 种，种类数最少的为 18 种，出现在 4 号站。种类空间分布如图 2-53 所示。

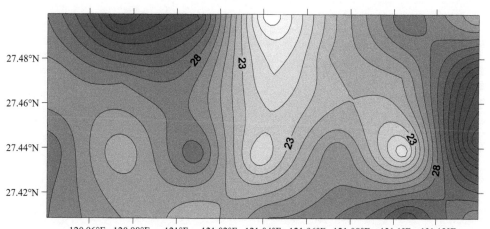

图 2-53　秋季南麂列岛浅海区浮游动物种类数空间分布

冬季，南麂列岛调查海域浮游动物每站平均出现种类数为 8.64 个，最高值出现在 14 号站和 28 号站,均出现 14 种,其次为 6 号站,出现 13 种,种类数最少的为 4 种,出现在 22 号站。种类空间分布如图 2-54 所示。

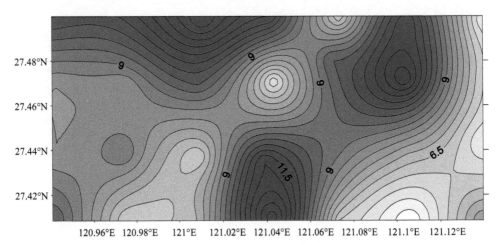

图 2-54 冬季南麂列岛浅海区浮游动物种类数空间分布

2. 丰度

春季,南麂列岛调查海域浮游动物丰度为 151.64~3959.03ind/m^3,平均丰度为 990.48ind/m^3。其中 28 号站丰度最高,为 3959.03ind/m^3;其次为 27 号站,丰度为 3270.16ind/m^3,在这两个站位中中华哲水蚤为主要种类。浮游动物丰度最低的站位为 4 号站,丰度为 151.64ind/m^3。南麂列岛春季浮游动物丰度空间分布如图 2-55 所示。

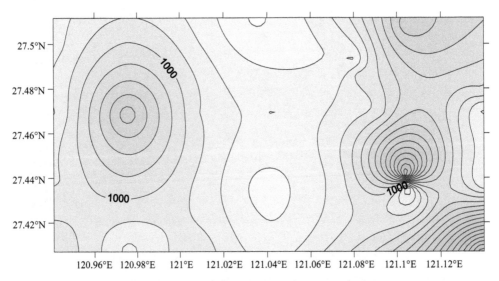

图 2-55 春季南麂列岛浅海区浮游动物丰度分布(ind/m^3)

夏季，南麂列岛调查海域浮游动物丰度为 140.32~1987.97ind/m³，平均丰度为 487.38ind/m³。其中 28 号站丰度最高，为 1987.97ind/m³；其次为 10 号站，丰度为 1358.37ind/m³，在这两个站位中小拟哲水蚤和肥胖箭虫为主要种类。浮游动物丰度最低的站位为 11 号站，丰度为 140.32ind/m³。南麂列岛夏季浮游动物丰度空间分布如图 2-56 所示。

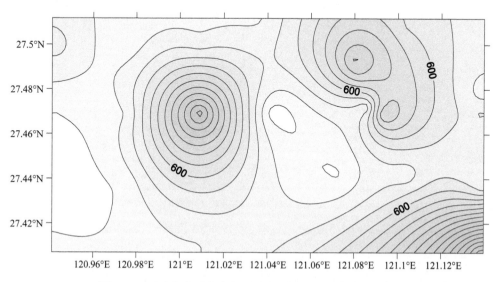

图 2-56 夏季南麂列岛浅海区浮游动物丰度分布（ind/m³）

秋季，南麂列岛调查海域浮游动物丰度为 36.04~120.69ind/m³，平均丰度为 73.17ind/m³。其中 22 号站丰度最高，为 120.69ind/m³，其次为 8 号站，丰度为 110.82ind/m³，在这两个站位中针刺拟哲水蚤和太平洋纺锤水蚤为主要种类。浮游动物丰度最低的站位为 12 号站，丰度为 36.04ind/m³。南麂列岛秋季浮游动物丰度空间分布如图 2-57 所示。

冬季，南麂列岛调查海域浮游动物丰度为 3.43~179.41ind/m³，平均丰度为 29.15ind/m³。其中 6 号站丰度最高，为 179.41ind/m³；其次为 5 号站，丰度为 89.22ind/m³，在这两个站位中中华哲水蚤和针刺拟哲水蚤为主要种类。浮游动物丰度最低的站位为 22 号站，丰度为 3.43ind/m³。南麂列岛冬季浮游动物丰度空间分布如图 2-58 所示。

3. 生物量

春季，南麂列岛调查海域浮游动物湿重生物量为 83.55~2551.04mg/m³，平均值为 446.71mg/m³。其中 28 号站生物量最高，为 2551.04mg/m³；其次为 27 号站，为 1407.03mg/m³，在该站大量出现的中华哲水蚤为主要贡献者。浮游动物生物量最低的站位为 4 号站，生物量为 83.55mg/m³。南麂列岛春季浮游动物湿重生物量空间分布如图 2-59 所示。

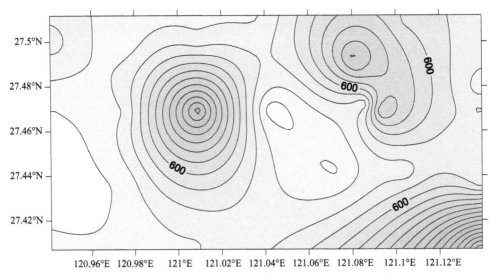

图 2-57　秋季南麂列岛浅海区浮游动物丰度分布（ind/m³）

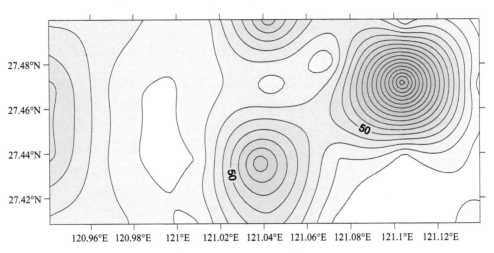

图 2-58　冬季南麂列岛浅海区浮游动物丰度分布（ind/m³）

夏季，南麂列岛调查海域浮游动物湿重生物量为 39.88~626.34mg/m³，平均值为 197.52mg/m³。其中 21 号站生物量最高，为 626.34mg/m³；其次为 27 号站，为 380.03mg/m³，在这两个站位，单体生物量较大的中华假磷虾做了主要贡献。最低的站位为 1 号站，生物量为 39.88mg/m³。南麂列岛夏季浮游动物湿重生物量空间分布如图 2-60 所示。

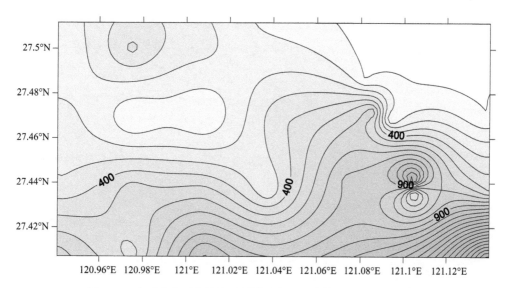

图 2-59 春季南麂列岛浅海区浮游动物湿重生物量分布（mg/m³）

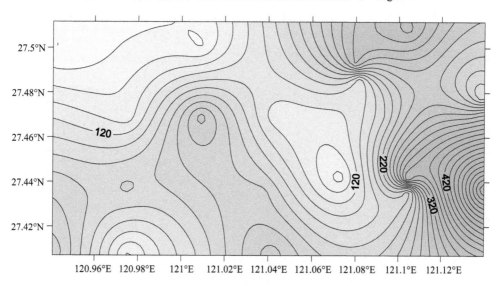

图 2-60 夏季南麂列岛浅海区浮游动物湿重生物量分布（mg/m³）

秋季，南麂列岛调查海域浮游动物湿重生物量为 39.52～150.46mg/m³，平均值为 77.85mg/m³。其中 19 号站生物量最高，为 150.46mg/m³；其次为 18 号站，为 135.11mg/m³，在该站位中华哲水蚤、中华假磷虾和百陶箭虫为主要贡献者。浮游动物生物量最低的站位为 3 号站，为 39.52mg/m³。南麂列岛冬季浮游动物湿重生物量空间分布如图 2-61 所示。

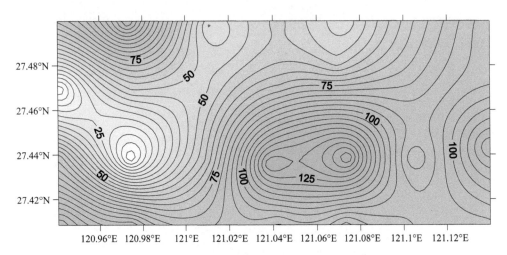

图 2-61　秋季南麂列岛浅海区浮游动物湿重生物量分布（mg/m³）

冬季，南麂列岛调查海域浮游动物湿重生物量为 4.69～89.71mg/m³，平均值为 25.03mg/m³。其中 6 号站生物量最高，为 89.71mg/m³；其次为 12 号站，为 65.76mg/m³，在该站位中华哲水蚤为主要贡献者。浮游动物生物量最低的站位为 1 号站，为 4.69mg/m³。南麂列岛冬季浮游动物湿重生物量空间分布如图 2-62 所示。

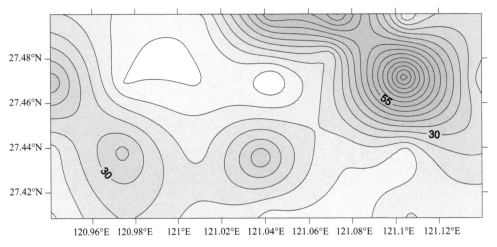

图 2-62　冬季南麂列岛浅海区浮游动物湿重生物量分布（mg/m³）

4. 生物多样性

春季，南麂列岛调查海域浮游动物 Shannon-Wiener 指数（H'）为 0.22～2.35，平均值为 1.34。最高值出现在 11 号站，为 2.35，最低值出现在 16 号站，为 0.22。南麂列岛春季浮游动物 Shannon-Wiener 指数（H'）空间分布如图 2-63 所示。

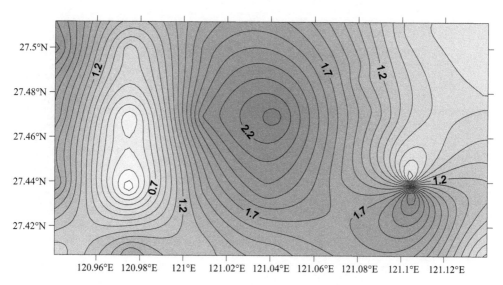

图 2-63　春季南麂列岛浅海区浮游动物 Shannon-Wiener 指数（H'）分布

夏季，南麂列岛调查海域浮游动物 Shannon-Wiener 指数（H'）为 2.72～4.24，平均值为 3.61。最高值出现在 5 号站，为 4.24，最低值出现在 13 号站，为 2.72。南麂列岛夏季浮游动物 Shannon-Wiener 指数（H'）空间分布如图 2-64 所示。

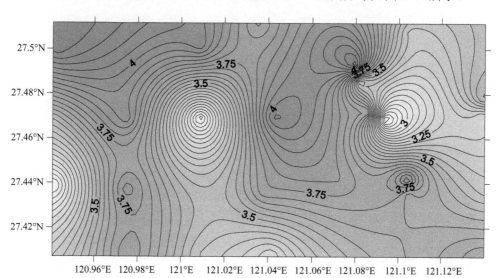

图 2-64　夏季南麂列岛浅海区浮游动物 Shannon-Wiener 指数（H'）分布

秋季，南麂列岛调查海域浮游动物 Shannon-Wiener 指数（H'）为 2.64～4.06，平均值为 3.36。最高值出现在 3 号站，为 4.06，最低值出现在 11 号站，为 2.64。南麂列岛秋季浮游动物 Shannon-Wiener 指数（H'）空间分布如图 2-65 所示。

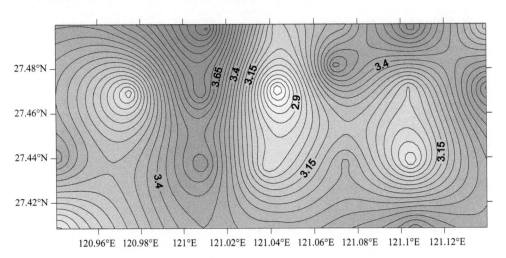

图 2-65 秋季南麂列岛浅海区浮游动物 Shannon-Wiener 指数（H'）分布

冬季，南麂列岛调查海域浮游动物 Shannon-Wiener 指数（H'）为 1.28～2.67，平均值为 1.99。最高值出现在 5 号站，为 2.67，最低值出现在 1 号站，为 1.28。南麂列岛冬季浮游动物 Shannon-Wiener 指数（H'）空间分布如图 2-66 所示。

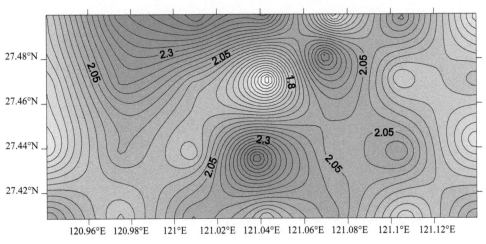

图 2-66 冬季南麂列岛浅海区浮游动物 Shannon-Wiener 指数（H'）分布

5. 与历史资料的比较

与 20 世纪 90 年代相比，春、秋两个季节共记录 89 种，南麂列岛附近海域浮游动物种数增加，本次调查物种数春、秋季合计 102 种，这可能与两次调查站位数量不同有关（1990 年调查站位 13 个，本次调查 28 个）。从丰度来看，春季丰度增加，从 776.12ind/m³ 增加到 990.48ind/m³；秋季则降低，从 132.35ind/m³ 减少到 73.17ind/m³，但是从季节分布趋势来看，都是春季高于秋季。生物量变化与丰度一致，也是春季增加，秋季降低。由于湿重生物量的测定中，夜光虫的数量多少直接影响到湿重生物量的结果，但是剔除夜光虫测量难度很大，因此，湿重生物量在此只做一个参考。

通过与 20 世纪 90 年代的调查资料对比发现，浮游动物的种类数增加明显，尽管调查站位的数量对种类数有一定的影响，但也与国家设立南麂列岛国家级海洋自然保护区以来，国家和地方有关部门的环境保护工作有着密不可分的关系。

第八节 大型底栖动物

一、种类组成

对一年 4 个季度月调查所获得的南麂列岛浅海大型底栖动物进行分析鉴定，共鉴定出主要大型底栖动物 63 种，其中，多毛类有 29 种，隶属于 6 目 22 科 28 属；软体动物有 10 种，隶属于 5 目 9 科 10 属；甲壳动物有 15 种，隶属于 4 目 9 科 15 属；棘皮动物有 4 种，隶属于 2 目 3 科 3 属；其他类有 5 种，纽虫、星虫、腔肠动物各 1 种，底栖鱼类 2 种。具体种类名录见表 2-8。

表 2-8 南麂列岛调查海域主要大型底栖动物种类名录

类别	种名	出现季节			
		春	夏	秋	冬
多毛类	海稚虫目 Spionida				
	海稚虫科 Spionidae				
	奇异稚齿虫属 *Paraprionospio*				
	1. 冠奇异稚齿虫 *Paraprionospio cristata*		√	√	
	杂毛虫科 Poecilochaetidae				
	杂毛虫属 *Poecilochaetus*				
	2. 杂毛虫属 1 种 *Poecilochaetus* sp.	√	√	√	√
	隐居目 Sedentaria				
	沙蠋科 Arenicolidae				
	沙蠋属 *Arenicola*				
	3. 沙蠋属 1 种 *Arenicola* sp.			√	
	小头虫科 Capitellidae				
	丝异须虫属 *Heteromastus*				
	4. 丝异蚓虫 *Heteromastus filiforms*	√	√	√	√
	背蚓虫属 *Notomastus*				
	5. 背毛背蚓虫 *Notomastus aberans*	√	√		√

续表

类别	种名	出现季节			
		春	夏	秋	冬
	竹节虫科 Maldanidae				
	短脊虫属 *Asychis*				
	6. 五岛短脊虫 *Asychis gangeticus*		√	√	
	竹节虫属 *Maldane*				
	7. 竹节虫属 1 种 *Maldane* sp.				√
	锥头虫科 Orbiniidae				
	矛毛虫属 *Phylo*				
	8. 矛毛虫 *Phylo felix*			√	
	单指虫科 Cossuridae				
	单指虫属 *Cossurella*				
	9. 双形拟单指虫 *Cossurella dimorpha*	√	√	√	√
	海蛹科 Opheliidae				
	10. 海蛹科 1 种 Opheliidae sp.			√	√
	沙蚕目 Nereidida				
	白毛虫科 Pilargiidae				
	钩毛虫属 *Sigambra*				
	11. 深钩毛虫 *Sigambra bassi*		√		
多毛类	齿吻沙蚕科 Nephtyidae				
	内卷齿蚕属 *Aglaophamus*				
	12. 双鳃内卷齿蚕 *Aglaophamus dibranchis*	√	√	√	√
	齿吻沙蚕属 *Nephtys*				
	13. 寡鳃齿吻沙蚕 *Nephtys oligobranchia*	√	√	√	√
	海女虫科 Hesionidae				
	小健足虫属 *Micropodarke*				
	14. 双小健足虫 *Micropodarke dubia*	√	√	√	
	矶沙蚕目 Eunicida				
	索沙蚕科 Eunicidae				
	单颚索沙蚕属 *Lumbrinerides*				
	15. 戴单颚索沙蚕 *Lumbrinerides dayi*	√	√	√	√
	花索沙蚕科 Arabellidae				
	花索沙蚕属 *Arabella*				
	16. 花索沙蚕 *Arabella iricolor*			√	
	叶须虫目 Phyllodocimorpha				
	叶须虫科 Phyllodocidae				
	叶须虫属 *Phyllodoce*				

续表

类别	种名	出现季节			
		春	夏	秋	冬
	17. 乳突半突虫 *Phyllodoce papillosa*				√
	吻沙蚕科 Glyceridae				
	吻沙蚕属 *Glycera*				
	18. 长吻沙蚕 *Glycera chirori*	√	√	√	√
	角吻沙蚕科 Goniadidae				
	角吻沙蚕属 *Goniada*				
	19. 色斑角吻沙蚕 *Goniada maculate*	√	√	√	√
	多鳞虫科 Polynoidae				
	背鳞虫属 *Lepidonotus*				
	20. 背鳞虫属 1 种 *Lepidonotus* sp.	√	√	√	√
	21. 软背鳞虫 *Lepidonotus helotypus*	√			
	哈鳞虫属 *Harmothoe*				
	22. 覆瓦哈鳞虫 *Harmothoe imbricate*	√			
	格鳞虫属 *Gattyana*				
	23. 格鳞虫属 1 种 *Gattyana* sp.	√	√		
	锡鳞虫科 Sigalionidae				
多毛类	埃刺梳鳞虫属 *Ehlersileanira*				
	24. 黄海埃刺梳鳞虫 *Ehlersileanira incisa hwanghaiensis*	√			√
	蛰龙介目 Terebellida				
	蛰龙介科 Terebellidae				
	蛰龙介属 *Terebella*				
	25. 蛰龙介属 1 种 *Terebella* sp.	√			
	毛鳃虫科 Trichobranchidae				
	扁蛰虫属 *Loimia*				
	26. 扁蛰虫 *Loimia medusa*			√	
	不倒翁虫科 Sternaspidae				
	不倒翁虫属 *Sternaspis*				
	27. 不倒翁虫 *Sternaspis sculata*	√	√	√	√
	丝鳃虫科 Cirratulidae				
	独毛虫属 *Tharyx*				
	28. 独毛虫属 1 种 *Tharyx* sp.			√	
	丝鳃虫属 *Cirratulus*				
	29. 细丝鳃虫 *Cirratulus filiformis*		√	√	
软体动物	中腹足目 Mesogastropoda				
	光螺科 Eulimidae				

续表

类别	种名	出现季节			
		春	夏	秋	冬
软体动物	光螺属 *Eulima*				
	30. 马里亚光螺 *Eulima maria*	√	√	√	√
	锥螺科 Turrritellidae				
	锥螺属 *Turritella*				
	31. 棒锥螺 *Turritella bacillum*	√	√	√	√
	玉螺科 Natidae				
	扁玉螺属 *Neverita*				
	32. 扁玉螺 *Neverita didyma*		√		
	肠蚬目 Entomitaeniata				
	三叉螺科 Triolidae				
	原盒螺属 *Eocylichna*				
	33. 圆筒原盒螺 *Eocylichna braunsi*	√	√	√	√
	帘蛤目 Veneroida				
	樱蛤科 Tellinidae				
	明樱蛤属 *Moerella*				
	34. 江户明樱蛤 *Moerella jedoensis*	√	√	√	√
	蛤蜊科 Mactriidae				
	波纹蛤属 *Raetellops*				
	35. 秀丽波纹蛤 *Raetellops pulchella*	√			√
	双带蛤科 Semelidae				
	理蛤属 *Theora*				
	36. 理蛤 *Theora lata*	√	√		
	内肋蛤属 *Endopleura*				
	37. 内肋蛤 *Endopleura lubrica*	√	√		
	蚶目 Arcoida				
	蚶科 Arcidae				
	拟蚶属 *Arcopsis*				
	38. 对称拟蚶 *Arcopsis symmetrica*	√			√
	裸鳃目 Nudibranchia				
	壳蛞蝓科 Philinidae				
	壳蛞蝓属 *Philine*				
	39. 壳蛞蝓属 1 种 *Philine* sp.	√	√		√
甲壳动物	十足目 Decaoda				
	鼓虾科 Alpheidae				
	鼓虾属 *Alpheus*				

续表

类别	种名	出现季节			
		春	夏	秋	冬
甲壳动物	40. 鲜明鼓虾 *Alpheus distinguendus*	√	√		
	玻璃虾科 Pasiphaeidae				
	细螯虾属 *Leptochela*				
	41. 细螯虾 *Leptochela gracilis*	√	√	√	
	瓷蟹科 Porcellanidae				
	细足蟹属 *Raphidopus*				
	42. 绒毛细足蟹 *Raphidopus ciliatus*		√	√	√
	豆蟹科 Pinnotheridae				
	倒颚蟹属 *Asthenognathus*				
	43. 异足倒颚蟹 *Asthenognathus inaequipes*	√	√	√	√
	长脚蟹科 Goneplacidae				
	仿盲蟹属 *Typholcarcinops*				
	44. 仿盲蟹属 1 种 *Typholcarcinops* sp.				√
	强蟹属 *Eucrate*				
	45. 隆线强蟹 *Eucrate crenata*		√		
	梭子蟹科 Portunidae				
	46. 梭子蟹幼体 Portunidae larva		√		
	涟虫目 Cumacea				
	针尾涟虫科 Diastylidae				
	针尾涟虫属 *Diastylis*				
	47. 针尾涟虫属 1 种 *Diastylis* sp.	√			√
	端足目 Amphipoda				
	钩虾科 Gammaridae				
	48. 钩虾科 1 种 Gammaridae sp.	√			√
	49. 钩虾科 1 种 Gammaridae sp1.	√			√
	50. 钩虾科 1 种 Gammaridae sp2.				√
	51. 钩虾科 1 种 Gammaridae sp3.				√
	52. 钩虾科 1 种 Gammaridae sp4.				√
	铲钩虾属 *Listriella*				
	53. 弯指铲钩虾 *Listriella curvidactyla*				√
	口足目 Stomatopoda				
	虾蛄科 Squillidae				
	口虾蛄属 *Oratosquilla*				
	54. 口虾蛄 *Oratosquilla Oratoria*		√		
棘皮动物	无足目 Apoda				

续表

类别	种名	出现季节			
		春	夏	秋	冬
棘皮动物	锚参科 Protankyridae				
	锚参属 *Protankyra*				
	55. 棘刺锚参 *Protankyra bidentata*	√	√	√	√
	56. 锚参属 sp.	√			√
	真蛇尾目 Ophiurida				
	阳遂足科 Amphiuridae				
	倍棘蛇尾属 *Amphioplus*				
	57. 光滑倍棘蛇尾 *Amphioplus laevis*	√	√	√	√
	刺蛇尾科 Ophiotrichidae				
	刺蛇尾属 *Ophiothrix*				
	58. 刺蛇尾属 1 种 *Ophiothrix* sp.			√	
纽虫	59. 纽形动物门 Nemertinea	√	√	√	√
星虫	60. 星虫动物门 Sipuncula			√	
腔肠动物	海鳃目 Pennatulacea				
	棒海鳃科 Veretillidae				
	61. 海仙人掌属 1 种 *Cavernularia* sp.		√		√
底栖鱼类	鲈形目 Perciformes				
	鳗虾虎鱼科 Taenioididae				
	狼鰕虎鱼属 *Odontamblyopus*				
	62. 红狼牙鰕虎鱼 *Odontamblyopus rubicundus*			√	
	栉孔鰕虎鱼属 *Ctenotrypauchen*				
	63. 中华栉孔鰕虎鱼 *Ctenotrypauchen chinensis*	√	√		√

　　注：表中所列大型底栖动物为四次调查明确鉴定到物种类别的

　　春季，南麂列岛调查海域共采集了大型底栖动物 39 种，其中多毛类 18 种、软体动物 9 种、甲壳动物 6 种、棘皮动物 4 种及其他类 2 种（纽虫、底栖鱼类各 1 种）。各站位的物种数也不相同，但总体上较高。其中，最多的是 9 号站，为 15 种；除 12 号、13 号站的物种数为 1 种外，其余各站位的物种数均在 4 种以上（图 2-67）。

　　夏季，南麂列岛调查海域共采集了大型底栖动物 41 种，其中多毛类 19 种、软体动物 8 种、甲壳动物 8 种、棘皮动物 3 种及其他类 3 种（纽虫、海仙人掌、底栖鱼类各 1 种）。各站位的物种数也不相同，但总体上较高。其中，最多的是 11 号站，为 13 种；除 12 号站（2 种）、15 号站（3 种）的物种数较少外，其余各站位的物种数均在 4 种以上（图 2-68）。

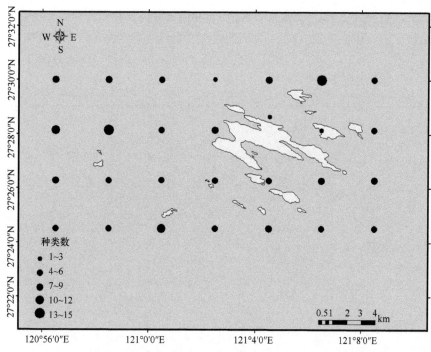

图 2-67　春季南麂列岛浅海大型底栖动物群落物种种类分布

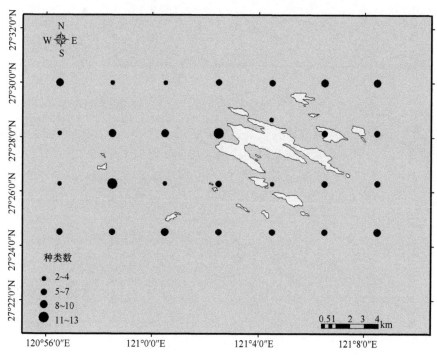

图 2-68　夏季南麂列岛南麂列岛浅海大型底栖动物群落物种种类分布

秋季，南麂列岛调查海域共采集了大型底栖动物 35 种，其中多毛类 22 种、软体动物 3 种、甲壳动物 3 种、棘皮动物 4 种及其他类 3 种（纽虫、星虫、底栖鱼类各 1 种）。其中，物种丰度最高的是 15 号站，为 12 种；最低的仅 2 种，为 22 号和 27 号站（图 2-69）。

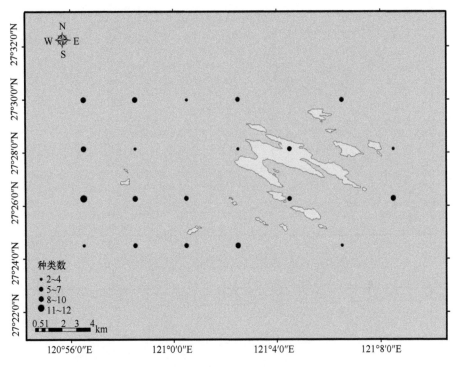

图 2-69　秋季南麂列岛浅海大型底栖动物群落物种种类分布

冬季，南麂列岛调查海域共采集了大型底栖动物 40 种，其中多毛类 16 种、软体动物 8 种、甲壳动物 9 种、棘皮动物 4 种及其他类 3 种（纽虫、海仙人掌、底栖鱼类各 1 种）。各采站位的物种数也不相同，但总体上较高。其中，最多的是 20 号站，为 13 种；23 号站的物种数最少（1 种），其余各站位的物种数均在 4 种以上（图 2-70）。

总的来说，春夏秋冬季 4 次调查结果均表明研究区大型底栖动物以多毛类和软体动物为主，甲壳动物次之，其他类动物最少。从空间分布的角度看，4 个航次各站位大型底栖动物的物种丰度呈斑块状分布，并无明显的规律，这也在一定程度上说明了南麂列岛国家级海洋自然保护区大型底栖动物栖息地异质性较高，为维持该区域较为稳定的大型底栖动物群落结构提供了良好的条件；从时间分布的角度看，不同季节之间（4 个航次）大型底栖动物群落结构组成的差别较小，这也说明南麂列岛国家级海洋自然保护区大型底栖动物群落结构较为稳定。

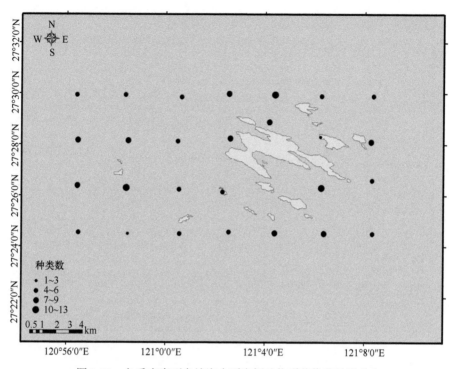

图 2-70　冬季南麂列岛浅海大型底栖动物群落物种种类分布

二、生物量和栖息密度

春季，南麂列岛调查海域各站位大型底栖动物的总栖息密度为 20～250ind/m²，平均值为 107.14ind/m²；总生物量为 0.07～385.29g/m²，平均值为 97.68g/m²。软体动物的栖息密度最大，为 18.25ind/m²，所占比例为 26%；其次为多毛类，为 16.28ind/m²，所占比例为 23%；最低的为其他动物，所占比例为 14%。棘皮动物的生物量最大，为 55.09g/m²，占比为 50%；其次为软体动物，占比达 41%；其他类动物占比为 9%，甲壳动物及多毛类的生物量占比基本可以忽略不计。这与春季采集到大量生物量远高于其他种的棘刺锚参和棒锥螺有关，同时也导致多毛类和甲壳动物的生物量占比极低。总的来说，春季大多数站位具有较高的生物量，仅有 6 个站位的生物量低于 1g/m²（图 2-71，图 2-72）。

夏季，南麂列岛调查海域各站位大型底栖动物的总栖息密度为 20～280ind/m²，平均值为 92.59ind/m²；总生物量为 0.24～668.75g/m²，平均值为 66.41g/m²。棘皮动物的栖息密度最大，为 21.67ind/m²，所占比例为 23%；其次为软体动物，为 20.63ind/m²，所占比例为 22%；最低的为甲壳动物，所占比例为 14%。软体动物的生物量最大，为 45.73g/m²，占比为 60%；其次为棘皮动物，占比达

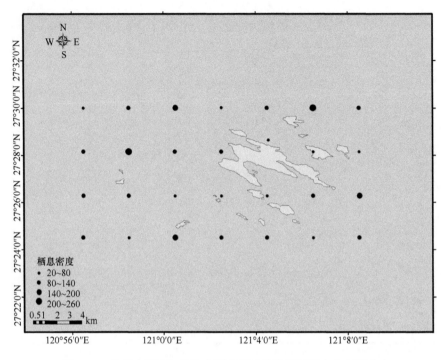

图 2-71 春季南麂列岛浅海大型底栖动物群落栖息密度空间分布

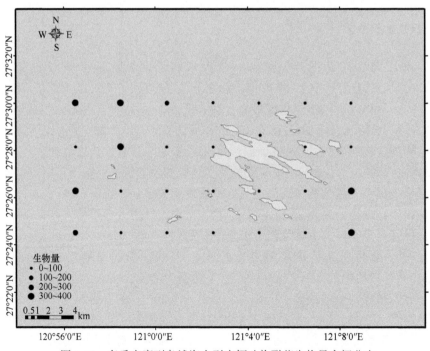

图 2-72 春季南麂列岛浅海大型底栖动物群落生物量空间分布

22%；甲壳动物和其他类动物分别占比为11%、7%；多毛类的生物量占比基本可以忽略不计。这与夏季采集到生物量远高于其他种的棘刺锚参和棒锥螺有关，也导致多毛类的生物量占比极低。总的来说，夏季除因为采集到棒锥螺和棘刺锚参而具有极高生物量的站位外，其他站位的生物量较低，大多集中在 10.0g/m² 以下（图2-73，图2-74）。

秋季，南麂列岛调查海域各站位大型底栖动物的总栖息密度为 20～140ind/m²，平均值为 76.50ind/m²；总生物量为 0.05～93.47g/m²，平均值为 20.63g/m²。多毛类的栖息密度最大，为 46.33ind/m²，所占比例为 60.6%；其次为软体动物，为 16.67ind/m²，所占比例为 21.8%；最低的为底栖鱼类，所占比例仅为 0.4%。棘皮动物虽然在栖息密度中占比较小，但由于1号站采集到个体较大的棘刺锚参，其在生物量中的占比高达 85%；与之相反，多毛类个体较小，其生物量所占比例仅为 6.0%，但由于其物种丰度高，所占比例也高于软体动物和甲壳动物。总的来说，秋季除1号站、2号站、4号站和8号站因为采集到棘刺锚参，21号站采到棘刺锚参和红狼牙鰕虎鱼而具有较高的生物量外，其他站位的生物量均极低，大多集中在 5.0g/m² 以下（图2-75，图2-76）。

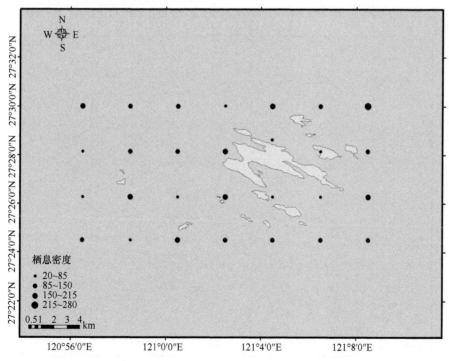

图 2-73　夏季南麂列岛浅海大型底栖动物群落栖息密度空间分布

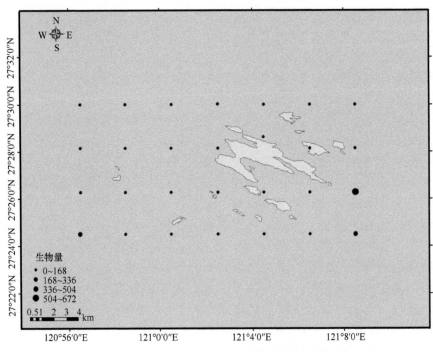

图 2-74 夏季南麂列岛浅海大型底栖动物群落生物量空间分布

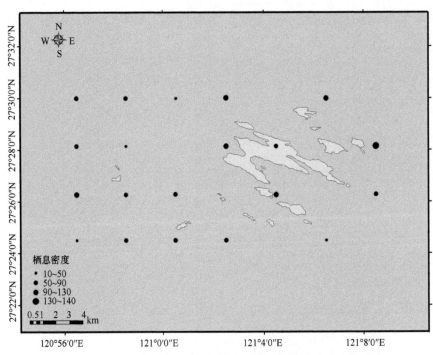

图 2-75 秋季南麂列岛浅海大型底栖动物群落栖息密度空间分布

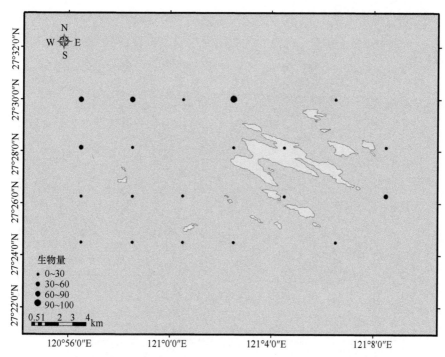

图 2-76　秋季南麂列岛浅海大型底栖动物群落生物量空间分布

　　冬季，南麂列岛调查海域各站位大型底栖动物的总栖息密度为 20～230ind/m²，平均值为 113.57ind/m²；总生物量为 0.25～959.32g/m²，平均值为 87.47g/m²。多毛类的栖息密度最大，为 18.78ind/m²，所占比例为 26%；其次为软体动物，为 17.22ind/m²，所占比例为 24%；最低的为其他类动物，所占比例为 14%。软体动物的生物量最大，为 53.24g/m²，占比为 53%；其次为棘皮动物，占比达36.74%；其他类动物占比为 10%，甲壳动物及多毛类的生物量占比基本可以忽略不计。这与冬季调查中，在 8～11 号站采集到大量的棒锥螺有关，导致软体动物的生物量占比急剧上升；而 5 号站采集到个体较大的棘刺锚参，导致其生物量占比也较高。因此，在各类群栖息密度差别不大的情况下，由于个别生物的生物量远高于其他种，多毛类和甲壳动物的生物量占比极低（图 2-77，图 2-78）。

　　根据调查结果得知，不管是从丰度还是生物量上，除极个别大个体的物种影响，4 个航次均无明显占优势的大型底栖动物类群。由图 2-79 可知，栖息密度是冬季＞春季＞夏季＞秋季，而生物量则是春季＞冬季＞夏季＞秋季。总体上，除2013 年 11 月（秋季）外（采样原因造成），其他 3 个季度大型底栖动物群落结构均较好。ANOVA 分析表明，4 次调查的平均栖息密度存在明显差异（df_1=3，df_2=108，F=7.42，P<0.01），但生物量却无明显差异（df_1=3，df_2=108，F=2.17，P>0.05），这可能与采集到个体较大的棒锥螺和棘刺锚参有关。此外，从空间分布

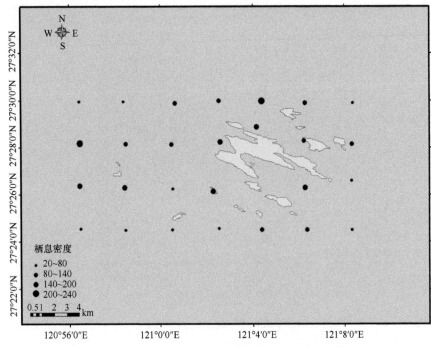

图 2-77　冬季南麂列岛浅海大型底栖动物群落栖息密度空间分布

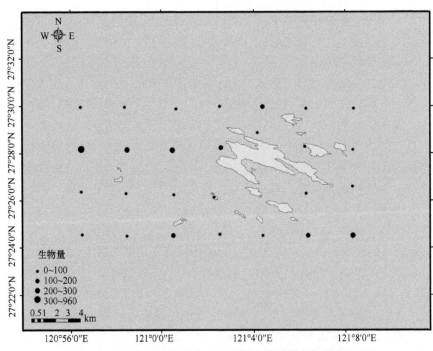

图 2-78　冬季南麂列岛浅海大型底栖动物群落生物量空间分布

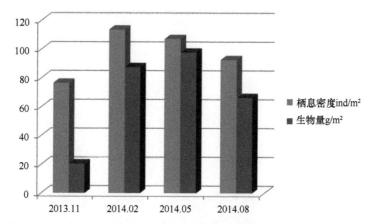

图 2-79　春夏秋冬季南麂列岛浅海大型底栖动物的栖息密度和生物量比较

的角度看，4 个航次不论是栖息密度还是生物量基本都呈斑块状镶嵌分布，这可能主要与南麂列岛国家级海洋自然保护区异质性较高的大型底栖动物栖息地有关。

三、群落结构多变量分析

春季，南麂列岛调查海域大型底栖动物群落结构聚类分析结果如图 2-80 所示。以 30% 的相似度划分，28 个群落样本可分为 6 组。第 I 组包括 1 号、3 号、5 号、6 号、9 号、10 号、15 号、16 号、17 号、22 号、24 号、27 号和 28 号等 13 个站

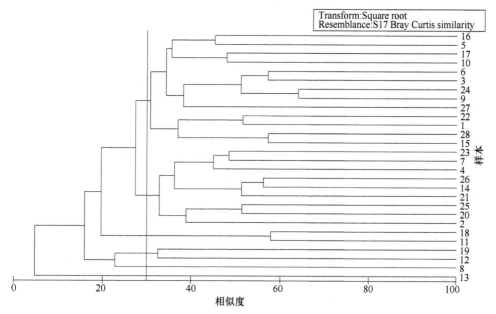

图 2-80　春季南麂列岛浅海大型底栖动物群落聚类分析

位；第Ⅱ组包括 2 号、4 号、7 号、14 号、20 号、21 号、23 号、25 号和 26 号等 9 个站位,第Ⅲ组包括 11 号和 18 号两个站位;第Ⅳ组包括 12 号和 19 号两个站位;第Ⅴ组合第Ⅵ组都只有一个站位,分别为 8 号和 13 号站。ANOSIM 分析表明 6 个聚类组之间的大型底栖动物群落组成差异极显著(R=0.599,P = 0.001)(图 2-81)。

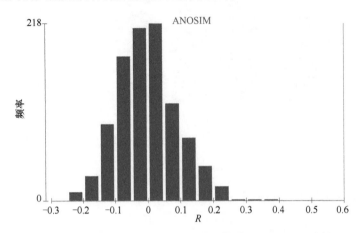

图 2-81　春季南麂列岛浅海大型底栖动物群落 ANOSIM 分析图

SIMPER 分析结果表明,第Ⅰ组组内平均相似性为 35.45%,两个物种对其贡献率较高,分别为不倒翁虫（36.39%）和寡鳃齿吻沙蚕（24.83%）;第Ⅱ组组内平均相似性为 37.34%,3 个物种对其贡献率超过 10%,分别为黄海埃刺梳鳞虫（37.31%）、双形拟单指虫（24.92%）和寡鳃齿吻沙蚕（19.55%）;第Ⅲ组组内平均相似性较高（57.85%）,3 个物种对其贡献率超过 10%,即不倒翁虫（25%）、双鳃内卷齿蚕(25%)和中华栉孔鰕虎鱼(25%);第Ⅳ组组内平均相似性为 32.54%,光滑背棘蛇尾对其贡献率达 100%;第Ⅴ组和第Ⅵ组都只有一个站位,无法分析组内相似性。整体来看,28 个站位之间的群落平均相似性较低（25.34%）,对其贡献率超过 10%的有 4 种,分别为寡鳃齿吻沙蚕（25.76%）、不倒翁虫（18.65%）、双形拟单指虫（15.22%）及黄海埃刺梳鳞虫（10.77%）。

夏季,南麂列岛调查海域大型底栖动物群落结构聚类分析结果如图 2-82 所示。以 30%的相似度划分,28 个站位可分为 7 组。第Ⅰ组共有 18 个站位,包括 1 号、2 号、3 号、4 号、6 号、7 号、8 号、9 号、10 号、11 号、14 号、16 号、20 号、23 号、24 号、25 号、26 号和 28 号站;第Ⅱ组包含 21 号和 22 号两个站位;第Ⅲ组包含 5 号、13 号和 18 号等 3 个站位;第Ⅳ组有 17 号和 27 号两个站位;第Ⅴ、第Ⅵ和第Ⅶ组都只有 1 个站位,分别为 15 号、19 号和 12 号站。ANOSIM 分析表明 4 个聚类组之间的大型底栖动物群落组成差异极显著（R=0.707,P=0.001）(图 2-83)。

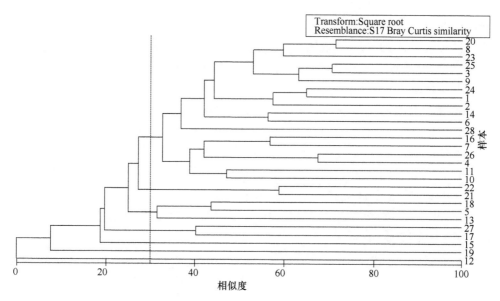

图 2-82　夏季南麂列岛浅海大型底栖动物群落聚类分析

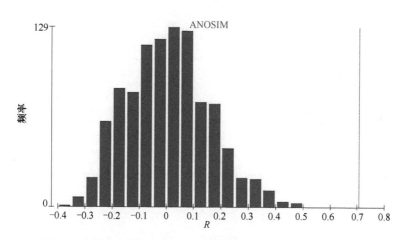

图 2-83　夏季南麂列岛浅海大型底栖动物群落 ANOSIM 分析图

SIMPER 分析结果表明，第 I 组组内平均相似性为 39.61%，对其贡献率超过 10% 的有 4 种，分别为寡鳃齿吻沙蚕（33.14%）、双形拟单指虫（20.41%）、中华栉孔鰕虎鱼（13.70%）和圆筒原盒螺（12.77%）；第 II 组组内平均相似性较高（58.77%），3 个物种对其贡献率极高，分别为棒锥螺（55.05%）、不倒翁虫（22.47%）和圆筒原盒螺（22.47%）；第 III 组组内平均相似性为 35.55%，对其贡献率超过 10% 的分别为寡鳃齿吻沙蚕（47.47%）、光滑倍棘蛇尾（40.44%）和多毛类残体（12.09%）；第 IV 组组内平均相似性较高（40.20%），两个物种对其贡献率极高，分别为寡鳃齿吻沙蚕（58.58%）和不倒翁虫（41.42%）；第 V 组、第 VI 组合第 VII

组都只有一个站位，无法分析组内相似性。整体来看，28 个样本之间的群落平均相似性较低（27.29%），对其贡献率超过 10%的有 5 种，分别为寡鳃齿吻沙蚕（28.00%）、双形拟单指虫（18.25%）、中华栉孔鰕虎鱼（13.74%）、不倒翁虫（12.05%）及圆筒原盒螺（11.97%）。

　　秋季，南麂列岛调查海域聚类分析结果如图 2-84 所示。以 30%的相似度划分，20 个群落样本可分为 5 组。第 I 组包含最多的站位，有 1 号、2 号、6 号、8 号、14 号、15 号、16 号、19 号、21 号、23 号、24 号和 25 号站等 12 个站位，第 II 组包括 3 号、4 号、9 号和 17 号等 4 个站位，第 III 组仅 27 号 1 个站位，第 IV 组包含 11 号和 12 号两个站位，第 V 组只有 22 号 1 个站位。ANOSIM 分析表明 5 个聚类组之间大型底栖动物群落组成差异极显著（R=0.775，P=0.001）（图 2-85）。

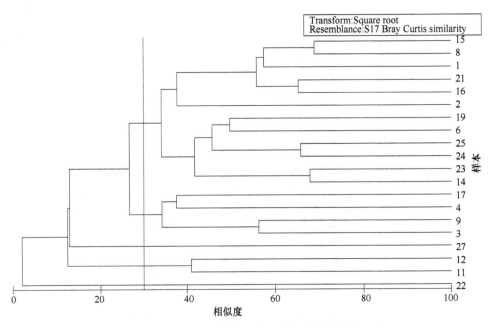

图 2-84　秋季南麂列岛浅海大型底栖动物群落聚类分析

　　SIMPER 分析结果表明，第 I 组组内平均相似性较高（40.92%），对其贡献率超过 10%的有 4 种，即圆筒原盒螺（28.38%）、丝异蚓虫（14.79%）、双形拟单指虫（14.56%）和双鳃内卷齿蚕（10.74%）。第 II 组组内平均相似性为 38.41%，两个物种丝异蚓虫和双鳃内卷齿蚕贡献率极高，分别为 49.91%和 44.66%；第 IV 组组内平均相似性为 40.89%，刺蛇尾属 1 种和杂毛虫属 1 种对其贡献率极高，分别为 63.4%和 36.6%；第 III 组和第 V 组都只有一个站位，无法分析组内相似性。整体来看，20 个站位之间的群落平均相似性较低（25.96%），对其贡献率超过 10%

的有 4 种，分别为丝异蚓虫（20.92%）、圆筒原盒螺（20.04%）、双鳃内卷齿蚕（16.56%）和双形拟单指虫（10.94%）。

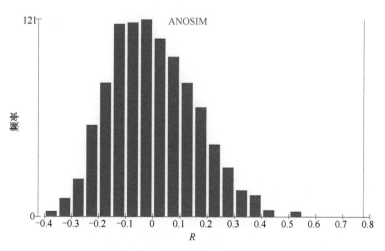

图 2-85　秋季南麂列岛浅海大型底栖动物群落 ANOSIM 分析图

　　冬季，南麂列岛调查海域聚类分析结果如图 2-86 所示。以 30%的相似度划分，27 个群落样本可分为 4 组。第Ⅰ组包括 4 号、5 号、6 号、13 号、16 号、17 号、18 号、20 号、21 号、26 号和 27 号等 11 个站位；第Ⅱ组包括 1 号、8 号、22 号和 28 号等 4 个站位，第Ⅲ组包括 2 号、3 号、7 号、9 号、10 号、11 号、12 号、14 号、15 号、24 号和 25 号等 11 个站位；第Ⅳ组仅一个站位，为 23 号站。ANOSIM 分析表明 4 个聚类组之间大型底栖动物群落组成差异极显著（$R=0.715$，$P=0.001$）（图 2-87）。

　　SIMPER 分析结果表明，第Ⅰ组组内平均相似性为 38.07%，3 个物种贡献率超过 10%，分别为寡鳃齿吻沙蚕（44.68%）、圆筒原盒螺（16.18%）和不倒翁虫（11.86%）；第Ⅱ组组内平均相似性较高（52.84%），对其贡献率超过 10%的有 4 种，即寡鳃齿吻沙蚕（28.35%）、双形拟单指虫（28.35%）、色斑角吻沙蚕（21.26%）和棒锥螺（15.29%）；第Ⅲ组组内平均相似性为 37.90%，对其贡献率超过 10%的有 3 种，即双鳃内卷齿蚕（40.36%）、不倒翁虫（11.69%）和棒锥螺（10.56%）；第Ⅳ组仅一个站位，无法分析组内相似性。整体来看，27 个站位之间的群落平均相似性较低（26.76%），对其贡献率超过 10%的有 6 种，分别为寡鳃齿吻沙蚕（16.83%）、圆筒原盒螺（12.92%）、双形拟单指虫（11.73%）、不倒翁虫（11.27%）、色斑角吻沙蚕（10.59%）和双鳃内卷齿蚕（10.18%）。

　　从季节变化上来看，4 个航次各站位之间大型底栖动物群落组成差别不大，小型多毛类及双壳类为影响群落结构相似性的主要物种。

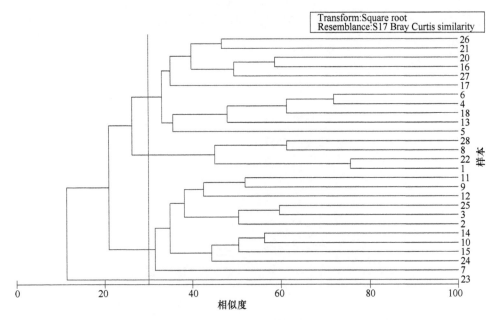

图 2-86　冬季南麂列岛浅海大型底栖动物群落聚类分析

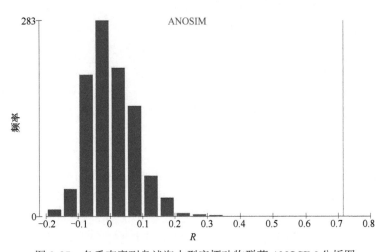

图 2-87　冬季南麂列岛浅海大型底栖动物群落 ANOSIM 分析图

四、群落结构与环境因子的关系

皮尔逊（Pearson）分析表明，除表层盐度、表层溶解氧外，溶解性无机氮（dissolved inorganic nitrogen，DIN）、化学需氧量（chemical oxygen demand，COD）也与南麂列岛浅海大型底栖动物群落的栖息密度有显著相关关系，而生物量仅与 COD 和表层溶解氧有显著相关关系（表 2-9）。这在一定程度上说明了南麂列岛浅海大型底栖动物群落受到了一定的扰动，可能与陆源排污及南麂列岛的旅游开发有关。

表 2-9 大型底栖动物群落栖息密度和生物量与环境因子的关系

环境因子	栖息密度			生物量		
	R	P	N	R	P	N
表层盐度	0.193	0.043	110			
NO$_3^-$（mg/L）	−0.269	0.004	112			
DIN（mg/L）	−0.284	0.002	112			
COD（mg/L）	−0.361	0.000	112	−0.198	0.036	112
表层溶解氧（mg/L）				0.374	0.001	82

N：表示样本个数

五、与历史资料的比较

与 20 世纪 90 年代相比，南麂列岛浅海海域大型底栖动物群落物种数、年平均栖息密度明显下降，从 199 种和 384ind/m^2 将至 40 多种及 92.25ind/m^2；年平均生物量却明显升高，从 45.04g/m^2 升至 69.02g/m^2（王永泓和陈国通，1994）。从群落结构的角度看，20 世纪 90 年代南麂列岛浅海海域大型底栖动物生态类群以多毛类和软体动物为主（王永泓和陈国通，1994），而本次 4 个季度调查中也以这两个类群为主。综上所述，尽管与历史调查的采样方法和站位布设上有较大差距，但上述比较结果也在一定程度上反映了南麂列岛浅海海域大型底栖动物的生态环境在近 20 多年来变化不大，也说明国家建立南麂列岛国家级海洋自然保护区，对该区域的底栖生态环境起到了一定的保护作用。

第九节　环境质量评价

一、浅海环境质量评价

1. 水质标准评价

春季，南麂列岛浅海水质调查共有 6 项为《海水水质标准》（GB 3097—1997）的检测项目，分别为溶解氧（DO）、石油类（Oil）、pH、高锰酸盐指数（COD$_{Mn}$）、无机氮（DIN）、活性磷酸盐（PO$_4^{3-}$-P）。其中，溶解氧和石油类指标全部符合Ⅰ类海水标准；pH 和高锰酸钾指数各有 1 个站位为Ⅱ类标准，其余 27 个站位都符合Ⅰ类海水标准；无机氮有 14 个站位（50%）符合Ⅰ类海水标准，有 4 个站位（14%）符合Ⅱ类海水标准，有 3 个站位（11%）符合Ⅲ类海水标准，有 2 个站位（7%）符合Ⅳ标准，有 5 个站位（18%）为劣Ⅳ类海水；活性磷酸盐有 11 个站位（39%）符合Ⅰ类海水标准，14 个站位（50%）符合Ⅱ类海水标准，有 3 个站位（11%）为Ⅳ类标准。综合所有指标评价，春季，南麂列岛浅海水域清洁水体（Ⅰ类）占 14%，较清洁水体（Ⅱ类）占 43%，11%水体为Ⅲ类海水，14% 水体为Ⅳ类海水，18%为劣Ⅳ类海水。主要污染指标为无机氮，其次为活性磷酸盐（表 2-10）。

表 2-10　春季南麂列岛浅海水质等级

站位	pH	DO	DIN	PO_4^{3-}-P	COD_{Mn}	Oil	站位	pH	DO	DIN	PO_4^{3-}-P	COD_{Mn}	Oil
1	8.34	11.50	0.49	0.045	1.39	0.021	15	8.12	9.13	0.12	0.022	2.11	0.018
2	8.25	9.54	0.16	0.023	1.26	0.024	16	8.15	8.10	0.12	0.012	1.78	0.018
3	8.13	5.31	0.62	0.012	1.72	0.025	17	8.15	7.82	0.48	0.013	1.64	0.017
4	8.26	8.96	0.38	0.015	1.66	0.023	18	8.10	7.54	0.78	0.011	1.59	0.013
5	8.22	8.81	0.19	0.016	1.61	0.026	19	8.16	7.81	0.52	0.015	1.68	0.018
6	8.00	7.66	0.15	0.028	1.58	0.023	20	8.02	7.78	0.69	0.010	1.45	0.021
7	8.32	10.99	0.20	0.019	1.65	0.018	21	8.36	12.20	0.11	0.025	1.72	0.018
8	8.35	9.91	0.22	0.017	1.67	0.021	22	8.37	12.20	0.10	0.028	1.73	0.016
9	8.57	11.16	0.13	0.042	1.53	0.020	23	7.96	7.82	0.22	0.043	1.82	0.023
10	8.17	7.40	0.14	0.028	1.62	0.020	24	8.26	11.96	0.11	0.020	1.69	0.020
11	8.38	11.48	0.15	0.011	1.48	0.021	25	8.12	7.80	0.14	0.020	1.66	0.017
12	8.25	9.24	0.13	0.015	1.46	0.020	26	8.22	10.18	0.24	0.022	1.63	0.019
13	8.22	8.95	0.27	0.016	1.36	0.021	27	8.04	7.51	0.32	0.018	1.55	0.017
14	8.18	7.70	0.54	0.011	1.55	0.017	28	8.43	14.63	0.33	0.025	1.62	0.018

注：水质等级

Ⅰ
Ⅱ
Ⅲ
Ⅳ
>Ⅳ

　　夏季，南麂列岛浅海水质调查共有 5 项为《海水水质标准》（GB 3097—1997）的检测项目，分别为溶解氧、无机氮、磷酸盐、高锰酸钾指数、石油类。其中，溶解氧指标全部符合Ⅰ类海水标准；无机氮有 13 个站位（46%）符合Ⅰ类海水标准，有 6 个站位（21%）符合Ⅱ类海水标准，有 6 个站位（21%）符合Ⅲ类海水标准，有 1 个站位（4%）符合Ⅳ类海水标准，有 2 个站位（7%）为劣Ⅳ类海水；活性磷酸盐有 6 个站位（21%）符合Ⅰ类海水标准，有 11 个站位（39%）符合Ⅱ类海水标准，有 8 个站位（29%）符合Ⅳ类海水标准，有 3 个站位（11%）为劣Ⅳ类海水；高锰酸钾指数有 26 个站位（93%）符合Ⅰ类海水标准，有 2 个站位（7%）

符合Ⅱ类海水标准；石油类有 23 个站位（82%）符合Ⅰ类海水标准，有 5 个站位（18%）符合Ⅱ类海水标准。综合所有指标评价，夏季，南麂列岛浅海水域清洁水体（Ⅰ类）占 11%，较清洁水体（Ⅱ类）占 32%，11%水体为Ⅲ类海水，32%水体为Ⅳ类海水，14%水体为劣Ⅳ类海水。主要污染指标为活性磷酸盐，其次为无机氮（表 2-11）。

表 2-11　夏季南麂列岛浅海水质等级

站位	DO	DIN	PO_4^{3+}-P	COD_{Mn}	Oil	站位	DO	DIN	PO_4^{3+}-P	COD_{Mn}	Oil
1	6.75	0.58	0.029	0.83	0.017	15	6.53	0.33	0.027	0.59	0.089
2	6.72	0.24	0.034	0.71	0.008	16	6.54	0.19	0.019	0.71	0.088
3	6.65	0.19	0.032	0.91	0.016	17	6.52	0.41	0.010	0.67	0.016
4	6.64	0.54	0.205	1.19	0.016	18	6.34	0.36	0.040	2.71	0.017
5	-	0.10	0.003	0.99	0.021	19	6.32	0.10	0.010	2.71	0.018
6	6.41	0.19	0.007	0.87	0.019	20	6.55	0.28	0.025	1.79	0.021
7	6.60	0.16	0.014	0.99	0.026	21	6.53	0.25	0.014	0.99	0.022
8	6.71	0.28	0.031	0.99	0.025	22	6.58	0.38	0.067	0.87	0.022
9	6.80	0.16	0.029	0.83	0.037	23	6.51	0.13	0.031	1.35	0.019
10	6.75	0.18	0.018	0.91	0.023	24	6.38	0.22	0.078	0.95	0.019
11	6.33	0.23	0.033	1.55	0.029	25	6.48	0.40	0.037	1.03	0.019
12	6.36	0.19	0.017	1.23	0.089	26	6.49	0.20	0.017	0.79	0.021
13	6.32	0.39	0.027	0.79	0.086	27	6.54	0.34	0.017	0.71	0.021
14	6.66	0.20	0.019	0.67	0.088	28	6.63	0.10	0.032	0.71	0.019

注：水质等级说明见表 2-10

秋季，南麂列岛浅海水质调查共有 6 项为《海水水质标准》（GB 3097—1997）的检测项目，分别为 pH、溶解氧、无机氮、活性磷酸盐、高锰酸钾指数、石油类。其中，pH、溶解氧和活性磷酸盐指标全部符合Ⅰ类海水标准；无机氮仅有 5 个站位（18%）符合Ⅱ类海水标准，有 17 个站位（61%）符合Ⅲ类海水标准，有 5 个站位（18%）符合Ⅳ类海水标准，有 1 个站位（4%）为劣Ⅳ类海水；高锰酸钾指数是全部站位符合Ⅱ类海水标准；石油类指标有 5 个站位（18%）符合Ⅰ类海水标准，有 23 个站位（82%）符合Ⅱ类海水标准。综合所有指标评价，秋季，南麂列岛浅海水域海水较清洁水体（Ⅱ类）仅占 18%，61%站位为Ⅲ类海水，18%水体为Ⅳ类海水，3%水体属于劣Ⅳ类海水，主要污染指标为无机氮（表 2-12）。

表 2-12　秋季南麂列岛浅海水质等级

站位	pH	DO	DIN	PO_4^{3-}-P	COD_{Mn}	Oil	站位	pH	DO	DIN	PO_4^{3-}-P	COD_{Mn}	Oil
1	8.23	7.45	0.36	0.011	2.55	0.065	15	8.17	7.46	0.37	0.009	2.76	0.058
2	8.22	7.46	0.39	0.009	2.55	0.063	16	8.22	7.54	0.30	0.013	2.59	0.060
3	8.26	7.49	0.35	0.009	2.47	0.062	17	8.20	7.51	0.21	0.010	2.55	0.055
4	8.17	6.95	0.32	0.010	2.57	0.058	18	8.24	7.48	0.33	0.010	2.81	0.055
5	8.11	6.95	0.28	0.009	2.67	0.058	19	8.27	7.44	0.36	0.009	2.62	0.028
6	8.20	6.95	0.37	0.008	2.57	0.058	20	8.19	6.91	0.37	0.008	2.72	0.055
7	8.22	6.95	0.37	0.010	2.67	0.065	21	8.26	6.91	0.36	0.009	2.59	0.053
8	8.18	7.45	0.42	0.009	2.64	0.053	22	8.21	7.52	0.50	0.009	2.69	0.028
9	8.23	7.44	0.31	0.010	2.64	0.053	23	8.20	7.52	0.34	0.009	2.86	0.057
10	8.23	7.42	0.34	0.010	2.57	0.060	24	8.15	7.54	0.43	0.008	2.50	0.052
11	8.32	6.84	0.31	0.009	2.59	0.057	25	8.26	7.48	0.43	0.010	3.06	0.053
12	8.28	6.91	0.21	0.009	2.62	0.060	26	8.27	7.45	0.36	0.009	2.69	0.030
13	8.15	6.93	0.54	0.010	2.59	0.057	27	8.28	7.45	0.32	0.011	2.65	0.032
14	7.84	7.04	0.27	0.008	2.72	0.057	28	8.24	—	0.42	0.007	2.52	0.032

注：水质等级说明见表 2-10；—表示无数据

冬季，南麂列岛浅海水质调查共有 6 项为《海水水质标准》（GB 3097—1997）的检测项目，分别为 pH、溶解氧、无机氮、活性磷酸盐、高锰酸钾指数、石油类。其中，pH、溶解氧、高锰酸钾指数全部符合Ⅰ类海水标准；无机氮仅 1 个站位（4%）符合Ⅰ类海水标准，有 23 个站位（82%）符合Ⅱ类海水标准，4 个站位（14%）符合Ⅲ类海水标准；活性磷酸盐有 21 个站位（75%）符合Ⅱ类海水标准，有 7 个站位（25%）符合Ⅳ类海水标准；石油类指标有 20 个站位（71%）符合Ⅰ类海水标准，有 8 个站位（29%）符合Ⅱ类海水标准。综合所有指标评价，冬季，南麂列岛浅海水域较清洁水体（Ⅱ类）占 64%，11%水体为Ⅲ类水，25%水体为Ⅳ类水，主要污染指标为活性磷酸盐，其次为无机氮（表 2-13）。

表 2-13　冬季南麂列岛浅海水质等级

站位	pH	DIN	PO_4^{3-}-P	COD_{Mn}	Oil	站位	pH	DIN	PO_4^{3-}-P	COD_{Mn}	Oil
1	7.90	0.26	0.035	1.59	0.023	8	7.91	0.29	0.028	1.57	0.069
2	7.88	0.30	0.034	1.60	0.022	9	7.96	0.24	0.023	1.56	0.023
3	7.82	0.26	0.038	1.62	0.023	10	7.99	0.26	0.022	1.61	0.022
4	—	0.31	0.032	1.58	0.069	11	8.25	0.20	0.019	1.59	0.022
5	7.96	0.24	0.021	1.71	0.070	12	8.02	0.27	0.020	1.56	0.024
6	7.94	0.24	0.023	1.61	0.023	13	8.32	0.22	0.018	1.62	0.069
7	8.03	0.28	0.029	1.56	0.023	14	8.04	0.23	0.019	1.57	0.023

续表

站位	pH	DIN	PO_4^{3-}-P	COD_{Mn}	Oil	站位	pH	DIN	PO_4^{3-}-P	COD_{Mn}	Oil
15	8.04	0.30	0.021	1.61	0.069	22	8.01	0.27	0.026	1.37	0.023
16	7.99	0.25	0.017	1.51	0.022	23	8.07	0.28	0.032	1.60	0.069
17	8.14	0.33	0.016	1.54	0.023	24	8.03	0.27	0.036	1.61	0.023
18	8.04	0.33	0.030	1.56	0.023	25	8.07	0.25	0.033	1.56	0.069
19	8.11	0.27	0.026	1.58	0.022	26	8.09	0.29	0.021	1.38	0.070
20	8.11	0.31	0.022	1.51	0.023	27	8.06	0.24	0.025	1.53	0.021
21	8.06	0.26	0.021	1.66	0.023	28	8.09	0.25	0.023	1.33	0.026

注：水质等级说明见表 2-10；—表示无数据

2. 富营养化评价

本研究为判断南麂列岛水域富营养化状态，引入富营养化指数 E，其计算公式如下（邹景忠等，1983）：

$$E=COD \times DIN \times DIP \times 10^6/4500 \qquad (2\text{-}1)$$

式中，COD、DIP 和 DIN 以 mg/L 为单位，当 $E \geqslant 1$ 时，环境富营养化。

春季，南麂列岛浅海区水体富营养化指数平均值为 1.87，86%（24 个）的站位 $E>1$，调查海域处于富营养化状态（表 2-14）。

表 2-14　南麂列岛浅海区水体富营养化指数

站位/航次	2013.11（秋季）	2014.02（冬季）	2014.05（春季）	2014.08（夏季）
1	2.23	3.23	6.87	3.11
2	1.97	3.63	1.02	1.29
3	1.74	3.57	2.86	1.21
4	1.80	3.46	2.12	29.41
5	1.50	1.94	1.08	0.05
6	1.69	1.96	1.43	0.25
7	2.17	2.78	1.40	0.50
8	2.23	2.82	1.36	1.89
9	1.83	1.93	1.79	0.83
10	1.91	2.05	1.37	0.65
11	1.62	1.36	0.53	2.66
12	1.08	1.89	0.61	0.86
13	3.12	1.39	1.29	1.86
14	1.31	1.53	2.03	0.54
15	2.03	2.22	1.22	1.17
16	2.28	1.44	0.58	0.55

续表

站位/航次	2013.11（秋季）	2014.02（冬季）	2014.05（春季）	2014.08（夏季）
17	1.21	1.80	2.26	0.63
18	2.05	3.45	3.03	8.53
19	1.90	2.45	2.89	0.61
20	1.79	2.28	2.24	2.79
21	2.10	2.04	1.04	0.78
22	2.68	2.11	1.04	4.83
23	1.95	3.13	3.90	1.23
24	1.92	3.49	0.44	3.63
25	2.93	2.88	1.06	3.40
26	1.91	1.89	1.93	0.60
27	2.05	2.07	1.99	0.91
28	1.66	1.67	2.93	0.49

夏季，南麂列岛浅海区水体富营养化指数平均值为 2.77，其中 4 号站具有异常高值，为 29.41，若去除 4 号站则海域平均值为 1.74。有 50% 的站位（14 个）$E > 1$，调查海域基本处于富营养化状态（表 2-14）。

秋季，南麂列岛浅海区水体富营养化指数平均值为 1.95，调查海域内所有站位 $E > 1$，说明调查海域处于富营养化状态（表 2-14）。

冬季，南麂列岛浅海区水体富营养化指数平均值为 2.37，调查海域内也是所有站位 $E > 1$，说明调查海域处于富营养化状态（表 2-14）。

二、生物评价

1. 生物评价指数

1）生物多样性指数

一般来说，清洁水域中生物种类较多，但每一个种的个体数较少，而污染水域中生物种类较少，但优势种明显且其个体数较多，这便是用生物多样性指数评价环境质量的原理。生物多样性指数的分级标准为：生物多样性指数等于 0，无底栖生物，即指示严重污染；生物多样性指数处于(0, 1]，即指示重度污染；生物多样性指数处于(1, 2]，即指示中度污染；生物多样性指数处于(2, 3]，即指示轻度污染；生物多样性指数大于 3，则指示水质清洁。该指数即为 Shannon-Wiener 指数（H'），已广泛地用于我国多种生态系统环境质量评价。

2）AMBI[①]和 M-AMBI[②]

根据底栖动物环境敏感度的不同，即由干扰敏感种到二阶机会种，将其分为5 个不同的生态组。

（1）EG I，即干扰敏感种（disturbance-sensitive species），对富营养化压力非常敏感，生活于未受污染的状态下（初始状态下），包括食肉动物和一些食用沉积物的多毛类等。

（2）EG II，即干扰不敏感种（disturbance-indifferent species），对有机物过剩不敏感，物种栖息密度低，随时间变化不敏感（从初始状态至轻微失衡），包括食用悬浮物的动物和比较不挑食的食肉动物及食腐动物。

（3）EGIII，即干扰耐受种（disturbance-tolerant species），可容忍过量的有机物，正常状态下可能存在，但种群数目会受到有机物过剩（轻微的环境失衡状况）的刺激，包括生活在沉积物表层食用沉积物的动物，如管栖海稚虫。

（4）EGIV，即二阶机会种（the second-order opportunistic species），生存在显著失衡的环境中，包括小型多毛类。

（5）EG V，即一阶机会种（the first-order opportunistic species），生存在显著失衡的环境中，皆是食用沉积物的底栖动物，这类物种的增多会使沉积物减少。

每个生态组在大型底栖动物群落中所占的比例乘以不同的系数，然后相加，就可获得生物系数（BC）。这样得出的 BC 值是连续的，位于 0～7（等于7 时说明无生物），并被分割成 8 个不同的区间，分别对应 8 个 BI 值（BI 表示占优势地位的生态组别）。每个 BI 值对应不同的优势生态组别，由此判断观测点受干扰程度及底栖动物群落的健康状况（表 2-15）。BC 值计算公式如下（Borja et al.，2000）：

表 2-15 **BC 值及其对应的生态环境质量状况**（Borja et al.，2000）

BC	BI	优势生态组别	观测站点干扰分类
0.0<BC≤0.2	0	EG I	未受干扰（UD）
0.2<BC≤1.2	1		
1.2<BC≤3.3	2	EGIII	轻微干扰（SD）
3.3<BC≤4.3	3	EGIV、EG V	中度干扰（MD）
4.3<BC≤5.0	4		
5.0<BC≤5.5	5	EG V	重度干扰（HD）
5.5<BC≤6.0	6		
BC=7.0	7	无生命	极端干扰（ED）

① AZTI's Marine Biotic Index AZII 海洋生物指数
② Multivariate-AZTI's Marine Biotic Index 多元 AZTI 海洋生物指数

BC=[(0×%EGⅠ)+(1.5×%EGⅡ)+(3×%EGⅢ)+(4.5×%EGⅣ)+(6×%EGⅤ)]/100（2-2）

式中，%EGⅠ、%EGⅡ、%EGⅢ、%EGⅣ、%EGⅤ为各生态组物种在调查站位的丰度比例。

鉴于 AMBI 的不足，Muxika 等（2007）在 AMBI 的基础上，加入 Shannon-Wiener 指数（H'）及物种丰度两个指标，设立合适的参考状态，采用因子分析法和差异分析法计算得出 M-AMBI。该指数在水框架指令（Water Framework Directive，WFD）框架下广泛用于欧洲各国，能够检测多种人为干扰的压力。

AMBI 采用 AMBI 5.0 软件包进行计算，底栖生物依据 2012 年 5 月更新的生物分组表进行分组，分组表内未包含的底栖生物根据 Borja 和 Muxika（2005）的规定执行。M-AMBI、M-BAMBI[①]也采用 AMBI 软件包计算，分级标准为："优（high）"生态状态，M-AMBI 和 M-BAMBI 的值＞0.77；"良（good）"生态状态，M-AMBI 和 M-BAMBI 的值 0.53～0.77；"中等（moderate）"生态状态，M-AMBI 和 M-BAMBI 的值 0.38～0.53；"差（poor）"生态状态，M-AMBI 和 M-BAMBI 的值 0.20～0.38；"劣（bad）"生态状态，M-AMBI 和 M-BAMBI 的值＜0.20。M-AMBI 的参考状态设定为：AMBI 最小值、多样性指数和物种丰度最大值。

2. 评价结果

1）生物多样性指数

春季，南麂列岛调查海域各站点大型底栖动物群落的 Shannon-Wiener 指数（H'）平均值较高，为 2.39。其中，竹屿附近的 13 号站及南麂主岛附近的 12 号站的生物多样性指数值为 0，说明其大型底栖动物群落结构已受到严重干扰；5 个站点的多样性指数值位于 1～2，说明其群落结构受到中度干扰；剩余 21 个站点的多样性指数值均高于 2，说明其群落结构较好，受干扰程度较轻（表 2-16，图 2-88）。

表 2-16　春季南麂列岛浅海各站点大型底栖动物生物多样性指数值

采样点	H'（$\log_2$）	群落状况	采样点	H'（$\log_2$）	群落状况
1	2.75	轻度	10	2.45	轻度
2	2.75	轻度	11	2.95	轻度
3	2.34	轻度	12	0.00	严重
4	1.37	中度	13	0.00	严重
5	2.92	轻度	14	2.50	轻度
6	3.35	清洁	15	2.82	轻度
7	2.52	轻度	16	2.50	轻度
8	3.13	清洁	17	1.91	中度
9	3.79	清洁	18	2.25	轻度

---

① Multivariate-AZTI's Marine Biotic Index balculated from Biomass

采样点	H'（$\log_2$）	群落状况	采样点	H'（$\log_2$）	群落状况
19	1.92	中度	24	3.37	清洁
20	3.17	清洁	25	2.20	轻度
21	2.83	轻度	26	3.04	清洁
22	1.84	中度	27	2.16	轻度
23	2.52	轻度	28	1.75	中度

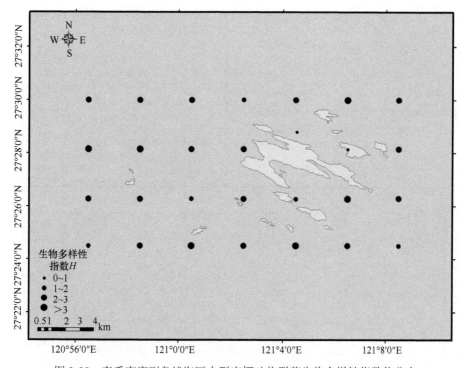

图 2-88 春季南麂列岛浅海区大型底栖动物群落生物多样性指数值分布

夏季，南麂列岛调查海域各站点大型底栖动物群落的 Shannon-Wiener 指数（H'）平均值较高，为 2.27。其中，南麂主岛附近的 12 号站的生物多样性指数值为 1.00，说明其大型底栖动物群落结构已受到重度干扰；11 个站点的多样性指数值处于 1～2，说明其群落结构受到中度干扰；剩余的 16 个站点的多样性指数值均高于 2，说明其群落结构较好，受干扰程度较轻（表 2-17，图 2-89）。

秋季，南麂列岛调查海域各站点大型底栖动物群落的 Shannon-Wiener 指数（H'）平均值较低，仅为 1.39。除 4 个站点的多样性指数值位于 2～3 外，大多数站点的多样性指数值均低于 2.0，说明其群落结构处于中度干扰以上（表 2-18，图 2-90）。这可能与采样方式有关，并不能说明南麂列岛底栖生物群落稳定性差。

表 2-17　夏季南麂列岛浅海各站点大型底栖动物生物多样性指数值

采样点	H'（log₂）	群落状况	采样点	H'（log₂）	群落状况
1	2.95	轻度	15	1.50	中度
2	1.74	中度	16	3.15	清洁
3	1.61	中度	17	1.92	中度
4	2.25	轻度	18	1.99	中度
5	2.18	轻度	19	2.00	轻度
6	2.92	轻度	20	2.25	轻度
7	2.94	轻度	21	1.76	中度
8	1.58	中度	22	1.87	中度
9	2.85	轻度	23	2.58	轻度
10	2.82	轻度	24	2.74	轻度
11	3.31	清洁	25	2.05	轻度
12	1.00	重度	26	1.77	中度
13	2.52	轻度	27	1.99	中度
14	2.61	轻度	28	2.95	轻度

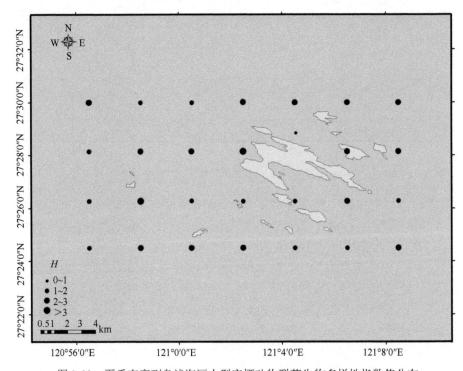

图 2-89　夏季南麂列岛浅海区大型底栖动物群落生物多样性指数值分布

表 2-18　秋季南麂列岛浅海各站点大型底栖动物生物多样性指数值

采样点	H'（$\log_2$）	群落状况	采样点	H'（$\log_2$）	群落状况
1	2.00	中度	15	2.25	轻度
2	1.00	重度	16	0.00	严重
3	1.00	重度	17	2.00	中度
4	0.00	严重	19	1.52	中度
6	2.58	轻度	21	2.81	轻度
8	2.25	轻度	22	0.00	严重
9	1.15	中度	23	2.00	中度
11	1.52	中度	24	1.50	中度
12	1.58	中度	25	0.00	严重
14	1.66	中度	27	1.00	重度

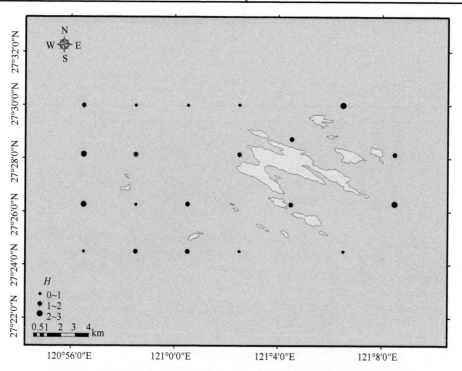

图 2-90　秋季南麂列岛浅海区大型底栖动物群落生物多样性指数值分布

冬季，南麂列岛调查海域各站点大型底栖动物群落的 Shannon-Wiener 指数（H'）平均值较高，为 2.40。其中，下马鞍附近的 23 号站的生物多样性指数值为 0，说明其大型底栖动物群落结构已受到严重干扰；6 个站点的多样性指数值处于 1～2，说明其群落结构受到中度干扰；剩余 20 个站点的多样性指数值均高于 2，说明其群落结构较好，受干扰程度较轻（表 2-19，图 2-91）。

表 2-19　冬季南麂列岛浅海各站点大型底栖动物生物多样性指数值

采样点	H'（$\log_2$）	群落状况	采样点	H'（$\log_2$）	群落状况
1	1.84	中度	15	3.01	清洁
2	1.55	中度	16	3.19	清洁
3	2.32	轻度	17	2.50	轻度
4	2.57	轻度	18	1.99	中度
5	3.20	清洁	20	3.55	清洁
6	2.42	轻度	21	2.50	轻度
7	2.52	轻度	22	1.79	中度
8	2.46	轻度	23	0.00	严重
9	2.82	轻度	24	2.58	轻度
10	2.45	轻度	25	2.00	中度
11	2.75	轻度	26	2.86	轻度
12	3.01	清洁	27	2.81	轻度
13	1.22	中度	28	2.16	轻度
14	2.65	轻度			

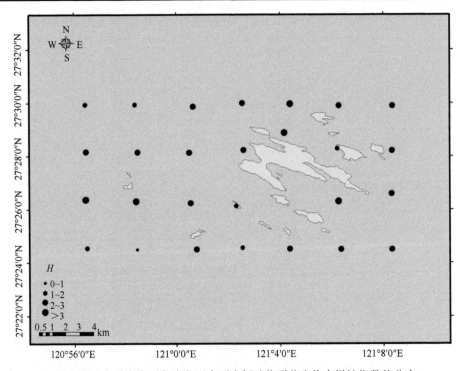

图 2-91　冬季南麂列岛浅海区大型底栖动物群落生物多样性指数值分布

从空间分布的角度看，秋季的生物多样性高值区多集中在离南麂主岛较远的上马鞍附近（图 2-90）。春、夏及冬季的生物多样性指数值（H）空间分布基本均呈斑块状镶嵌分布，并无明显的分布规律（图 2-89、图 2-90、图 2-91）。

从季节变化上来看，以秋季的群落结构状态最差，基本以中度干扰为主，且无清洁站点；以冬、春季的最好，基本以轻度干扰或清洁站点为主（图 2-92）。事实上，若排除 2013 年 11 月（秋季）的采样方式问题，南麂列岛 4 个季度调查区域的底栖生物群落结构均较好，指示其栖息环境均较好。ANOVA 分析表明，4 个季度的生物多样性存在明显差异（$df_1=3$，$df_2=108$，$F=18.33$，$P<0.01$），这也说明了南麂列岛底栖生物群落结构有明显的季节演替。

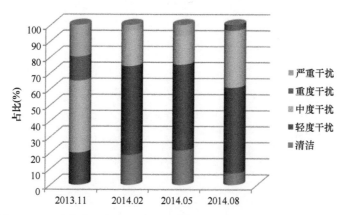

图 2-92　四季南麂列岛浅海区大型底栖动物群落生物多样性指数评价

2）AMBI 和 M-AMBI

春季，南麂列岛调查海域所有站点的物种未分组比例均低于 20%，说明春季评价结果均是可信的。AMBI 最低值出现在 21 号站，底栖生态环境未受干扰，以干扰敏感种（EG I）和干扰不敏感种（EG II）为主（表 2-20，图 2-93），15 号站也处于未受干扰状态，以干扰不敏感种为主；剩余 26 个站的 AMBI 值均低于 3.3，全部处于轻微干扰状态（图 2-94）。由此可以看出，春季，南麂列岛浅海区的底栖动物生态环境较好。

表 2-20　2014 年 5 月南麂列岛底栖动物群落 AMBI 和 M-AMBI 值及其对应的生态质量状况

站位	EG I	EG II	EGIII	EGIV	EG V	NA*	AMBI	群落扰动状况	M-AMBI	底栖生态质量状况
1	37.5	25	37.5	0	0	0	1.50	轻微干扰	0.71	良
2	7.7	38.5	7.7	46.2	0	7.1	2.89	轻微干扰	0.63	良
3	5.9	52.9	17.6	23.5	0	0	2.38	轻微干扰	0.59	良
4	20	20	0	60	0	0	3.00	轻微干扰	0.40	中等
5	0	66.7	16.7	16.7	0	0	2.25	轻微干扰	0.69	良

续表

站位	EG I	EG II	EGIII	EGIV	EG V	NA*	AMBI	群落扰动状况	M-AMBI	底栖生态质量状况
6	16	44	28	12	0	0	2.04	轻微干扰	0.85	优
7	20	60	0	20	0	0	1.80	轻微干扰	0.65	良
8	7.7	61.5	23.1	7.7	0	7.1	1.96	轻微干扰	0.77	良
9	31.8	31.8	22.7	13.6	0	0	1.77	轻微干扰	0.94	优
10	0	44.4	33.3	22.2	0	10	2.67	轻微干扰	0.58	良
11	25	50	25	0	0	0	1.50	轻微干扰	0.71	良
12	0	100	0	0	0	0	1.50	轻微干扰	0.36	差
13	0	100	0	0	0	0	1.50	轻微干扰	0.36	差
14	12.5	75	0	12.5	0	0	1.69	轻微干扰	0.65	良
15	50	25	25	0	0	0	1.13	未受干扰	0.73	良
16	11.1	55.6	33.3	0	0	0	1.83	轻微干扰	0.64	良
17	25	37.5	37.5	0	0	0	1.69	轻微干扰	0.56	良
18	20	20	40	20	0	0	2.40	轻微干扰	0.51	中等
19	0	75	0	25	0	0	2.25	轻微干扰	0.47	中等
20	11.1	55.6	22.2	11.1	0	0	2.00	轻微干扰	0.75	良
21	43.8	43.8	12.5	0	0	0	1.03	未受干扰	0.77	优
22	55.6	0	22.2	22.2	0	0	1.67	轻微干扰	0.56	良
23	0	57.1	14.3	28.6	0	0	2.57	轻微干扰	0.59	良
24	31.6	36.8	21.1	10.5	0	0	1.66	轻微干扰	0.83	优
25	11.1	66.7	22.2	0	0	0	1.67	轻微干扰	0.61	良
26	14.3	28.6	42.9	14.3	0	0	2.36	轻微干扰	0.71	良
27	12.5	0	50	37.5	0	0	3.19	轻微干扰	0.49	中等
28	44.4	22.2	33.3	0	0	0	1.33	轻微干扰	0.58	良

*NA，Not Assigned 未被安排分组的

M-AMBI 评价结果显示，调查海域以 6 号站、9 号站、21 号站及 24 号站的底栖动物生态环境质量最好（优），以 12 号站和 13 号站的底栖动物生态环境质量最差（差），剩余的 22 个站点的底栖动物生态环境质量为良（18 个站点）和中等（4 个站点）（图 2-95，图 2-96，表 2-20），说明南麂列岛浅海区的底栖动物生态环境质量处于较好的状态，与 AMBI 的评价结果一致。

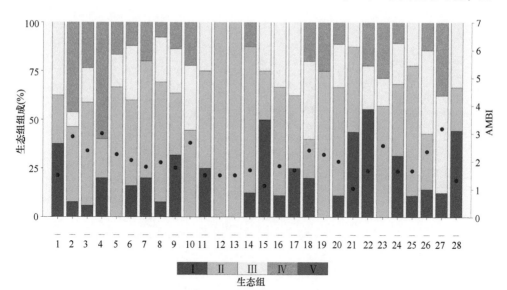

图 2-93　春季南麂列岛调查海域各站点 AMBI 值及物种生态组比例

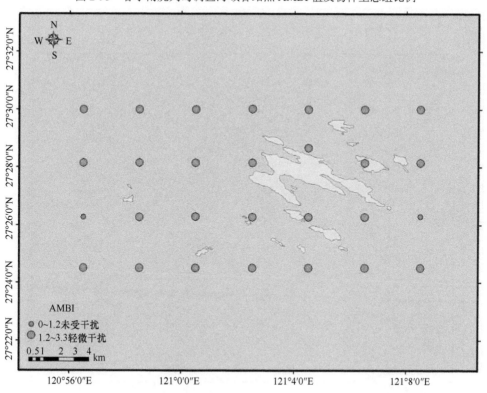

图 2-94　春季南麂列岛调查海域各站点 AMBI 值空间分布

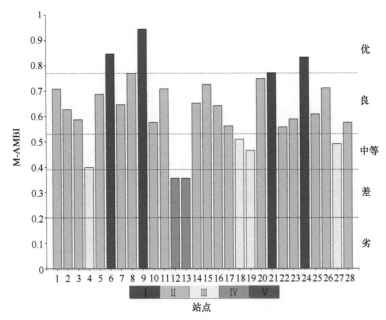

图 2-95　春季南麂列岛调查海域各站点的 M-AMBI 值

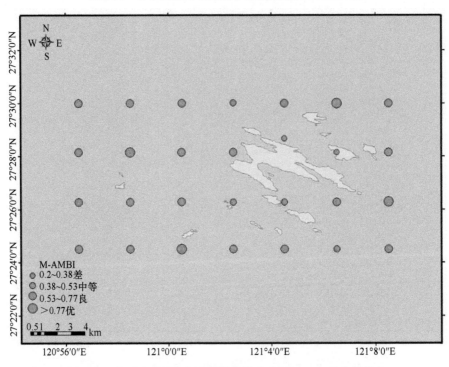

图 2-96　春季南麂列岛调查海域各样点的 M-AMBI 值空间分布

夏季，南麂列岛调查海域除 12 号站、19 号站及 20 号站外，其余站点的物种未分组比例均低于 20%，说明除这 3 个站点外，其他站点的评价结果均是可信的。AMBI 最低值出现在 17 号站，底栖动物生态环境未受干扰，以干扰敏感种为主（EG Ⅰ）（表 2-21，图 2-97）；14 号站的 AMBI 值最高，以干扰耐受种（EGⅢ）和二阶机会种（EGⅣ）为主；其余的 26 个站点的 AMBI 值均低于 3.3，全部处于轻微干扰（23 个）或未受干扰状态（3 个）（图 2-98）。由此可以看出，夏季南麂列岛浅海区底栖动物的生态环境较好。

表 2-21　2014 年 8 月南麂列岛底栖动物群落 AMBI 和 M-AMBI 值及其对应的生态质量状况

站位	EG Ⅰ	EG Ⅱ	EGⅢ	EGⅣ	EG Ⅴ	NA*	AMBI	群落扰动状况	M-AMBI	底栖生态质量状况
1	5.6	55.6	22.2	16.7	0	0	2.25	轻微干扰	0.76	良
2	0	63.6	36.4	0	0	0	2.05	轻微干扰	0.46	中等
3	0	85.7	0	14.3	0	0	1.93	轻微干扰	0.45	中等
4	16.7	33.3	50	0	0	0	2.00	轻微干扰	0.60	良
5	6.7	93.3	0	0	0	6.3	1.40	轻微干扰	0.66	良
6	0	54.5	18.2	27.3	0	0	2.59	轻微干扰	0.67	良
7	17.9	50	17.9	14.3	0	0	1.93	轻微干扰	0.78	优
8	0	50	0	50	0	0	3.00	轻微干扰	0.34	差
9	14.3	57.1	0	28.6	0	0	2.14	轻微干扰	0.70	良
10	0	50	41.7	8.3	0	7.7	2.38	轻微干扰	0.71	良
11	5.6	55.6	22.2	16.7	0	0	2.25	轻微干扰	0.90	优
12	0	100	0	0	0	50	1.50	轻微干扰	0.43	中等
13	0	100	0	0	0	16.7	1.50	轻微干扰	0.64	良
14	0	9.1	45.5	45.5	0	8.3	3.55	中度干扰	0.54	良
15	66.7	0	0	33.3	0	25	1.50	轻微干扰	0.51	中等
16	29.4	41.2	23.5	5.9	0	0	1.59	轻微干扰	0.87	优
17	80	0	20	0	0	0	0.60	未受干扰	0.63	良
18	0	83.3	11.1	5.6	0	5.3	1.83	轻微干扰	0.64	良
19	33.3	33.3	33.3	0	0	25	1.50	轻微干扰	0.58	良
20	33.3	33.3	0	33.3	0	25	2.00	轻微干扰	0.55	良
21	72.7	9.1	18.2	0	0	0	0.68	未受干扰	0.56	良
22	63.6	9.1	27.3	0	0	0	0.96	未受干扰	0.63	良
23	0	40	40	20	0	0	2.70	轻微干扰	0.57	良
24	11.8	58.8	17.6	11.8	0	0	1.94	轻微干扰	0.72	良
25	11.1	77.8	0	11.1	0	0	1.67	轻微干扰	0.55	良
26	60	20	10	10	0	0	1.05	未受干扰	0.61	良
27	20	10	60	10	0	0	2.40	轻微干扰	0.48	中等
28	41.7	33.3	16.7	8.3	0	0	1.38	轻微干扰	0.77	良

*NA，Not Assigned 未被安排分组的

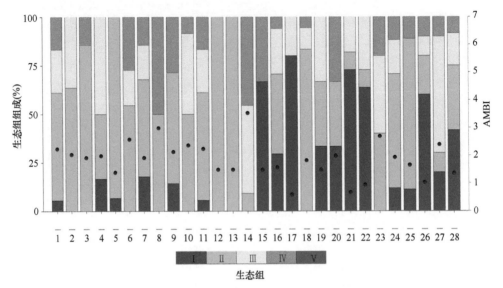

图 2-97　夏季南麂列岛调查海域各站点 AMBI 值及物种生态组比例

M-AMBI 评价结果显示，调查海域以 7 号站、11 号站及 16 号站的底栖动物生态环境质量最好（优），以 8 号站位最差（差），其余的 24 个站点的底栖动物生态环境质量为良（19 个站点）和中等（5 个站点）（图 2-98～图 2-100，表 2-21），说明夏季南麂列岛调查海域的底栖动物生态环境质量处于较好的状态，与 AMBI 的评价结果基本一致。

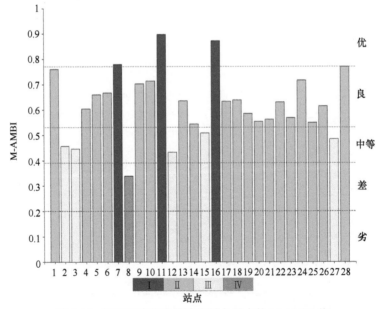

图 2-98　夏季南麂列岛调查海域各站点的 M-AMBI 值

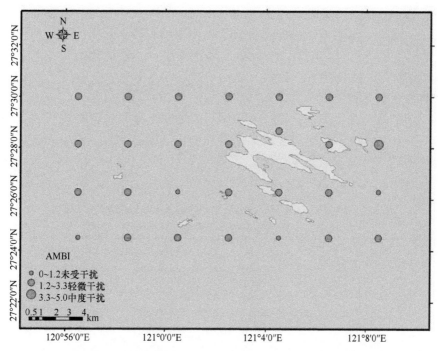

图 2-99 夏季南麂列岛调查海域各站点的 AMBI 值空间分布

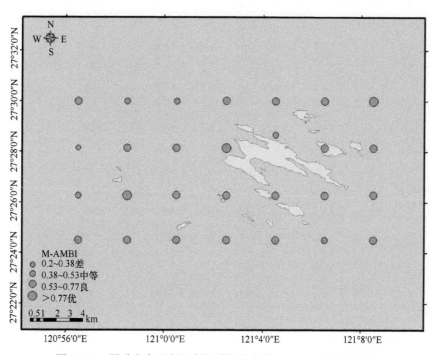

图 2-100 夏季南麂列岛调查海域各站点的 M-AMBI 值空间分布

秋季，南麂列岛调查海域除 12 号站、24 号站、27 号站外，其他站点的物种未分组比例均低于 20%，说明除了以上 3 个站点外，其他站点的评价结果均是可信的。秋季，AMBI 最低值出现在 4 号站，底栖动物生态环境未受干扰，全部为干扰敏感种（EGⅠ）（表 2-22，图 2-101）；有 3 个站点的底栖动物生态环境受到中度干扰，以一阶机会种（EGⅣ）占优；其余 15 个站点中，有 2 个站点处于未受干扰状态，有 13 个站点处于轻微干扰状态。总体来说，各站点多处于轻度干扰或未受干扰状态（图 2-103），说明本次采样期南麂列岛调查海域的底栖动物生态环境整体上较好，并以马祖岙、斩断尾及破屿的最好。

表 2-22　2013 年 11 月南麂列岛底栖动物群落 AMBI 和 M-AMBI 值及其对应的生态质量状况

站位	EGⅠ	EGⅡ	EGⅢ	EGⅣ	EGⅤ	NA*	AMBI	群落扰动状况	M-AMBI	底栖生态质量状况
1	0	75	0	25	0	0	2.25	轻微干扰	0.63	良
2	50	0	0	50	0	0	2.25	轻微干扰	0.40	中等
3	50	0	0	50	0	0	2.25	轻微干扰	0.40	中等
4	100	0	0	0	0	0	0	未受干扰	0.31	差
6	33.3	33.3	16.7	16.7	0	0	1.75	轻微干扰	0.84	优
8	0	83.3	0	16.7	0	0	2	轻微干扰	0.73	良
9	14.3	14.3	0	71.4	0	0	3.43	中度干扰	0.42	中等
11	50	50	0	0	0	20	0.75	未受干扰	0.58	良
12	0	50	50	0	0	33.3	2.25	轻微干扰	0.53	中等
14	0	71.4	0	28.6	0	0	2.36	轻微干扰	0.59	良
15	0	60	20	20	0	16.7	2.4	轻微干扰	0.72	良
16	0	100	0	0	0	0	1.5	轻微干扰	0.25	差
17	75	25	0	0	0	0	0.38	未受干扰	0.713	良
19	20	40	0	40	0	0	2.4	轻微干扰	0.51	中等
21	16.7	50	16.7	16.7	0	14.3	2	轻微干扰	0.91	优
22	0	100	0	0	0	0	1.5	轻微干扰	0.25	差
23	0	0	50	50	0	0	3.75	中度干扰	0.57	良
24	0	33.3	0	66.7	0	25	3.5	中度干扰	0.46	中等
25	0	0	0	0	0	100	—	—	—	—
27	0	0	100	0	0	50	3	轻微干扰	0.36	差

*NA，Not Assigned 未被安排分组的；"—"，无数据，25 号站所有物种分组都为 NA 状态，无法用 AMBI 和 M-AMBI 指数进行评价

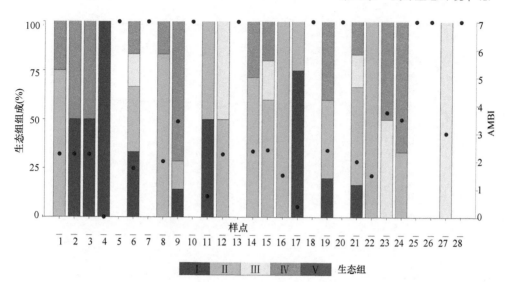

图 2-101 秋季南麂列岛调查海域各站点 AMBI 值及物种生态组比例

M-AMBI 评价结果显示,调查海域以 6 号站和 21 号站的底栖动物生态环境质量最好(优),有 4 个站点的底栖动物生态环境质量为差,有 6 个站点的底栖动物生态环境质量为中等,有 7 个站点的底栖动物生态环境质量为良(图 2-102～图 2-104,表 2-22)。由此可以看出,M-AMBI 的评价结果整体上稍差于 AMBI 的评价结果。

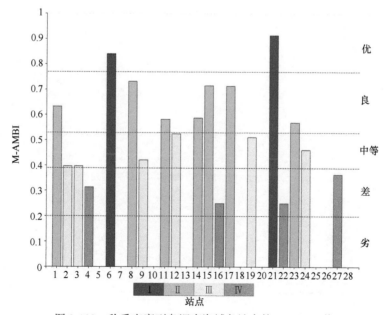

图 2-102 秋季南麂列岛调查海域各站点的 M-AMBI 值

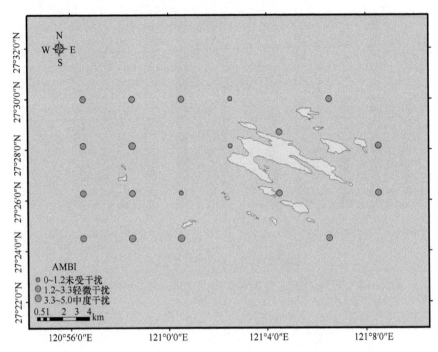

图 2-103　秋季南麂列岛调查海域各站点的 AMBI 值空间分布

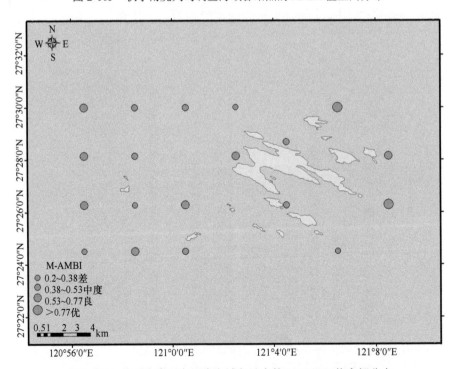

图 2-104　秋季南麂列岛调查海域各站点的 M-AMBI 值空间分布

冬季，南麂列岛调查海域所有站点的物种未分组比例均低于20%，说明冬季评价结果均是可信的。AMBI最低值出现在7号站，底栖动物生态环境未受干扰，以干扰敏感种（EG I）和干扰不敏感种（EG II）为主（表2-23，图2-105）；其余26个站点的AMBI值均低于3.3，全部处于轻微干扰（23个站点）或未受干扰状态（3个站点）（图2-106）。由此可以看出，冬季南麂列岛调查海域的底栖动物生态环境较好。

表 2-23　2014 年 2 月南麂列岛底栖动物群落 AMBI 和 M-AMBI 值及其对应的生态质量状况

站位	EG I	EG II	EG III	EG IV	EG V	NA*	AMBI	群落扰动状况	M-AMBI	底栖生态质量状况
1	0	16.7	50	33.3	0	14.3	3.25	轻微干扰	0.43	中等
2	75	0	12.5	12.5	0	0	0.94	未受干扰	0.53	中等
3	60	10	30	0	0	0	1.05	未受干扰	0.65	良
4	0	53.8	38.5	7.7	0	0	2.31	轻微干扰	0.63	良
5	21.7	47.8	4.3	26.1	0	0	2.02	轻微干扰	0.82	优
6	16.7	50	25	8.3	0	0	1.88	轻微干扰	0.62	良
7	83.3	16.7	0	0	0	14.3	0.25	未受干扰	0.71	良
8	54.5	22.7	9.1	13.6	0	0	1.23	轻微干扰	0.73	良
9	27.3	18.2	45.5	9.1	0	8.3	2.05	轻微干扰	0.65	良
10	50	20	0	30	0	0	1.65	轻微干扰	0.63	良
11	61.1	22.2	5.6	11.1	0	0	1.00	未受干扰	0.73	良
12	26.7	33.3	26.7	13.3	0	0	1.90	轻微干扰	0.75	良
13	0	100	0	0	0	0	1.50	轻微干扰	0.44	中等
14	50	20	0	30	0	0	1.65	轻微干扰	0.68	良
15	14.3	21.4	28.6	35.7	0	0	2.79	轻微干扰	0.66	良
16	5.6	66.7	22.2	5.6	0	0	1.92	轻微干扰	0.82	优
17	12.5	50	12.5	25	0	0	2.25	轻微干扰	0.60	良
18	7.1	64.3	21.4	7.1	0	6.7	1.93	轻微干扰	0.57	良
20	20	40	25	15	0	0	2.03	轻微干扰	0.90	优
21	14.3	42.9	28.6	14.3	0	12.5	2.14	轻微干扰	0.61	良
22	16.7	16.7	50	16.7	0	0	2.50	轻微干扰	0.47	中等
23	0	100	0	0	0	0	1.50	轻微干扰	0.27	差
24	60	20	20	0	0	0	0.90	未受干扰	0.63	良
25	57.1	0	42.9	0	0	12.5	1.29	轻微干扰	0.58	良
26	9.1	54.5	36.4	0	0	8.3	1.91	轻微干扰	0.71	良
27	35.7	35.7	14.3	14.3	0	0	1.61	轻微干扰	0.72	良
28	37.5	50	0	12.5	0	0	1.31	轻微干扰	0.59	良

*NA，Not Assigned 未被安排分组的

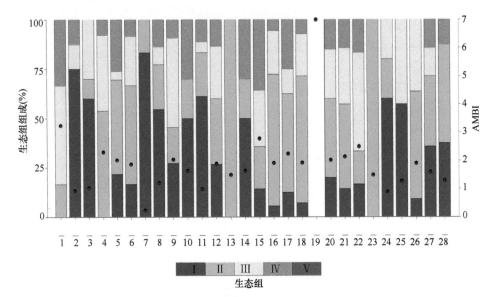

图 2-105 冬季南麂列岛调查海域各站点 AMBI 值及物种生态组比例

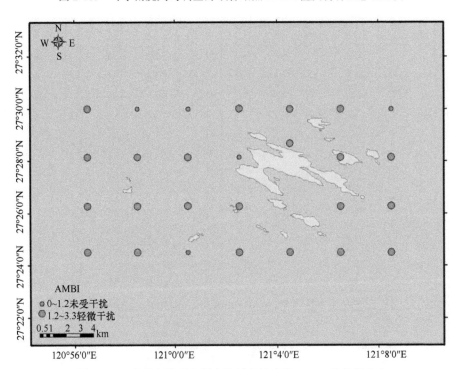

图 2-106 冬季南麂列岛调查海域各站点的 AMBI 值空间分布

M-AMBI 评价结果显示，调查海域以 5 号站、16 号站及 20 号站的底栖动物生态环境质量最好（优），以 23 号站最差（差），其余 23 个站点的底栖动物生态环境质为良（19个站点）和中等（4个站点）（图2-107～图2-108，表2-23），说明冬季南麂列岛的底栖动物生态环境质量处于较好的状态，与AMBI的评价结果一致。

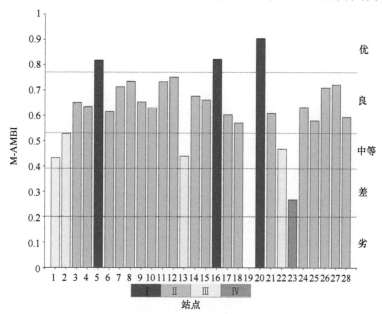

图2-107 冬季南麂列岛调查海域各站点的M-AMBI值

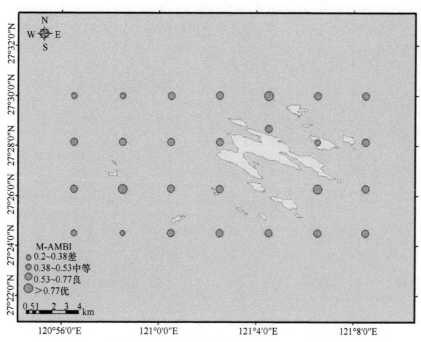

图2-108 冬季南麂列岛调查海域各站点的M-AMBI值空间分布

从空间分布的角度看，4 个航次的 AMBI 和 M-AMBI 值均呈斑块状镶嵌分布，这与各站位大型底栖动物群落结构差异较大有关，说明南麂列岛大型底栖动物栖息地异质性较高。从季节变化上来看，南麂列岛调查海域整体上以秋季的底栖生态质量状况最差，以"良"和"中等"状态为主；冬季的底栖生态质量状况最好，基本以"良"为主。总体上看，南麂列岛调查海域 4 个季节的底栖生态质量状况较好，大型底栖动物的栖息环境较好。ANOVA 分析表明，4 个季节的 AMBI（$df_1=3$，$df_2=108$，$F=10.43$，$P<0.01$）和 M-AMBI（$df_1=3$，$df_2=108$，$F=11.88$，$P<0.01$）存在明显差异，这也说明南麂列岛大型底栖动物群落有明显的季节演替。

3. 不同指数之间的相关性分析

Pearson 相关性分析表明，AMBI 与 M-AMBI（$R=-0.758$，$P<0.01$）、生物多样性指数（$R=-0.535$，$P<0.01$），M-AMBI 与生物多样性指数（$R=0.924$，$P<0.01$）存在显著的相关关系。一元回归分析表明，AMBI 与 M-AMBI 及生物多样性指数（H）之间呈负显著线性关系（图 2-109，图 2-110），M-AMBI 与 H 之间呈正显著线性相关关系（图 2-111）。说明三者的得分结果比较相似，但在评价结果上存在一定的差异，这可能与 3 个指数不同的分级标准及计算依据有关。RELATE 分析表明，丰度与生物多样性指数显著相关（$R=0.642$，$P<0.01$；图 2-112），但与 AMBI 和 M-AMBI 均不显著相关（$P>0.05$），这也说明尽管三者的生态质量评价结果相似，但生物多样性指数对南麂列岛大型底栖动物群落丰度的变化最为敏感。

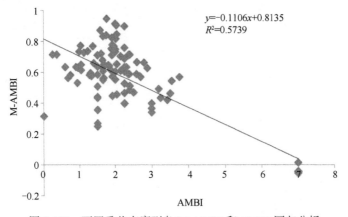

图 2-109　不同季节南麂列岛 M-AMBI 和 AMBI 回归分析

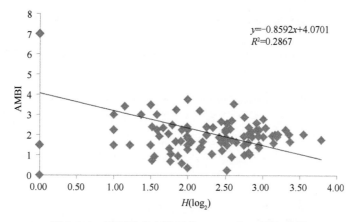

图 2-110　不同季节南麂列岛 AMBI 和 H 回归分析

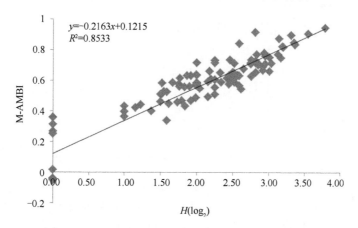

图 2-111　不同季节南麂列岛 M-AMBI 和 H 回归分析

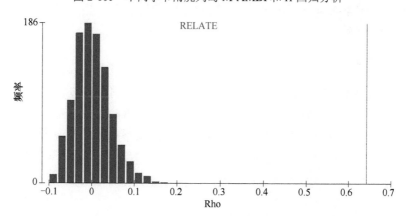

图 2-112　不同季节南麂列岛生物多样性指数与丰度相关性分析结果

4. 生物多样性指数与环境因子相关性分析

Pearson 相关性表明（双尾检验），生物多样性指数与石油类、表层盐度、NO_3^-、NH_4^+、DIN、SiO_4^+ 和 COD 之间存在显著相关关系，AMBI 与盐度、COD 及硝酸盐之间存在显著的相关关系，而 M-AMBI 和生物多样性指数与石油类、表层盐度、DIN 及 COD 存在显著的相关关系（表 2-24）。然而，3 个指数与富营养化指数之间均不存在显著的相关关系。与水质评价结果相比，影响南麂列岛水质的主要环境因子为无机氮和活性磷酸盐，生物多样性指数与营养盐之间的显著相关关系也印证了这一结论。

表 2-24　生物多样性指数与环境因子相关性（Pearson 分析，双尾检验）

	生物多样性指数			AMBI			M-AMBI		
	R	P	N	R	P	N	R	P	N
石油类（mg/L）	−0.287	0.002	112				−0.218	0.021	112
表层盐度	0.265	0.005	110	−0.218	0.022	110	0.238	0.012	110
NO_3^-（mg/L）	−0.201	0.034	112	0.205	0.030	112	−0.226	0.016	112
NH_4^+（mg/L）	−0.264	0.005	112				−0.231	0.014	112
DIN（mg/L）	−0.237	0.012	112				−0.255	0.007	112
SiO_3^{4-}（mg/L）	−0.247	0.009	112				−0.210	0.026	112
COD（mg/L）	−0.480	0.000	112	0.424	0.000	112	−0.422	0.000	112

与 20 世纪 90 年代相比，南麂列岛浅海区仅受到较少的生活污染，大型底栖动物群落结构基本未受扰动，只有自然因素如水深可能在其群落分布上扮演着重要的角色。然而，近年来，随着南麂列岛旅游开发的进一步加强及近岸陆源排污压力的增大，南麂列岛浅海区的大型底栖动物群落受到了一定程度的扰动，但整体上还处于可控的水平。

5. 与历史资料的比较

由于 AMBI 和 M-AMBI 是首次在南麂列岛调查海域使用，缺乏可进行对比的历史资料。生物多样性指数全年平均值为 2.17，这与 20 世纪 90 年代的相差不大，在一定程度上说明南麂列岛调查海域大型底栖动物群落物种多样性变化较小，底栖生态环境质量变化不明显。这说明南麂列岛国家级海洋自然保护区的建立对该区域的生态环境保护起到了较为积极的作用。

第三章　浅海渔业资源

第一节　种类组成及数量分布

根据 2013 年 11 月（秋季）、2014 年 2 月（冬季）、2014 年 5 月（春季）和 2014 年 9 月（夏季）的大面定点拖网调查结果，南麂列岛浅海调查海域的渔业资源状况如下。

一、渔获物组成

1. 种类组成

根据一年 4 个季度调查所获得的拖网渔获物，经分析共鉴定出生物种类 195 种，隶属于 25 目 89 科 147 属，其中，鱼类有 103 种，隶属于 15 目 53 科 83 属；虾类有 25 种，隶属于 9 科 17 属；蟹类有 23 种，隶属于 8 科 14 属；虾蛄类有 1 种，隶属于 1 目 1 科 1 属；头足类有 12 种，隶属于 3 目 4 科 7 属；贝螺类有 30 种，隶属于 4 目 13 科 24 属。具体种类名录见表 3-1。

表 3-1　南麂列岛调查海域拖网调查渔获物种类名录

类别	种名	出现季节			
		春	夏	秋	冬
	真鲨目 Carcharhiniformes				
	真鲨科 Carcharhinidae				
	斜齿鲨属 *Scoliodon*				
	1. 尖头斜齿鲨 *Scoliodon sorrakowah*（Cuvier）		√		
	鲼形目 Myliobatiformes				
	魟科 Dasyatidae				
鱼类	魟属 *Dasyatis*				
	2. 赤魟 *Dasyatis akajei*（Müller et Henle）				√
	3. 光魟 *Dasyatis laevigatus* Chu		√		√
	4. 奈氏魟 *Dasyatis navarrae*（Steindachner）				√
	5. 中国魟 *Dasyatis sinensis*（Steindachner）	√		√	√
	鲱形目 Clupeitormes				
	鲱科 Clupeidae				

续表

类别	种名	出现季节			
		春	夏	秋	冬
	斑鰶属 *Konosirus*				
	6. 斑鰶 *Konosirus punctatus*（Temminck et Schlegel）				√
	鰳属 *Ilisha*				
	7. 鰳 *Ilisha elongata*（Bennett）		√	√	
	鳀科 Engraulidae				
	鳀属 *Engraulis*				
	8. 日本鳀 *Engraulis japonicus*（Temminck et Schlegel）	√			
	小公鱼属 *Stolephoras*				
	9. 江口小公鱼 *Stolephoras commersonii* Lacepède	√	√	√	
	黄鲫属 *Setipnna*				
	10. 黄鲫 *Setipnna taty*（Valenciennes）	√		√	√
	棱鳀属 *Thryssa*				
	11. 赤鼻棱鳀 *Thryssa kammalensis*（Bleeker）	√	√	√	√
	12. 中颌棱鳀 *Thryssa mystax*（Bloch et Schneider）	√	√	√	√
	鲚属 *Coilia*				
	13. 刀鲚 *Coilia nasus* Schlegel	√	√	√	√
	14. 凤鲚 *Coilia mystus*（Linnaeus）	√		√	√
鱼类	仙女鱼目 Aulopiformes				
	龙头鱼科 Harpodontidae				
	龙头鱼属 *Harpadon*				
	15. 龙头鱼 *Harpadon nehereus*（Hamilton-Buchanan）	√	√	√	√
	狗母鱼科 Synodontidae				
	蛇鲻属 *Saurida*				
	16. 长蛇鲻 *Saurida elongata*（Temminck et Schlegel）			√	
	17. 多齿蛇鲻 *Saurida tumbil*（Bloch et Schneider）	√			
	灯笼鱼目 Myctophiformes				
	灯笼鱼科 Myctophidae				
	底灯鱼属 *Benthosema*				
	18. 七星底灯鱼 *Benthosema pterotum*（Alcock）	√		√	√
	鲻形目 Mugiliformes				
	鲻科 Mugilidae				
	鲻属 *Mugil*				
	19. 鲻 *Mugil cephalus* Linnaeus				√
	鳗鲡目 Anguilliformes				
	海鳗科 Muraenesocidae				

续表

类别	种名	出现季节			
		春	夏	秋	冬
	海鳗属 *Muraenesox*				
	20. 海鳗 *Muraenesox cinereus*（Forsskál）	√	√	√	√
	蛇鳗科 Ophichthidae				
	蛇鳗属 *Ophichthus*				
	21. 尖吻蛇鳗 *Ophichthus apicalis*（Bennett）	√	√	√	√
	豆齿鳗属 *Pisoodonophis*				
	22. 豆齿鳗 *Pisoodonophis cancrivorus*（Richardson）	√			
	康吉鳗科 Congridae				
	吻鳗属 *Rhynchoconger*				
	23. 黑尾吻鳗 *Rhynchoconger ectenurus*（Jordan et Richardson）			√	
	尾鳗属 *Uroconger*				
	24. 尖尾鳗 *Uroconger lepturus*（Richardson）			√	
	康吉鳗属 *Conger*				
	25. 星康吉鳗 *Conger myriaster*（Brevoort）				√
	鲇形目 Siluriformes				
	海鲇科 Ariidae				
	海鲇属 *Arius*				
鱼类	26. 中华海鲇 *Arius sinensis* Valenciennes				√
	鳕形目 Gadiformes				
	长尾鳕科 Macrouidae				
	腔吻鳕属 *Coelorinchus*				
	27. 多棘腔吻鳕 *Coelorinchus multispinulosus* Katayama				√
	犀鳕科 Bregmacerotidae				
	犀鳕属 *Bregmaceros*				
	28. 麦氏犀鳕 *Bregmaceros macclellandii* Thompson	√	√		√
	刺鱼目 Gasterosteiformes				
	海龙科 Syngnathidae				
	海龙属 *Syngnathus*				
	29. 尖海龙 *Syngnathus acus* Linnaeus	√		√	
	30. 舒氏海龙 *Syngnathus schlegeli* Kaup				√
	冠海龙属 *Corythoichthys*				
	31. 刺冠海龙 *Corythoichthys crenulatus*（Weber）	√			√
	鲈形目 Perciformes				
	鮨科 Serranidae				
	花鲈属 *Lateolabrax*				

续表

类别	种名	出现季节			
		春	夏	秋	冬
	32. 花鲈 *Lateolabrax japonicus*（Cuvier et Valenciennes）				√
	鲭科 Scombridae				
	鲐属 *Pneumatophorus*				
	33. 鲐 *Pneumatophorus japonicus*（Houttuyn）	√	√		
	鹰鲼科 Aplodactylidae				
	带鲼属 *Goniistius*				
	34. 背带鲼 *Goniistius quadricornis*（Günther）	√			
	眶棘鲈科 Scolopsidae				
	眶棘鲈属 *Scolopsis*				
	35. 横带眶棘鲈 *Scolopsis inermis*（Temminck et Schlegel）	√			
	赤刀鱼科 Cepoloidae				
	赤刀鱼属 *Cepola*				
	36. 赤刀鱼 *Cepola schlegeli* Bleeker	√			
	带鱼科 Trichiuridae				
	带鱼属 *Trichiurus*				
	37. 带鱼 *Trichiurus japonicus* Temminck et Schlegel	√	√		
	鲬科 Platycephalidae				
鱼类	鲬属 *Platycephalus*				
	38. 鲬 *Platycephalus indicus*（Linnacus）	√			
	魣科 Sphyraenidae				
	魣属 *Sphyraena*				
	39. 油魣 *Sphyraena pinguis* Günther	√			
	鰏科 Leiognathidae				
	鰏属 *Leiognathus*				
	40. 鹿斑鰏 *Leiognathus ruconius*（Cuvier et Valenciennes）	√	√		
	41. 短吻鰏 *Leiognathus brevirostris*（Cuvier et Valenciennes）	√			√
	鱚科 Sillaginidae				
	鱚属 *Sillago*				
	42. 多鳞鱚 *Sillago sihama*（Forskål）	√		√	√
	43. 少鳞鱚 *Sillago japonica*（Temminck et Schlegel）	√			
	鯻科 Teraponidae				
	列牙鯻属 *Pelates*				
	44. 列牙鯻 *Pelates quadrilineatus*（Bloch）		√		
	蝴蝶鱼科 Chaetodontidae				
	蝴蝶鱼属 *Chaetodon*				

续表

类别	种名	出现季节			
		春	夏	秋	冬
鱼类	45. 朴蝴蝶鱼 *Chaetodon modestus*（Temminck et Schlegel）		√		
	鲹科 Carangidae				
	竹荚鱼属 *Trachurus*				
	46. 竹荚鱼 *Trachurus japonicus*（Temminck et Schlegel）	√			
	拟鲈科 Pinguipedidae				
	拟鲈属 *Parapercis*				
	47. 六带拟鲈 *Parapercis sexfasciata*（Temminck et Schlegel）	√			
	石首鱼科 Sciaenidae				
	48. 石首鱼类 *Sciaenidae* sp.				√
	黑姑鱼属 *Atrobucca*				
	49. 黑姑鱼 *Atrobucca nibe*（Jordon et Thompson）		√	√	
	梅童鱼属 *Collichthys*				
	50. 棘头梅童鱼 *Collichthys lucidus*（Richardson）	√	√	√	√
	叫姑鱼属 *Johnius*				
	51. 皮氏叫姑鱼 *Johnius belengerii*（Guvier et Valenciennes）	√	√	√	√
	白姑鱼属 *Argyrosomus*				
	52. 白姑鱼 *Argyrosomus argentatus*（Houttuyn）	√	√	√	√
	黄鱼属 *Pseudosciaena*				
	53. 大黄鱼 *Pseudosciaena crocea*（Richardson）	√	√	√	√
	54. 小黄鱼 *Pseudosciaena polyactis* Bleeker	√	√	√	√
	黄鳍牙鱥属 *Chrysochir*				
	55. 尖头黄鳍牙鱥 *Chrysochir aureus*（Richardson）	√	√	√	√
	黄姑鱼属 *Nibea*				
	56. 黄姑鱼 *Nibea albiflora*（Richardson）	√		√	√
	鮸属 *Miichthys*				
	57. 鮸 *Miichthys miiuy*（Basilewsky）	√	√	√	√
	银鲈科 Gerridae				
	十棘银鲈属 *Gerreomorpha*				
	58. 日本十棘银鲈 *Gerreomorpha japonica*（Bleeker）	√			
	石鲈科 Pomadasyidae				
	髭鲷属 *Hapalogenys*				
	59. 横带髭鲷 *Hapalogenys mucronatus*（Eydoux et Schlegel）		√	√	√
	䲢科 Uranoscopidae				
	䲢属 *Uranoscopus*				
	60. 日本䲢 *Uranoscopus japonicus* Houttuyn	√			

续表

类别	种名	出现季节			
		春	夏	秋	冬
	青䱅属 *Gnathagnus*				
	61. 青䱅 *Gnathagnus elongatus*（Temminck et Schlegel）				√
	长鲳科 Centrolophidae				
	刺鲳属 *Psenopsis*				
	62. 刺鲳 *Psenopsis anomala*（Temminck et Schlegel）	√			
	鲳科 Stromateidae				
	鲳属 *Pampus*				
	63. 灰鲳 *Pampus cinereus*（Bloch）		√		
	64. 银鲳 *Pampus argenteus*（Euphrasen）			√	√
	虾虎鱼科 Gobiidae				
	矛尾虾虎鱼属 *Chaeturichthys*				
	65. 矛尾虾虎鱼 *Chaeturichthys stigmatias* Richardson	√	√	√	√
	钝尾虾虎鱼属 *Amblychaeturichthys*				
	66. 六丝钝尾虾虎鱼 *Amblychaeturichthys hexanema* Bleeker	√	√	√	√
	鳗虾虎鱼属 *Taenioides*				
鱼类	67. 红鳗虾虎鱼 *Taenioides rubicundus*（Hamilton）	√	√	√	√
	68. 鳗虾虎鱼 *Taenioides anguillaris*（Linnaeus）			√	
	栉孔虾虎鱼属 *Ctenotrypauchen*				
	69. 中华栉孔虾虎鱼 *Ctenotrypauchen chinensis* Steindachner	√	√	√	√
	孔虾虎鱼属 *Trpauchen*				
	70. 孔虾虎鱼 *Trpauchen vagina*（Bloch et Schneider）	√	√	√	√
	细棘虾虎鱼属 *Acentrogobius*				
	71. 普氏细棘虾虎鱼 *Acentrogobius Pflaumii*（Bleeker）				√
	拟矛尾虾虎鱼属 *Parachaeturichthys*				
	72. 拟矛尾虾虎鱼 *Parachaeturichthys polynema*（Bleeker）			√	
	鳄齿鱼科 Champsodontidae				
	鳄齿鱼属 *Champsodon*				
	73. 鳄齿鱼 *Champsodon capensis* Benttoth			√	√
	蓝子鱼科 Siganidae				
	蓝子鱼属 *Siganus*				
	74. 褐蓝子鱼 *Siganus fuscescens*（Houttuyn）		√	√	
	马鲅科 Polynemidae				
	马鲅属 *Polynemus*				
	75. 六指马鲅 *Polynemus sextarius*（Bloch et Schneider）		√	√	
	四指马鲅属 *Eleutheronema*				

续表

类别	种名	出现季节			
		春	夏	秋	冬
	76. 四指马鲅 *Eleutheronema tetradactylum*（Shaw）		√	√	
	天竺鲷科 Apogonidae				
	天竺鲷属 *Apogon*				
	77. 细条天竺鲷 *Apogon lineatus* Jordan et Snyder			√	
	大眼鲷科 Priacanthidae				
	大眼鲷属 *Priacanthus*				
	78. 黑鳍大眼鲷 *Priacanthus boops*（Bloch et Schneider）	√			
	拟大眼鲷属 *Pseudopriacanthus*				
	79. 拟大眼鲷 *Pseudopriacanthus niphonius*（Cuvier et Valenciennes）		√		
	鲷科 Sparidae				
	鲷属 *Sparus*				
	80. 黑鲷 *Sparus macrocephalus*（Basilewsky）	√			√
	鲂鮄科 Triglidae				
	红娘鱼属 *Lepidotrigla*				
	81. 短鳍红娘鱼 *Lepidotrigla microptera* Günther				√
	绿鳍鱼属 *Chelidonichthys*				
	82. 绿鳍鱼 *Chelidonichthys kumu*（Lesson et Garnot）	√	√	√	√
鱼类	鱼鲻科 Callionymidae				
	斜棘鲻属 *Repomucenus*				
	83. 香鲻 *Repomucenus olidus* Günther				√
	鲉形目 Scorpaeniformes				
	鲉科 Scorpaenidae				
	菖鲉属 *Sebastiscus*				
	84. 褐菖鲉 *Sebastiscus marmoratus*（Cuvier et Valenciennes）			√	
	疣鲉科 Aploactinidae				
	虻鲉属 *Erisphex*				
	85. 虻鲉 *Erisphex potti*（Steindachner）	√			√
	毒鲉科 Synanceiidae				
	虎鲉属 *minous*				
	86. 单指虎鲉 *Minous monodactylus*（Bloch et Schneider）			√	
	87. 丝棘虎鲉 *Minous pusillus* Temminck et Schlegel			√	
	88. 虎鲉 *Minous monodactylus*（Bloch et Schneider）				√
	鲽形目 Pleuronectiformes				
	鲆科 Bothidae				
	牙鲆属 *Paralichthys*				

续表

类别	种名	出现季节			
		春	夏	秋	冬
	89. 牙鲆 *Paralichthys olivaceus*（Temminck et Schlegel）	√			
	羊舌鲆属 *Arnoglossus*				
	90. 纤羊舌鲆 *Arnoglossus tenuis* Günther	√			
	舌鳎科 Cynoglossidae				
	舌鳎属 *Cynoglossus*				
	91. 短吻三线舌鳎 *Cynoglossus abbreviatus*（Gray）	√		√	√
	92. 短吻红舌鳎 *Cynoglossus joyneri* Günther	√	√	√	√
	93. 宽体舌鳎 *Cynoglossus robustus* Günther	√		√	√
	94. 大鳞舌鳎 *Cynoglossus macrolepidotus*（Bleeker）				√
	95. 窄体舌鳎 *Cynoglossus gracilis* Günther	√		√	√
	鳎科 Soleidae				
	栉鳞鳎属 *Aseraggodes*				
	96. 栉鳞鳎 *Aseraggodes kobensis*（Steindachner）		√		
	鲀形目 Tetraodontiformes				
	单角鲀科 Monacanthidae				
鱼类	马面鲀属 *Navodon*				
	97. 黄鳍马面鲀 *Navodon xanthopterus* Xu et Zhen		√		
	细鳞鲀属 *Stephanolepis*				
	98. 丝背细鳞鲀 *Stephanolepis cirrhifer*（Temminck et Schlegel）		√		
	单角鲀属 *Monacanthus*				
	99. 中华单角鲀 *Monacanthus chinensis*（Osbeck）	√		√	
	鲀科 Tetraodontidae				
	兔头鲀属 *Lagocephalus*				
	100. 棕斑兔头鲀 *Lagocephalus spadiceus*（Richardson）			√	
	东方鲀属 *Takifugu*				
	101. 黄鳍东方鲀 *Takifugu xanthopterus*（Temminck et Schlegel）		√		√
	102. 横纹东方鲀 *Takifugu oblongus*（Bloch）		√	√	
	鮟鱇目 Lophiiformes				
	鮟鱇科 Lophiidae				
	黄鮟鱇属 *Lophius*				
	103. 黄鮟鱇 *Lophius litulon*（Jordan）	√			
虾类	对虾科 Penaeidae				
	仿对虾属 *Parapenaeopsis*				
	104. 细巧仿对虾 *Parapenaeopsis tenella*（Bate）	√	√	√	√
	105. 哈氏仿对虾 *Parapenaeopsis hardwickii*（Miers）	√	√	√	√

续表

类别	种名	出现季节			
		春	夏	秋	冬
虾类	新对虾属 *Metapenaeus*				
	106. 周氏新对虾 *Metapenaeus joyneri* （Miers）	√	√	√	√
	107. 刀额新对虾 *Metapenaeus ensis* （de Haan）	√	√	√	
	明对虾属 *Fenneropenaeus*				
	108. 中国明对虾 *Fenneropenaeus chinensis* （Osbeck）		√		
	赤虾属 *Metapenaeopsis*				
	109. 戴氏赤虾 *Metapenaeopsis dalei* （Rathbun）	√			√
	鹰爪虾属 *Trachypenaeus*				
	110. 鹰爪虾 *Trachypenaeus curvirostris* Stimpson		√	√	√
	异对虾属 *Atypopenaeus*				
	111. 细指异对虾 *Atypopenaeus stenodactylus* Stimpson	√			√
	长臂虾科 Palaemonidae				
	白虾属 *Exopalaemon*				
	112. 安氏白虾 *Exopalaemon annandalei* （Kemp）		√		
	113. 脊尾白虾 *Exopalaemon carinicauda* Holthuis	√	√	√	√
	长臂虾属 *Palaemon*				
	114. 葛氏长臂虾 *Palaemon gravieri* （Yu）	√	√	√	√
	115. 巨指长臂虾 *Palaemon macrodactylus* Rathbun		√		
	116. 细指长臂虾 *Palaemon tenuidactylus* Liu，Liang et Yan				√
	藻虾科 Hippolytidae				
	鞭腕虾属 *Lysmata*				
	117. 脊额鞭腕虾 *Lysmata ensirostris* Kemp	√	√	√	
	118. 鞭腕虾 *Lysmata vittata* （Stimpson）	√		√	√
	119. 曲根鞭腕虾 *Lysmata kuekenthali* （de Man）				√
	宽额虾属 *Latreutes*				
	120. 疣背宽额虾 *Latreutes planirostris* （de Haan）	√			
	安乐虾属 *Eualus*				
	121. 中华安乐虾 *Eualus sinensis*			√	
	鼓虾科 Alpheidae				
	鼓虾属 *Alpheus*				
	122. 鲜明鼓虾 *Alpheus distinguendus* De Man	√	√	√	√
	123. 日本鼓虾 *Alpheus japonicus* Miers	√	√	√	√
	樱虾科 Sergestidae				
	毛虾属 *Acetes*				
	124. 中国毛虾 *Acetes chinensis* Hansen	√	√		√

续表

类别	种名	出现季节			
		春	夏	秋	冬
虾类	长额虾科 Pandalidae				
	红虾属 *Plesionika*				
	125. 东海红虾 *Plesionika izumiae* Omori	√			√
	玻璃虾科 Pasiphaeidae				
	细螯虾属 *Leptochela*				
	126. 细螯虾 *Leptochela gracilis* Stimpson	√		√	√
	褐虾科 Crangonidae				
	褐虾属 *Crangon*				
	127. 脊腹褐虾 *Crangon affinis* de Haan				√
	管鞭虾科 Solenoceridae				
	管鞭虾属 *Solenocera*				
	128. 中华管鞭虾 *Solenocera crassicornis*（H. Milne-Edwards）	√	√	√	√
蟹类	豆蟹科 Pinnotheridae				
	短眼蟹属 *Xenophthalmus*				
	129. 豆形短眼蟹 *Xenophthalmus pinnotheroides*			√	√
	三强蟹属 *Tritodynamia*				
	130. 兰氏三强蟹 *Tritodynamia rathbunae* Shen				√
	131. 中型三强蟹 *Tritodynamia intermedia* Shen	√			
	倒颚蟹属 *Asthenognathus*				
	132. 异足倒颚蟹 *Asthenognathus inaequipes* Stimpson	√			
	瓷蟹科 Porcellanidae				
	细足蟹属 *Raphidopus*				
	133. 绒毛细足蟹 *Raphidopus ciliatus* Stimpson	√	√		
	宽背蟹科 Euryplacidae				
	强蟹属 *Eucrate*				
	134. 隆线强蟹 *Eucrate crenata* De Haan	√	√	√	√
	玉蟹科 Leucosiidae				
	栗壳蟹属 *Arcania*				
	135. 七刺栗壳蟹 *Arcania heptacantha*（De Haan）			√	
	梭子蟹科 Portunidae				
	梭子蟹属 *Portunus*				
	136. 纤手梭子蟹 *Portunus gracilimanus*（Stimpson）		√		
	137. 红星梭子蟹 *Portunus sanguinolentus*（Herbst）	√	√	√	
	138. 三疣梭子蟹 *Portunus trituberculatus*（Miers）	√	√	√	√
	139. 矛形梭子蟹 *Portunus hastatoides*（Fabricius）	√	√	√	√

续表

类别	种名	出现季节			
		春	夏	秋	冬
蟹类	圆趾蟹属 *Ovalipes*				
	140. 细点圆趾蟹 *Ovalipes punctatus* （De Haan）			√	√
	青蟹属 *Scylla*				
	141. 锯缘青蟹 *Scylla serrata*（Forskal）			√	
	蟳属 *Charybdis*				
	142. 日本蟳 *Charybdis japonica* （A. Milne-Edwards）	√	√	√	√
	143. 锈斑蟳 *Charybdis feriatus* （Linnaeus）	√	√	√	
	144. 直额蟳 *Charybdis truncata* （Fabricius）			√	
	145. 双斑蟳 *Charybdis bimaculata* （Miers）	√	√	√	√
	146. 善泳蟳 *Charybdis natator* （Herbst）			√	
	147. 变态蟳 *Charybdis variegata* （Fabricius）		√	√	
	弓蟹科 Varunidae				
	新绒螯蟹属 *Neoeriocheir*				
	148. 狭颚新绒螯蟹 *Neoeriocheir leptognathus* Rathbun	√			
	近方蟹属 *Hemigrapsus*				
	149. 中华近方蟹 *Hemigrapsus sinensis* Rathbun			√	
	掘沙蟹科 Scalopidiidae				
	掘沙蟹属 *Scalopidia*				
	150. 刺足掘沙蟹 *Scalopidia spinosipes*（Stimpson）				√
	长脚蟹科 Goneplacidae				
	隆背蟹属 *Carcinoplax*				
	151. 泥脚隆背蟹 *Carcinoplax vestita* （de Haan）	√			
虾蛄类	口足目 Stomatopoda				
	虾蛄科 Squillidae				
	口虾蛄属 *Oratosquilla*				
	152. 口虾蛄 *Oratosquilla oratoria* （De Haan）	√	√	√	√
头足类	八腕目 Octopoda				
	蛸科 Octopodidae				
	蛸属 *Octopus*				
	153. 真蛸 *Octopus vulgaris* Cuvier			√	
	154. 长蛸 *Octopus variabilis* Sasaki	√		√	√
	155. 短蛸 *Octopus fangsiao* Orbigny			√	

续表

类别	种名	出现季节			
		春	夏	秋	冬
头足类	小孔蛸属 *Cistopus*				
	156. 小孔蛸 *Cistopus indicus* （Rapp）				√
	枪形目 Teuthoidea				
	枪乌贼科 Loliginidae				
	尾枪乌贼属 *Uroteuthis*				
	157. 中国枪乌贼 *Uroteuthis chinensis* Gray		√		
	拟枪乌贼属 *Loliolus*				
	158. 火枪乌贼 *Loliolus beka* Sasaki	√	√		√
	159. 日本枪乌贼 *Loliolus japonica* Hoyle				√
	160. 伍氏枪乌贼 *Loliolus tagio* Sasaki			√	
	乌贼目 Sepioidea				
	乌贼科 Sepiidae				
	无针乌贼属 *Sepiella*				
	161. 日本无针乌贼 *Sepiella japonica* Sasaki	√		√	√
	耳乌贼科 Sepiolidae				
	四盘耳乌贼属 *Euprymna*				
	162. 柏氏四盘耳乌贼 *Euprymna berryi* Sasaki				√
	163. 四盘耳乌贼 *Euprymna morsei* （Verril）	√			
	耳乌贼属 *Sepiola*				
	164. 双喙耳乌贼 *Sepiola birostrata* Sasaki				√
贝螺类	中腹足目 Mesogastropoda				
	蛙螺科 Bursidae				
	蛙螺属 *Bursa*				
	165. 习见蛙螺 *Bursa rana* （Linnaeus）	√	√	√	√
	玉螺科 Naticidae				
	玉螺属 *Natica*				
	166. 玉螺 *Natica vitellus* （Linnaeus）				√
	扁玉螺属 *Neverita*				
	167. 扁玉螺 *Neverita didyma* （Roeding）	√			√
	窦螺属 *Sinum*				
	168. 爪哇窦螺 *Sinum javanicum* （Griffith et Pidgeon）				√
	169. 大窦螺 *Sinum neritoideus* （Linnaeus）				√
	鹑螺科 Tonninidae				
	鹑螺属 *Tonna*				
	170. 带鹑螺 *Tonna olearium* （Linnaeus）				√

续表

类别	种名	出现季节			
		春	夏	秋	冬
	锥螺科 Turritellidae				
	锥螺属 *Turritella*				
	171. 棒锥螺 *Turritella bacillum* Kiener	√	√	√	√
	新腹足目 Neogastropoda				
	塔螺科 Turridae				
	拟塔螺属 *Turricula*				
	172. 爪哇拟塔螺 *Turricula javana* （Linnaeus）		√	√	√
	173. 假奈拟塔螺 *Turricula nelliae spurius* （Hedley）	√		√	√
	区系螺属 *Funa*				
	174. 杰氏卷管螺 *Funa jeffreysii* Smith				√
	短口螺属 *Brachytoma*				
	175. 黄短口螺 *Brachytoma flavidulus* （Lamarck）			√	
	乐飞螺属 *Lophiotoma*				
	176. 白龙骨乐飞螺 *Lophiotoma leucotropis* （Adams et Reeve）			√	
	蛾螺科 Buccinidae				
	甲虫螺属 *Cantharus*				
	177. 甲虫螺 *Cantharus cecillei* （Philippi）	√		√	√
贝螺类	东风螺属 *Babylonia*				
	178. 泥东风螺 *Babylonia lutosa* （Lamarck）	√			√
	衲螺科 Cancellariidae				
	衲螺属 *Cancellaria*				
	179. 金刚衲螺 *Cancellaria spengleriana* （Deshayes）	√			
	180. 粗糙衲螺 *Cancellaria asperella* （Lamarck）			√	
	三角口螺属 *Trigonostoma*				
	181. 白带三角口螺 *Trigonostoma scalariformis* （Lamarck）		√	√	
	盔螺科 Melongenidae				
	角螺属 *Hemifusus*				
	182. 管角螺 *Hemifusus tuba* （Gmelin）	√		√	
	织纹螺科 Nassariidae				
	织纹螺属 *Nassarius*				
	183. 红带织纹螺 *Nassarius succinctus* （A. Adams）	√		√	√
	骨螺科 Muricidae				
	骨螺属 *Murex*				
	184. 浅缝骨螺 *Murex trapa* Roeding	√	√	√	√
	红螺属 *Rapana*				

续表

类别	种名	出现季节			
		春	夏	秋	冬
	185. 脉红螺 *Rapana venosa* （Valenciennes）	√		√	√
	186. 红螺 *Rapana bezoar* （Linnaeus）	√		√	√
	荔枝螺属 *Thais*				
	187. 爪哇荔枝螺 *Thais javanica* Philippi	√		√	
	蚶目 Arcoida				
	蚶科 Arcidae				
	毛蚶属 *Scapharca*				
	188. 毛蚶 *Scapharca kagoshimensis* （Tokunago）	√	√		√
	189. 魁蚶 *Scapharca broughtoni*（Schrenck）	√			√
	泥蚶属 *Tegillarca*				
贝螺类	190. 结蚶 *Tegillarca nodifera* （Martens）	√		√	√
	191. 泥蚶 *Tegillarca granosa* （Linnaeus）				√
	帘蛤目 Veneroida				
	樱蛤科 Tellinidae				
	明樱蛤属 *Moerella*				
	192. 彩虹明樱蛤 *Moerella iridescens* Benson	√			
	白樱蛤属 *Macoma*				
	193. 美女白樱蛤 *Macoma candida*（Lamarck）	√			√
	刀蛏科 Cultellidae				
	刀蛏属 *Cultellus*				
	194. 小刀蛏 *Cultellus attenuatus* Dunker	√			√
其他类	芋参目 Molpadida				
	尻参科 Caudinidae				
	海地瓜属 *Acaudina*				
	195. 海地瓜 *Acaudina molpadioides* （Semper）	√		√	√

注：本报告的生物种类名录主要参照《中国海洋生物名录》（刘瑞玉，2008）

春季：经分析共鉴定出生物种类 112 种，隶属于 22 目 65 科 94 属。其中，鱼类有 58 种，隶属于 12 目 33 科 50 属；虾类有 17 种，隶属于 8 科 13 属；蟹类有 12 种，隶属于 6 科 8 属；虾蛄类 1 种，隶属于 1 科 1 属；头足类 4 种，隶属于 3 目 4 科 4 属；贝螺类 19 种，隶属于 4 目 12 科 17 属；棘皮动物 1 种，隶属于 1 目 1 科 1 属。

夏季：经分析共鉴定出生物种类 75 种，隶属于 16 目 42 科 62 属。其中，鱼类有 42 种，隶属于 9 目 25 科 39 属；虾类有 14 种，隶属于 6 科 10 属；蟹类有 10 种，隶属于 3 科 4 属；虾蛄类 1 种，隶属于 1 科 1 属；头足类 2 种，隶属于 1 目 1 科 2 属；贝螺类 6 种，隶属于 3 目 6 科 6 属。

秋季：经分析共鉴定出生物种类 104 种，隶属于 19 目 51 科 80 属。其中，鱼类有 51 种，隶属于 10 目 25 科 43 属；虾类有 15 种，隶属于 6 科 10 属；蟹类有 15 种，隶属 5 科 8 属；虾蛄类 1 种，隶属 1 科 1 属；头足类 5 种，隶属 3 目 3 科 3 属；贝螺类 16 种，隶属于 3 目 9 科 14 属；棘皮动物 1 种，隶属 1 目 1 科 1 属。

冬季：经分析共鉴定出生物种类 113 种，隶属于 23 目 59 科 91 属。其中，鱼类有 55 种，隶属于 13 目 29 科 45 属；虾类有 18 种，隶属于 9 科 14 属；蟹类有 9 种，隶属 4 科 7 属；虾蛄类 1 种，隶属 1 科 1 属；头足类 7 种，隶属 3 目 4 科 6 属；贝螺类 22 种，隶属于 4 目 11 科 17 属；棘皮动物类 1 种，隶属 1 目 1 科 1 属。

2. 数量组成

根据调查结果，在南麂列岛国家级海洋自然保护区海域春季 25 个调查站位 25 网有效网次的总渔获重量为 243 014.17g，尾数为 50 727ind；夏季 25 个调查站位 25 网有效网次的总渔获重量为 2 882 106.00g，尾数为 182 761ind；秋季 25 个调查站位 24 网有效网次的渔获物总重量为 1 022 462.81g，渔获物总尾数为 87 904ind；冬季 25 个调查站位 25 网有效网次的总渔获重量为 402 223.90g，尾数为 35 576ind。不同类群的渔获重量、尾数及其组成如表 3-2 所示。

表 3-2　调查海域春夏秋冬季不同类群渔获物数量（重量、尾数）及其组成

类群	春季				夏季			
	重量（g）	重量百分比（%）	尾数（ind）	尾数百分比（%）	重量（g）	重量百分比（%）	尾数（ind）	尾数百分比（%）
鱼类	107 600.30	44.28	31 009	61.13	1 001 868.11	34.76	66 315	36.29
虾类	4 908.95	2.02	3 880	7.65	41 465.74	1.44	18 458	10.10
蟹类	40 002.45	16.46	2 097	4.13	1 165 406.06	40.44	22 438	12.28
虾蛄类	26 790.10	11.02	5 087	10.03	131 639.22	4.57	15 399	8.43
头足类	4 242.85	1.75	250	0.49	3 554.79	0.12	404	0.22
贝螺类	42 326.52	17.42	4 859	9.58	538 172.08	18.67	597 47	32.69
其他	17 142.90	7.05	3 545	6.99	—	—	0	0
总计	243 014.07		50 727		2 882 106.00		182 761	

类群	秋季				冬季			
	重量（g）	重量百分比（%）	尾数（ind）	尾数百分比（%）	重量（g）	重量百分比（%）	尾数（ind）	尾数百分比（%）
鱼类	464 384.39	45.42	27 103	30.83	199 260.67	49.54	10 237	28.78
虾类	21 778.05	2.13	8 512	9.68	6 585.30	1.64	5 187	14.58
蟹类	276 848.55	27.08	15 310	17.42	29 683.30	7.38	2 371	6.66
虾蛄类	142 577.72	13.94	20 024	22.78	28 554.80	7.10	3 993	11.22
头足类	2 241.04	0.22	60	0.07	2 217.04	0.55	63	0.18
贝螺类	114 173.84	11.17	16 713	19.01	134 957.96	33.55	13 490	37.92
其他	459.22	0.04	182	0.21	964.83	0.24	235	0.66
总计	1 022 462.81		87 904		402 223.90		35 576	

从表 3-2 可以看出,在重量组成上,最多的是夏季,其次是秋季,第三是冬季,最少的是春季。在尾数组成上,最多的是夏季,其次是秋季,第三是春季,最少的是冬季。

春季:渔获重量组成以鱼类占优势,占渔获物总重量的 44.28%;其中以红鳗虾虎鱼、龙头鱼和绿鳍鱼占优势,分别占鱼类重量组成的 21.95%、14.83% 和 11.90%。其次是贝螺类,占渔获物总重量的 17.42%;其中以棒锥螺占优势,占贝螺类重量组成的 83.36%。蟹类居第三位,占渔获物总重量的 16.46%;其中以三疣梭子蟹占优势,占蟹类重量组成的 86.48%。虾蛄类居第四位,占渔获物总重量的 11.02%;种类只有口虾蛄 1 种。虾类和头足类较少,分别占渔获物总重量的 2.02% 和 1.75%;虾类中以细巧仿对虾和鲜明鼓虾占优势,分别占虾类重量的 27.30% 和 20.81%;头足类以火枪乌贼和长蛸占优势,分别占头足类重量的 54.89% 和 40.59%。与重量组成相似,渔获物尾数组成也以鱼类居多,占渔获物总尾数的 61.13%,其中以六丝钝尾虾虎鱼、绿鳍鱼和红鳗虾虎鱼占优势,分别占鱼类尾数的 45.34%、30.87% 和 10.57%。其次为虾蛄类,占渔获物总尾数的 10.03%;贝螺类和虾类较接近,分别居第三位、第四位,分别占渔获物总尾数的 9.58% 和 7.65%;虾类中以细巧仿对虾、中国毛虾和日本鼓虾占优势,分别占虾类尾数的 31.24%、23.27% 和 20.95%;贝螺类中以棒锥螺占优势,占贝螺类尾数的 90.08%。蟹类和头足类较少,分别占渔获物总尾数的 4.13%、0.49%;蟹类中以双斑蟳、三疣梭子蟹和日本蟳占优势,分别占蟹类尾数的 40.20%、39.48% 和 17.79%;头足类中以火枪乌贼占优势,占头足类尾数的 91.60%。

夏季:渔获重量组成以蟹类占优势,占渔获物总重量的40.44%;其中以三疣梭子蟹占优势,占蟹类重量的95.50%。其次是鱼类,占渔获物总重量的34.76%;其中以龙头鱼和六指马鲅占优势,分别占鱼类渔获物重量的44.26%和20.60%。贝螺类居第三位,占渔获物总重量的18.67%;其中以棒锥螺占优势,占贝螺类重量的98.09%。虾蛄类居第四位,占渔获物总重量的4.57%;种类只有口虾蛄1种。虾类和头足类较少,分别占渔获物总重量的1.44%和0.12%;虾类中以哈氏仿对虾、中华管鞭虾和周氏新对虾占优势,分别占虾类重量的51.44%、22.85%和13.55%;头足类只有中国枪乌贼和火枪乌贼2种,分别占头足类重量的51.43%和48.57%。与重量组成不同,渔获物尾数组成以鱼类居多,占渔获物总尾数的36.29%;其中以龙头鱼、六指马鲅和六丝钝尾虾虎鱼占优势,分别占鱼类尾数的28.78%、25.48%和22.72%。其次为贝螺类,占渔获物总尾数的32.69%;其中棒锥螺占优势,占贝螺类尾数的98.56%。蟹类和虾类相接近,分别居第三位、第四位,分别占渔获物总尾数的12.28%和10.10%;蟹类中以三疣梭子蟹占优势,占蟹类尾数的93.46%;虾类中以哈氏仿对虾、中华管鞭虾和细巧仿对虾占优势，分别占虾类尾数的44.40%、25.91%和13.74%；头足类较少，占渔获物总尾数的0.22%；头足类只有中国枪乌贼和火枪乌贼2种，各占头足类尾数的50.00%。

秋季：渔获重量组成以鱼类占优势，占渔获物总重量的45.42%；其中以龙头鱼、鮸和棘头梅童鱼占优势，分别占鱼类重量的29.86%、29.08%和17.88%。其次为蟹类，占渔获物总重量的27.08%；其中以三疣梭子蟹和日本蟳占优势，分别占蟹类重量的78.02%和12.58%。虾蛄类居第三位，占渔获物总重量的13.94%；种类只有口虾蛄1种。贝螺类居第四位，占渔获物总重量的11.17%；其中以棒锥螺占优势，占贝螺类重量的87.28%。虾类和头足类较少，分别占渔获物总重量的2.13%和0.22%；虾类中以中华管鞭虾和哈氏仿对虾占优势，分别占虾类重量的40.81%和26.45%；头足类以真蛸和长蛸占优势，分别占头足类重量的47.67%和29.71%。与重量组成相似，渔获物尾数组成也以鱼类居多，占渔获物总尾数的30.83%；其中以龙头鱼、六丝钝尾虾虎鱼和棘头梅童鱼占优势，分别占鱼类尾数的26.70%、26.19%和15.74%。其次为虾蛄类，占渔获物总尾数的22.78%；种类只有口虾蛄1种。贝螺类和蟹类相接近，分别居第三位、第四位，分别占渔获物总尾数的19.01%和17.42%；蟹类中以三疣梭子蟹和双斑蟳占优势，分别占蟹类尾数的61.25%和24.31%；贝螺类中以棒锥螺占优势，占贝螺类尾数的95.33%。虾类和头足类较少，分别占渔获物总尾数的9.68%、0.07%；虾类中以中华管鞭虾、细巧仿对虾和哈氏仿对虾占优势，分别占虾类尾数的38.00%、22.91%和16.36%；头足类中以伍氏枪乌贼、日本无针乌贼和长蛸占优势，分别占头足类尾数的29.06%、26.39%和25.14%。

冬季：渔获重量组成也以鱼类占优势，占渔获物总重量的49.54%；其中以棘头梅童鱼、鮸占优势，分别占鱼类重量的22.42%和20.14%。其次是贝螺类，占渔获物总重量的33.55%；其中以棒锥螺占优势，占贝螺类重量的96.93%。蟹类居第三位，占渔获物总重量的7.38%；其中以三疣梭子蟹、日本蟳和双斑蟳占优势，分别占蟹类重量的49.86%、34.79%和13.35%。虾蛄类居第四位，占渔获物总重量的7.10%；种类只有口虾蛄1种。虾类和头足类较少，分别占渔获物总重量的1.64%和0.55%；虾类中以鲜明鼓虾、细巧仿对虾和脊尾白虾占优势，分别占虾类重量的29.33%、27.59%和22.36%；头足类以长蛸占优势，占头足类重量的80.63%。与重量组成不同，渔获物尾数组成以贝螺类居多，占渔获物总尾数的37.92%；贝螺类中以棒锥螺占优势，占贝螺类尾数的97.66%。鱼类居第二位，占渔获物总尾数的28.78%；其中以凤鲚、棘头梅童鱼、六丝钝尾虾虎鱼和红鳍虾虎鱼占优势，分别占鱼类尾数的23.40%、19.73%、11.49%和10.11%。虾类居第三位，占渔获物总尾数的14.58%；其中以细巧仿对虾、鲜明鼓虾和日本鼓虾占优势，分别占虾类尾数的52.59%、14.46%和13.53%。虾蛄类居第四位，占渔获物总尾数的11.22%。

蟹类和头足类较少，分别占渔获物总尾数的 6.66%和 0.18%；蟹类中以双斑蟳、三疣梭子蟹和日本蟳占优势，分别占蟹类尾数的 54.15%、21.14%和 18.71%；头足类中以长蛸和双喙耳乌贼占优势，分别占头足类尾数的 47.61%和 25.17%。

调查海域春、夏、秋、冬季不同站位不同类群渔获物（重量、尾数）百分比如图 3-1～图 3-8 所示。

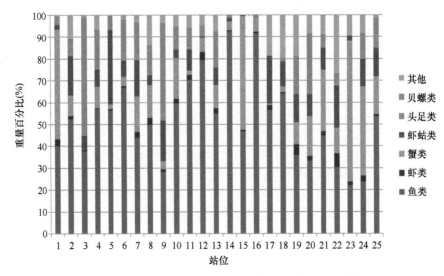

图 3-1　调查海域春季各站位不同类群渔获重量百分比

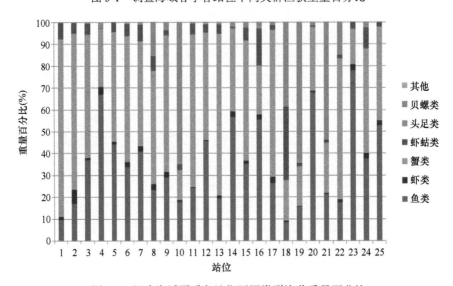

图 3-2　调查海域夏季各站位不同类群渔获重量百分比

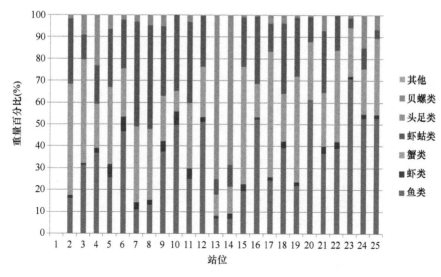

图 3-3 调查海域秋季各站位不同类群渔获重量百分比

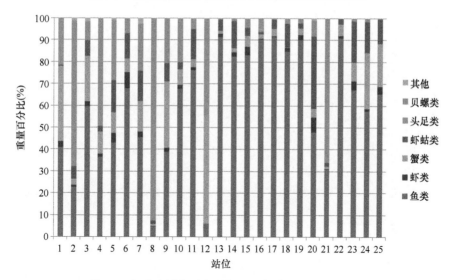

图 3-4 调查海域冬季各站位不同类群渔获重量百分比

调查海域春季各站位不同类群渔获重量百分比如图 3-1 所示。

春季：调查海域各站位渔获重量组成除 3 号站、9 号站以贝螺类居多，1 号站、15 号站、23 号站、24 号站以蟹类居多，其余各站均以鱼类居多。鱼类重量组成中，2 号站、5 号站、6 号站、12 号站以绿鳍鱼居多，7 号站以中国魟居多，8 号站、20 号站、25 号站以鮸居多，9 号站、11 号站、19 号站以六丝钝尾虾虎鱼居多，14 号站以鲐居多，21 号站以牙鲆居多，13 号站、15 号站、16 号站、23 号站以龙头鱼居多，24 号站以多齿蛇鲻居多，其余各站均以红鳗虾虎鱼居多。虾类重

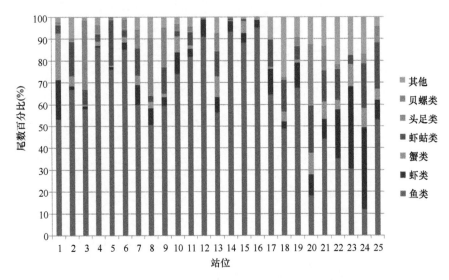

图 3-5　调查海域春季各站位不同类群渔获物尾数百分比

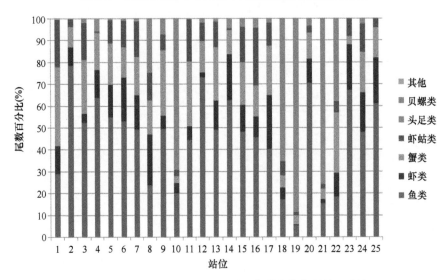

图 3-6　调查海域夏季各站位不同类群渔获物尾数百分比

量组成中，3 号站以葛氏长臂虾居多，24 号站以戴氏赤虾居多，17 号站、18 号站、19 号站、22 号站以日本鼓虾居多，12 号站、14 号站、16 号站、23 号站均以中国毛虾居多，1 号站、4 号站、5 号站、8 号站、9 号站、20 号站、21 号站、25 号站以细巧仿对虾居多，其余各站均以鲜明鼓虾居多。蟹类重量组成中，3 号站、11 号站、17 号站以双斑蟳居多，5 号站、6 号站、9 号站、10 号站、14 号站、18 号站、19 号站以日本蟳居多，其余各站均以三疣梭子蟹居多。虾蛄类只有口虾蛄 1 种。头足类重量组成中，1 号站、9 号站、11 号站、13 号站均以长蛸居多，2 号站

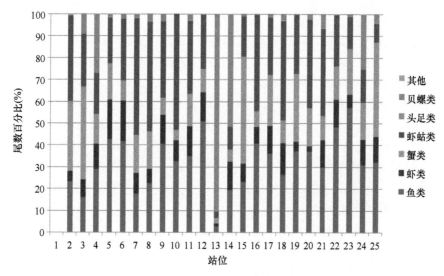

图 3-7　调查海域秋季各站位不同类群渔获物尾数百分比

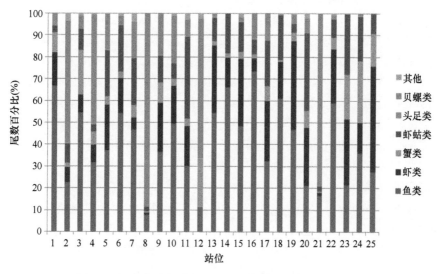

图 3-8　调查海域冬季各站位不同类群渔获物尾数百分比

以日本无针乌贼居多，19 号站只捕获了四盘耳乌贼，其余各站以火枪乌贼居多，3 号站、15 号站、18 号站、23 号站未捕获头足类。贝螺类重量组成中，12 号站、15 号站、17 号站、23 号站未捕获贝螺类，5 号站以脉红螺居多，16 号站仅捕获浅缝骨螺，24 号站以管角螺居多，25 号站习见蛙螺居多，其余各站均以棒锥螺居多。

　　调查海域夏季各站位不同类群渔获重量百分比如图 3-2 所示。

　　夏季：调查海域各站位渔获重量组成除 10 号站、18 号站、19 号站、21 号站以贝螺类居多，4 号站、14 号站、16 号站、20 号站、23 号站、25 号站以鱼类居多，其余各站以蟹类居多。鱼类重量组成中，4 号站以鲐居多，13 号站以六指马鲅居多，18 号站以短吻红舌鳎居多，25 号站以鳀居多，其余各站均以龙头鱼居多。虾类重量组成中，3 号站以中国明对虾居多，2 号站、9 号站、14 号站以周氏新对虾居多，6 号站、10 号站、25 号站以中华管鞭虾居多，14 号站以中国毛虾居多，其余各站均以哈氏仿对虾居多。蟹类重量组成中，各站均以三疣梭子蟹居多。虾蛄类只有口虾蛄 1 种。头足类重量组成中，1 号站、2 号站、4 号站、5 号站、7 号站、11 号站、14 号站、16 号站、17 号站均只捕获火枪乌贼，6 号站只捕获中国枪乌贼，12 号站、13 号站以中国枪乌贼居多，其余各站未捕获头足类。贝螺类重量组成中，1 号站、20 号站以习见蛙螺居多，13 号站以浅缝骨螺居多，14 号站仅捕获浅缝骨螺，2 号站、4 号站未捕获贝螺类，其余各站均以棒锥螺居多。

调查海域秋季各站位不同类群渔获重量百分比如图 3-3 所示。

秋季：调查海域各站位渔获重量组成中，13 号站、14 号站以贝螺类居多，7 号站、8 号站、11 号站以虾蛄类居多，2 号站、3 号站、5 号站、15 号站、17 号站、19 号站、22 号站以蟹类居多，其余站位以鱼类居多。鱼类重量组成中，8 号站以海鳗居多，7 号站、11 号站以六丝钝尾虾虎鱼居多，5 号站、6 号站、9 号站、10 号站、12 号站、13 号站、15 号站以棘头梅童鱼居多，2 号站、3 号站、14 号站、19 号站、20 号站、23 号站以龙头鱼居多，其余各站位以鳀居多。虾类重量组成中，9 号站以脊尾白虾居多，15 号站、16 号站、23 号站、25 号站以哈氏仿对虾居多，其余各站均以中华管鞭虾居多。蟹类重量组成中，16 号站、17 号站、21 号站以日本鲟居多，其余各站以三疣梭子蟹居多。虾蛄类仅捕获口虾蛄 1 种。头足类重量组成中，5 号站、7 号站、25 号站以日本无针乌贼居多，且 25 号站仅捕获日本无针乌贼一种，2 号站、11 号站仅捕获短蛸，23 号站仅捕获伍氏枪乌贼，17 号站仅捕获真蛸，16 号站、18 号站、19 号站、21 号站仅捕获长蛸，其余站位未捕获头足类。贝螺类重量组成中，3 号站以管角螺居多，7 号站、16 号站、17 号站以习见蛙螺居多，2 号站、10 号站、22 号站未捕获贝螺类，19 号站仅捕获浅缝骨螺，21 号站仅捕获棒锥螺，23 号站、25 号站仅捕获习见蛙螺，2 号站、10 号站、22 号站未捕获贝螺类，其余站位均以棒锥螺居多。

调查海域冬季各站位不同类群渔获重量百分比如图 3-4 所示。

冬季：调查海域各站位渔获重量组成除 2 号站、4 号站、8 号站、21 号站以贝螺类居多，12 号站以蟹类居多，其余各站均以鱼类居多。鱼类重量组成中，2 号站、7 号站以红鳗虾虎鱼居多，10 号站以鲻居多，11 号站以花鲈居多，20 号站以中国魟居多，16 号站、19 号站、21 号站、22 号站以鳀居多，24 号站、25 号站以龙头鱼居多，其余各站均以棘头梅童鱼居多。虾类重量组成中，3 号站、17 号站均以葛氏长臂虾居多，12号站未捕获虾类，13号站以日本鼓虾居多，9号站、11号站、15号站、19号站、24号站、25号站均以细巧仿对虾居多，20号站、21号站、22号站、23号站以鲜明鼓虾居多，其余各站均以脊尾白虾居多。蟹类重量组成中1号站仅捕获日本蟳，20号站、23号站以双斑蟳居多，2号站、9号站、10号站、24号站、25号站均以三疣梭子蟹居多，其余各站均以日本蟳居多。虾蛄类只有口虾蛄1种。头足类重量组成中，14号站、18号站、21号站均以长蛸居多，23号站均以日本无针乌贼居多，1号站、2号站、4号站、5号站、6号站、16号站均只捕获长蛸，9号站、17号站、24号站只捕获柏氏四盘耳乌贼，12号站以火枪乌贼居多，25号站以小孔蛸居多，其余各站未捕获头足类。贝螺类重量组成中，1号站、22号站未捕获贝螺类，3号站以魁蚶居多，7号站以结蚶居多，16号站、23号站以带鹑螺居多，17号站以甲虫螺居多，24号站、25号站以习见蛙螺居多，1号站、22号站未捕获贝螺类，其余各站均以棒锥螺居多。

调查海域春季各站位不同类群渔获物尾数百分比如图3-5所示。

春季：调查海域各站位渔获物尾数中，除却20号站以贝螺类居多，23号站、24号站以虾类居多，其余站位均以鱼类居多。鱼类尾数组成中，18号站、22号站以红鳗虾虎鱼居多，20号站以龙头鱼居多，23号站以皮氏叫姑鱼居多，24号站以多齿蛇鲻居多，1号站、2号站、4号站、5号站、6号站、10号站、12号站、15号站以绿鳍鱼居多，其余站位均以六丝钝尾虾虎鱼居多。虾类尾数组成中，18号站、19号站、22号站以日本鼓虾居多，2号站以鲜明鼓虾居多，6号站、7号站、10号站、12号站、14号站、16号站、17号站、23号站、24号站以中国毛虾居多，其余各站均以细巧仿对虾居多。蟹类尾数组成中，14号站仅捕获日本蟳，17号站仅捕获双斑蟳，12号站狭颚新绒螯蟹和三疣梭子蟹各占50.00%，4号站、6号站、19号站以日本蟳居多，1号站、2号站、15号站、23号站、24号站、25号站以三疣梭子蟹居多，其余站位均以双斑蟳居多。虾蛄类只有口虾蛄1种。头足类尾数组成中，1号站、9号站、11号站均以长蛸居多，19号站只捕获四盘耳乌贼，3号站、15号站、18号站、23号站未捕获头足类，其余各站以火枪乌贼居多。贝螺类尾数组成中，12号站、15号站、17号站、23号站未捕获贝螺类，5号站以爪哇荔枝螺居多，16号站仅捕获浅缝骨螺，24号站以习见蛙螺居多，其余各站均以棒锥螺居多。

调查海域夏季各站位不同类群渔获物尾数百分比如图3-6所示。

夏季：调查海域各站位渔获物尾数中，除却1号站以蟹类居多，8号站、10号站、18号站、19号站、21号站、22号站以贝螺类居多，其余站位均以鱼类居多。鱼类尾数组成中，14号站以江口小公鱼居多，1号站、2号站、4号站、19号站以龙头鱼居多，5号站、6号站、9号站、20号站、22号站、23号站、25号站以六指马鲅居多，24号站以鳀居多，其余站位均以六丝钝尾虾虎鱼居多。虾类尾数组成中，14 号站以中国毛虾居多，19 号站、21 号站以日本鼓虾居多，2 号站、4 号站、9 号站、15 号站以周氏新对虾居多，6 号站、10 号站、12 号站、13 号站、18 号站、25 号站以中华管鞭虾居多，其余各站均以哈氏仿对虾居多。蟹类尾数组成中，所有站位均以三疣梭子蟹居多。虾蛄类只有口虾蛄 1 种。头足类尾数组成中，1 号站、2 号站、4 号站、5 号站、7 号站、11 号站、14 号站、16 号站、17 号站均只捕获火枪乌贼，6 号站只捕获中国枪乌贼，12 号站、13 号站以中国枪乌贼居多，其余各站未捕获头足类。贝螺类尾数组成中，1 号站棒锥螺与习见蛙螺各占 50%、13 号站以浅缝骨螺与爪哇拟塔螺各占 50%，14 号站仅捕获浅缝骨螺，2 号站、4 号站未捕获贝螺类，其余各站均以棒锥螺居多。

调查海域秋季各站位不同类群渔获物尾数百分比如图 3-7 所示。

秋季：调查海域各站位渔获物尾数中，2 号站、7 号站、8 号站、10 号站、16 号站、18 号站、20 号站、21 号站以虾蛄类居多，13 号站、14 号站以贝螺类居多，3 号站、15 号站、25 号站以蟹类居多，其余各站均以鱼类居多。鱼类尾数组成中，19 号站以七星底灯鱼居多，3 号站、23 号站以棘头梅童鱼居多，2 号站、5 号站、6 号站、8 号站、9 号站、12 号站、14 号站、17 号站、18 号站、20 号站、21 号站、22 号站以龙头鱼居多，其余站位均以六丝钝尾虾虎鱼居多。虾类尾数组成中，2 号站以葛氏长臂虾居多，15 号站、25 号站以哈氏仿对虾居多，3 号站、4 号站、12 号站、16 号站、21 号站、24 号站以细巧仿对虾居多，其余站位均以中华管鞭虾居多。蟹类尾数组成中，17 号站、21 号站以日本蟳居多，25 号站以双斑蟳居多，其余站位均以三疣梭子蟹居多。虾蛄类只有口虾蛄 1 种。头足类尾数组成中，2 号站、11 号站仅捕获短蛸，7 号站日本无针乌贼和短蛸各占 50.00%，5 号站日本无针乌贼和长蛸各占 50.00%，16 号站、18 号站、19 号站、21 号站仅捕获长蛸，17 号站仅捕获真蛸，23 号站仅捕获武士枪乌贼，25 号站仅捕获日本无针乌贼，其余各站均未捕获头足类。贝螺类尾数组成中，2 号站、10 号站、19 号站、22 号站、23 号站未捕获贝螺类，16 号站、17 号站均以习见蛙螺居多，25 号站仅捕获习见蛙螺，其余各站位均以棒锥螺居多。

调查海域冬季各站位不同类群渔获物尾数百分比如图 3-8 所示。

冬季：调查海域 2 号站、4 号站、8 号站、12 号站、21 号站位渔获物尾数组成均以贝螺类居多。11 号站、20 号站以虾蛄类居多，23 号站、25 号站以虾类居多，其余站位渔获物尾数组成均以鱼类居多。鱼类尾数组成中，2 号站、7 号站、20 号站以红鳗虾虎鱼居多，24 号站、25 号站以黄鲫居多，5 号站、12 号站、21 号站以六丝钝尾虾虎鱼居多，1 号站、11 号站凤鲚与棘头梅童鱼均是最多，8 号站凤鲚与六丝钝尾虾虎鱼均是最多，3 号站、6 号站、13 号站、16 号站、17 号站、23 号站均以棘头梅童鱼居多，其余站位均以凤鲚居多。虾类尾数组成中，12 号站未捕获虾类，27 号站以鞭腕虾居多，1 号站、3 号站、16 号站以葛氏长臂虾居多，

6号站、7号站以脊尾白虾居多，13号站、18号站以日本鼓虾居多，22号站日本鼓虾与细巧仿对虾均是最多，20号站、21号站以鲜明鼓虾居多，其余站位均以细巧仿对虾居多。蟹类尾数组成中，2号站、9号站、10号站以三疣梭子蟹居多，13号站、14号站、15号站、18号站、20号站、23号站、24号站、25号站以双斑蟳居多，其余各站均以日本蟳居多。虾蛄类只有口虾蛄1种。头足类尾数组成中14号站以长蛸居多，18号站以双喙耳乌贼和长蛸居多，21号站火枪乌贼和长蛸各占50%，1号站、2号站、4号站、5号站、6号站、16号站均只捕获长蛸，24号站只捕获柏氏四盘耳乌贼，25号站以柏氏四盘耳乌贼居多，9号站、17号站仅捕获柏氏四盘耳乌贼，其余各站未捕获头足类。贝螺类尾数组成中，1号站、22号站未捕获贝螺类，3号站以魁蚶居多，14号站扁玉螺与棒锥螺各占50%，18号站仅捕获扁玉螺，12号站、17号站仅捕获甲虫螺，25号站习见蛙螺与美女白樱蛤各占50%，16号站以浅缝骨螺居多，7号站以爪哇拟塔螺，其余各站均以棒锥螺居多。

3. 优势种

将相对重要性指数（IRI）大于1000者定为优势种，在100～1000者定为常见种。调查海域四季优势种和常见种相对重要性指数（IRI）如表3-3所示。

表3-3　调查海域春夏秋冬季优势种和常见种相对重要性指数（IRI）

种类	IRI			
	春季	夏季	秋季	冬季
口虾蛄	869.5	519.7	1530.2	704.3
三疣梭子蟹	518.9	2002.7	1324.7	130.4
龙头鱼	336.4	1033.1	908.1	90.3
棒锥螺	717.1	1374.6	566.5	2113.0
棘头梅童鱼	52.4	1.8	540.5	632.4
六丝钝尾虾虎鱼	1341.5	332.6	417.0	132.0
鮸	44.0	206.8	305.9	194.9
双斑蟳	86.6	0.1	214.2	154.5
中华管鞭虾	0.4	84.8	189.5	0.2
日本蟳	68.9	33.4	178.0	152.8
细巧仿对虾	121.4	47.1	97.8	286.0
哈氏仿对虾	5.2	175.5	85.8	0.5
六指马鲅	—	656.4	64.8	—
红鳗虾虎鱼	584.7	54.4	58.3	157.5
刀鲚	7.3	4.1	33.4	203.0
凤鲚	2.8	—	4.1	423.8
绿鳍鱼	955.2	0.1	0.4	0.1
小黄鱼	4.2	103.9	0.2	2.0

春季，调查海域的优势种只有六丝钝尾虾虎鱼 1 种，常见种有绿鳍鱼、口虾蛄、棒锥螺、红鳗虾虎鱼、三疣梭子蟹、龙头鱼、细巧仿对虾等 7 种；夏季，调查海域的优势种有 3 种，分别是三疣梭子蟹、棒锥螺、龙头鱼，常见种有 6 种，分别是六指马鲅、口虾蛄、六丝钝尾虾虎鱼、鮸、哈氏仿对虾、小黄鱼等；秋季，调查海域的优势种有 2 种，分别是口虾蛄和三疣梭子蟹，常见种有 8 种，分别是龙头鱼、棒锥螺、棘头梅童鱼、六丝钝尾虾虎鱼、鮸、双斑鲟、中华管鞭虾、日本鲟等；冬季，调查海域的优势种只有棒锥螺 1 种，常见种有 11 种，分别是口虾蛄、棘头梅童鱼、凤鲚、细巧仿对虾、刀鲚、鮸、红鳗虾虎鱼、双斑鲟、日本鲟、六丝钝尾虾虎鱼、三疣梭子蟹等。

4. 基本特征及评价

根据本次调查结果，共鉴定出生物种类 195 种，经初步分析，其基本特征主要包括以下几个方面。

第一，从生物类群来看，以鱼类为最多，共有 103 种，其次是贝螺类，共有 30 种，第三是虾类，共有 25 种，第四是蟹类，共有 23 种，第五是头足类，共有 12 种。从不同季节出现的种类数来看，以冬、春季出现的种类数较多，分别有 113 种、112 种，以夏季出现的种类为最少，只有 75 种。从各生物种类在不同季节出现的情况来看，一年四季均有分布的种类共有 37 种，约占总种类数的 19.0%，3 个季节有分布的种类共有 32 种，约占总种类数的 16.4%，两个季节有分布的种类共有 34 种，约占总种类的 17.4%，只有一个季节有分布的种类共有 90 种，约占总种类的 46.2%。表明南麂列岛浅海海域的生物以鱼类、贝螺类及虾蟹类为主，并且这些种类以季节性分布占绝大多数，也就是说分布在南麂列岛浅海海域的生物以洄游性种类为主，同时，种类出现较多的季节主要是冬、春季。

第二，将调查海域按水深分成小于 15m、15～45m、大于 45m 三个水深带，分析南麂列岛海域不同水深区域的生物种类组成，结果如表 3-4 所示。

表 3-4　南麂列岛海域春夏秋冬季不同水深带生物种类组成

季节	生物种类数			共有种数
	<15m	15～45m	>45m	
春季	46	103	60	30
夏季	32	65	36	14
秋季	30	97	52	24
冬季	32	96	71	24

春季，分布在水深小于 15m 区域的生物有 46 种、水深在 15～45m 区域生物有 103 种、水深大于 45m 区域的生物有 60 种，3 个水深带均有分布的共有种有

30 种，分别是刀鲚、红鳗虾虎鱼、黄鲛鳙、棘头梅童鱼、孔虾虎鱼、六丝钝尾虾虎鱼、龙头鱼、绿鳍鱼、矛尾虾虎鱼、鮸、皮氏叫姑鱼、鲐、窄体舌鳎、中颌棱鳀、葛氏长臂虾、日本鼓虾、细巧仿对虾、鲜明鼓虾、周氏新对虾、隆线强蟹、矛形梭子蟹、三疣梭子蟹、日本蟳、双斑蟳、长蛸、火枪乌贼、棒锥螺、假奈拟塔螺、爪哇荔枝螺、口虾蛄。

夏季，分布在水深小于 15m 区域的生物有 32 种、水深在 15～45m 区域生物有 65 种、水深大于 45m 区域的生物有 36 种，3 个水深带均有分布的共有种有 14 种，分别是海鳗、红鳗虾虎鱼、六指马鲅、龙头鱼、鮸、葛氏长臂虾、哈氏仿对虾、日本鼓虾、细巧仿对虾、中华管鞭虾、红星梭子蟹、三疣梭子蟹、口虾蛄、习见蛙螺。

秋季，分布在水深小于 15m 区域的生物有 30 种、水深在 15～45m 区域生物有 97 种、水深大于 45m 区域的生物有 52 种，3 个水深带均有分布的共有种有 24 种，分别是刀鲚、横纹东方鲀、红鳗虾虎鱼、棘头梅童鱼、尖头黄鳍牙䱛、孔虾虎鱼、六丝钝尾虾虎鱼、六指马鲅、龙头鱼、皮氏叫姑鱼、中华栉孔虾虎鱼、葛氏长臂虾、哈氏仿对虾、细螯虾、细巧仿对虾、中华管鞭虾、周氏新对虾、豆形短眼蟹、矛形梭子蟹、日本蟳、三疣梭子蟹、双斑蟳、口虾蛄、海地瓜。

冬季，分布在水深小于 15m 区域的生物有 32 种、水深在 15～45m 区域生物有 96 种、水深大于 45m 区域的生物有 71 种，3 个水深带均有分布的共有种有 24 种，分别是刀鲚、凤鲚、红鳗虾虎鱼、棘头梅童鱼、孔虾虎鱼、六丝钝尾虾虎鱼、矛尾虾虎鱼、鮸、皮氏叫姑鱼、窄体舌鳎、中华栉孔虾虎鱼、葛氏长臂虾、脊尾白虾、日本鼓虾、细巧仿对虾、鲜明鼓虾、周氏新对虾、日本蟳、三疣梭子蟹、双斑蟳、口虾蛄、棒锥螺、浅缝骨螺、海地瓜。

从春、夏、秋、冬四季不同水深带的生物种类数分布来看，南麂列岛海域的生物以 15～45m 水深带的种类为最多，其次是大于 45m 水深带，生物种类分布相对较少的是小于 15m 水深带。

第三，比较与分析保护区内与保护区外的生物种类组成，结果如表 3-5 所示。

表 3-5　南麂列岛海域春夏秋冬季保护区内与保护区外的生物种类组成

季节	生物种类数		共有种数
	保护区内	保护区外	
春季	105	76	70
夏季	65	52	41
秋季	98	58	49
冬季	96	78	60

春季，保护区内生物有 105 种，保护区外有 76 种，两个区域的共有种有 70 种，仅在保护区内出现的有 35 种，分别是背带鰏、赤鼻棱鳀、赤刀鱼、大黄鱼、豆齿鳗、黑鲷、黑鳍大眼鲷、宽体舌鳎、六带拟鲈、麦氏犀鳕、日本十棘银鲈、少鳞鱚、牙鲆、中国魟、中华单角鲀、鞭腕虾、扁足异对虾、刀额仿对虾、脊额鞭腕虾、泥脚隆背蟹、锈斑蟳、红星梭子蟹、异足倒颚蟹、中型三强蟹、狭颚新绒螯蟹、绒毛细足蟹、四盘耳乌贼、小刀蛏、红螺、彩虹明樱蛤、金刚衲螺、魁蚶、脉红螺、泥东风螺、甲虫螺。仅在保护区外出现的有 6 种，分别是刺鲳、尖海龙、尖吻蛇鳗、脊尾白虾、日本无针乌贼、毛蚶。

夏季，保护区内生物有 65 种，保护区外有 52 种，两个区域的共有种有 41 种，仅在保护区内出现的有 24 种，分别是变态蟳、赤鼻棱鳀、大黄鱼、横纹东方鲀、黄鳍东方鲀、黄鳍马面鲀、尖头斜齿鲨、江口小公鱼、鹿斑鲾、绿鳍鱼、矛尾虾虎鱼、朴蝴蝶鱼、中华栉孔虾虎鱼、中国毛虾、中国明对虾、脊额鞭腕虾、刀额新对虾、双斑蟳、纤手梭子蟹、中国枪乌贼、假奈拟塔螺、爪哇拟塔螺、白带三角口螺、毛蚶。仅在保护区外出现的有 11 种，分别是光魟、褐蓝子鱼、横带髭鲷、麦氏犀鳕、拟大眼鲷、皮氏叫姑鱼、丝背细鳞鲀、栉鳞鳎、鹰爪虾、绒毛细足蟹、隆线强蟹。

秋季，保护区内生物有 98 种，保护区外有 58 种，两个区域的共有种有 49 种，仅在保护区内出现的有 49 种，分别是银鲳、赤鼻棱鳀、短吻红舌鳎、凤鲚、褐菖鲉、褐蓝子鱼、黑尾吻鳗、横带髭鲷、黄姑鱼、中国魟、中颌棱鳀、长蛇鲻、四指马鲅、黄鲫、宽体舌鳎、鳗虾虎鱼、尖海龙、尖尾鳗、尖吻蛇鳗、江口小公鱼、中华单角鲀、棕腹刺鲀、鞭腕虾、中华安乐虾、鲜明鼓虾、巨指长臂虾、锯缘青蟹、七刺栗壳蟹、变态蟳、直额蟳、善泳蟳、细点圆趾蟹、长蛸、真蛸、日本无针乌贼、白带三角口螺、白带笋螺、粗糙衲螺、白龙骨乐飞螺、爪哇荔枝螺、管角螺、红带织纹螺、红螺、黄短口螺、脉红螺、甲虫螺、假奈拟塔螺、结蚶、爪哇拟塔螺。仅在保护区外出现的有 9 种，分别是白姑鱼、鳄齿鱼、鳓、绿鳍鱼、拟矛尾虾虎鱼、细条天竺鲷、小黄鱼、中华近方蟹、伍氏枪乌贼。

冬季，保护区内生物有 96 种，保护区外有 78 种，两个区域的共有种为 60 种，仅在保护区内出现的有 36 种，分别是白姑鱼、赤鼻棱鳀、赤魟、中国魟、中华海鲇、鳓、小黄鱼、星康吉鳗、大鳞舌鳎、带鹑螺、短吻红舌鳎、光魟、宽体舌鳎、黑鲷、绿鳍鱼、普氏细棘虾虎鱼、横带髭鲷、花鲈、黄鳍东方鲀、舒氏海龙、扁足异对虾、脊腹褐虾、细指长臂虾、兰氏三强蟹、火枪乌贼、日本枪乌贼、甲虫螺、假奈拟塔螺、杰氏卷管螺、脉红螺、毛蚶、泥东风螺、泥蚶、小刀蛏、红螺、爪哇窦螺。仅在保护区外出现的有 18 种，分别是斑鰶、虎鲉、尖头黄鳍牙鰔、尖吻蛇鳗、麦氏犀鳕、多棘腔吻鳕、青鳉、多鳞鱚、银鲳、中华管鞭虾、东海红虾、哈氏仿对虾、细点圆趾蟹、小孔蛸、日本无针乌贼、十足目一物种等。

　　第四，在渔获物组成中，具有商业利用价值的种类有三疣梭子蟹、龙头鱼、口虾蛄、六指马鲅、鮸、棘头梅童鱼、凤鲚、刀鲚、哈氏仿对虾、小黄鱼、中华管鞭虾、细巧仿对虾、日本鲟等。本次调查所得的优势种为口虾蛄、三疣梭子蟹、龙头鱼、棒锥螺、棘头梅童鱼和六丝钝尾虾虎鱼等 6 种，其中春季优势仅有六丝钝尾虾虎鱼 1 种，占春季总渔获重量的 4.78%；夏季优势种演变为三疣梭子蟹、龙头鱼和棒锥螺 3 种，占夏季总渔获重量的 72.32%；秋季优势种又演变为口虾蛄和三疣梭子蟹 2 种，占秋季总渔获重量的 7.29%；冬季优势种仅为棒锥螺 1 种，占冬季总渔获重量的 32.52%。在过去，除了三疣梭子蟹，其他种类均为经济价值较低的种类，或作为一些主要经济种类如大黄鱼、小黄鱼、带鱼等的饵料，说明过度捕捞使得过去许多主要经济种类的资源衰退后，其他一些种类龙头鱼、口虾蛄等资源发生量增加，海域里的资源数量不断上升。本次调查所获得的 6 个优势种中，除了六丝钝尾虾虎鱼之外，口虾蛄、三疣梭子蟹、龙头鱼、棒锥螺和棘头梅童鱼都是目前市场上可以经常看到的食用种类，说明本次调查海域的优势种类组成以小型低值的渔业资源种类为主。

二、数量时空分布

1. 总渔获量时空分布

　　调查海域春夏秋冬季各站位平均每小时总渔获量如表 3-6 所示。

表 3-6　调查海域春夏秋冬季不同站位平均每小时渔获量（重量、尾数）

调查站位	春季		夏季	
	重量（g/h）	尾数（ind/h）	重量（g/h）	尾数（ind/h）
1	14 576.40	2 101	59 321.83	3 298
2	7 067.20	2 235	25 787.20	6 564
3	34 529.40	6 975	246 987.50	11 775
4	8 149.10	3 579	11 536.30	801
5	4 219.67	2 062	92 778.00	4 500
6	3 583.10	1 348	301 422.00	18 330
7	2 6504.40	5 850	35 513.28	2 228
8	3 451.50	1 024	208 470.55	16 756
9	10 115.30	2 521	30 559.60	1 584
10	773.70	225	166 839.00	13 020
11	21 280.40	6 994	8 088.50	357
12	610.20	615	35 512.80	2 196
13	6 037.50	1 014	26 300.00	1 556
14	3 208.60	983	4 655.00	509

续表

调查站位	春季		夏季	
	重量（g/h）	尾数（ind/h）	重量（g/h）	尾数（ind/h）
15	782.30	92	203 420.00	11 180
16	784.20	421	88 225.20	6 000
17	597.30	238	28 786.00	1 580
18	5 416.40	779	43 614.40	2 448
19	2 449.10	1 033	250 215.56	22 244
20	21 452.00	2 328	297 421.33	10 027
21	11 545.00	1 482	343 042.29	29 143
22	16 265.60	3 430	103 235.22	3 952
23	9 760.80	858	120 158.00	5 720
24	12 289.00	998	62 992.50	2 333
25	17 565.90	1 542	87 224.00	4 660
平均	9 720.56	2 029	115 284.24	7 310

调查站位	秋季		冬季	
	重量（g/h）	尾数（ind/h）	重量（g/h）	尾数（ind/h）
1	—	—	978.71	58
2	7 378.55	923	7 999.70	960
3	25 862.07	1 617	6 585.66	586
4	25 741.68	2 654	12 233.19	1 144
5	15 486.50	2 177	8 070.25	983
6	9 485.80	1 268	6 148.05	673
7	12 071.14	1 325	5 180.46	581
8	7 430.52	1 238	66 806.46	6 085
9	14 331.67	2 177	8 684.10	929
10	30 000.00	6 641	11 166.29	868
11	26 162.71	3 234	7 614.71	511
12	14 374.26	1 661	1 394.75	86
13	28 614.17	9 131	9 035.11	633
14	48 024.00	5 177	9 820.91	1 252
15	20 452.54	2 794	9 815.22	1 102
16	26 823.46	2 047	9 112.22	298
17	34 091.48	2 444	13 747.67	290
18	16 401.16	1 509	16 462.16	1 421
19	39 837.27	4 631	4 401.31	384
20	18 282.00	960	6 456.29	876
21	23 180.88	2 494	77 831.89	7 635
22	27 806.00	2 760	14 648.40	550
23	187 500.00	6 671	28 201.20	2 834
24	230 769.23	16 180	31 310.13	2 185
25	132 355.71	6 190	28 519.06	2 654
平均	42 602.62	3 663	16 088.96	1 423

调查海域春夏秋冬季各站位平均每小时渔获重量地理分布如图3-9所示。

春季：调查海域平均每小时渔获重量为9720.56g/h。由图3-9可以看出，平均每小时渔获重量较高的是3号、7号、20号、11号、25号、22号、9号、1号、

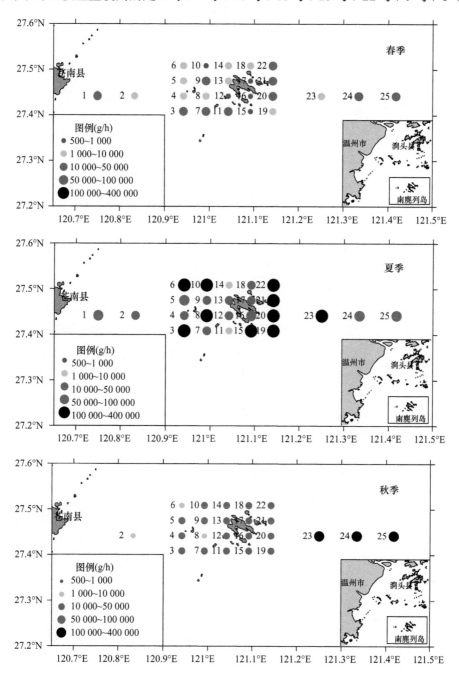

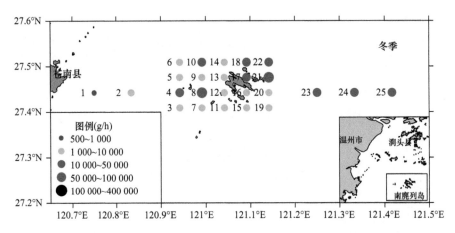

图 3-9　调查海域春夏秋冬季各站位平均每小时渔获重量分布

24 号、21 号、23 号站位,分别为 34 529.4g/h、26 504.4g/h、21 452.0g/h、21 280.4g/h、17 565.9g/h、16 265.6g/h、10 115.3g/h、14 576.4g/h、12 289.0g/h、11 545.0g/h、9760.8g/h;其余各站位平均每小时渔获重量低于调查海域的平均值,其中最低的是 17 号站位,为 597.3g/h。在平均每小时渔获重量较高的站位中,3 号站位以棒锥螺、红鳗虾虎鱼占优势,分别占本站位渔获物总重量的 50.22%、17.98%;7 号站位以口虾蛄、三疣梭子蟹、中国缸占优势,分别占本站位渔获物总重量的 16.53%、14.71%、12.48%;20 号站位以棒锥螺、三疣梭子蟹、鮸占优势,分别占本站位渔获物总重量的 26.01%、16.03%和 12.77%;11 号站位以六丝钝尾虾虎鱼、绿鳍鱼和红鳗虾虎鱼占优势,分别占本站位渔获物总重量的 18.04%、15.11%和14.06%。

夏季:调查海域平均每小时渔获重量为 115 284.24g/h。由图 3-9 可以看出,平均每小时渔获重量较高的是 21 号、6 号、20 号、19 号、3 号、8 号、15 号、10 号、23 号站位,分别为 343 042.29g/h、301 422.00g/h、297 421.33g/h、250 215.56g/h、246 987.50g/h、208 470.55g/h、203 420.00g/h、166 839.00g/h、120 158.00g/h;其余各站位平均每小时渔获重量低于调查海域的平均值,其中最低的是 14 号站位,为 4655.00g/h。在平均每小时渔获重量较高的站位中,21 号站位以棒锥螺、三疣梭子蟹占优势,分别占本站位渔获物总重量的 53.18%、22.71%;6 号站位以三疣梭子蟹、龙头鱼、六指马鲅、日本蟳占优势,分别占本站位渔获物总重量的 47.28%、17.12%、10.75%、10.35%。

秋季:调查海域平均每小时渔获重量为 42 602.62g/h。由图 3-9 可以看出,平均每小时渔获重量较高的是 24 号、23 号、25 号、14 号站位,分别为230 769.23g/h、187 500.00g/h、132 355.71g/h 和 48 024.00g/h;其余各站位平均每小时渔获重量低于调查海域的平均值,其中最低的是 2 号站位,为

7378.55g/h。在平均每小时渔获重量较高的站位中，24 号站位以鮸、三疣梭子蟹、棒锥螺、龙头鱼占优势，分别占本站位渔获物总重量的 21.56%、17.57%、14.67%、14.00%；23 号站位以龙头鱼、三疣梭子蟹、棘头梅童鱼和鮸占优势，分别占本站位渔获物总重量的 28.62%、18.21%、15.29%、13.69%；25 号站位以三疣梭子蟹、鮸和龙头鱼占优势，分别占本站位渔获物总重量的 31.89%、20.72%和 19.13%；14 号站位以棒锥螺和三疣梭子蟹占优势，分别占本站位渔获物总重量的 67.64%和 9.88%。

冬季：调查海域平均每小时渔获重量为 16 088.96g/h。由图 3-9 可以看出，平均每小时渔获重量较高的是 21 号、8 号、24 号、25 号、23 号、18 号站位，分别为 77 831.89g/h、66 806.46g/h、31 310.13g/h、28 519.06g/h、28 201.20g/h、16 462.16g/h；其余各站位平均每小时渔获重量低于调查海域的平均值，其中最低的是 1 号站位，为 978.71g/h。在平均每小时渔获重量较高的站位中，21 号站位以棒锥螺和鮸占优势，分别占本站位渔获物总重量的 65.56%和 21.42%；8 号站位以棒锥螺占优势，占本站位渔获物总重量的 92.24%；24 号站位以龙头鱼、三疣梭子蟹、口虾蛄、棘头梅童鱼占优势，分别占本站位渔获物总重量的 22.52%、21.16%、14.43%、10.23%。

调查海域春、夏、秋、冬四季各站位平均每小时渔获尾数地理分布如图 3-10 所示。

春季：调查海域平均每小时渔获尾数为 2 029ind/h。从图 3-10 可以看出，平均每小时渔获尾数较高的是 11 号、3 号、7 号、4 号、22 号、9 号、20 号、2 号、1 号、5 号站位，分别为 6994ind/h、6975ind/h、5850ind/h、3579ind/h、3430ind/h、2521ind/h、2328ind/h、2235ind/h、2101ind/h、2062ind/h；其余各站位平均每小时渔获尾数低于调查海域的平均值，其中最低的是 15 号站位，为 92ind/h。在平均每小时渔获尾数较高的站位中，11 号站位以六丝钝尾虾虎鱼占优势，占本站位渔

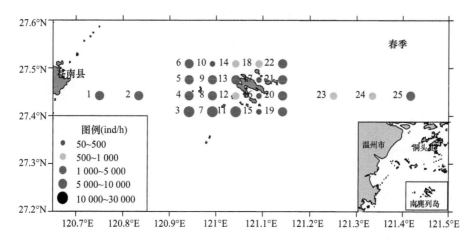

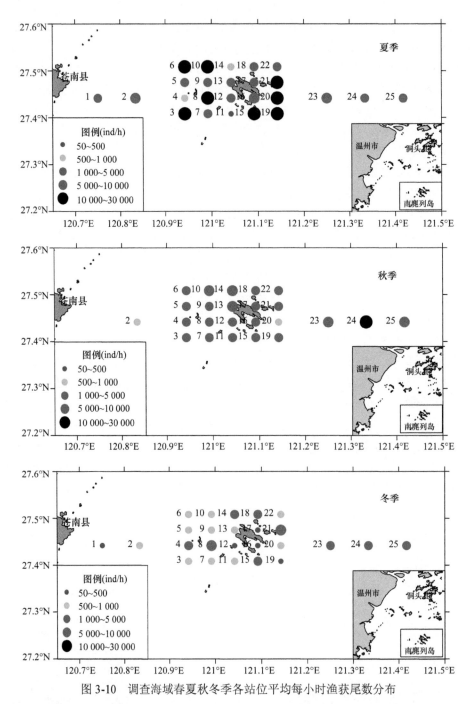

图3-10 调查海域春夏秋冬季各站位平均每小时渔获尾数分布

获物总尾数的68.40%。3号站位以棒锥螺、六丝钝尾虾虎鱼、绿鳍鱼、红鳗虾虎鱼占优势,分别占本站位渔获物总尾数的30.67%、24.26%、19.78%、11.27%。

夏季：调查海域平均每小时渔获尾数为7 310ind/h。从图3-10可以看出，平均每小时渔获尾数较高的是21号、19号、6号、8号、10号、3号、15号、20号站位，分别为29 143ind/h、22 244ind/h、18 330ind/h、16 756ind/h、13 020ind/h、11 775ind/h、11 180ind/h、10 027ind/h；其余各站位平均每小时渔获尾数低于调查海域的平均值，其中最低的是11号站位，为357ind/h。在平均每小时渔获尾数较高的站位中，21号站位以棒锥螺占优势，占本站位渔获物总尾数的75.09%。19号站位以棒锥螺占优势，占本站位渔获物总尾数的88.31%。

秋季：调查海域平均每小时渔获尾数为3 663ind/h。从图3-10可以看出，平均每小时渔获尾数较高是24号、13号、23号、10号、25号、14号、19号站位，分别为16 180ind/h、9131ind/h、6671ind/h、6641ind/h、6190ind/h、5177ind/h、4631ind/h；其余各站位平均每小时渔获尾数低于调查海域的平均值，其中最低的是2号站位，为923ind/h。在平均每小时渔获物尾数较高的站位中，24号站位以棒锥螺、口虾蛄和六丝钝尾虾虎鱼占优势，分别占本站位渔获物总尾数的23.47%、14.97%和13.17%；13号站位以棒锥螺占优势，占本站位渔获物尾数的90.15%。

冬季：调查海域平均每小时渔获尾数为1 423ind/h。从图3-10可以看出，平均每小时渔获尾数较高的是21号、8号、23号、25号、24号站位，分别为7635ind/h、6085ind/h、2834ind/h、2654ind/h和2185ind/h；其余各站位平均每小时渔获尾数低于调查海域的平均值，其中最低的是1号站位，为58ind/h。在平均每小时渔获尾数较高的站位中，21号站位以棒锥螺占优势，占本站位渔获物总尾数的78.60%。8号站位以棒锥螺占优势，占本站位渔获物总尾数的88.17%。

2. 不同类群渔获量时空分布

调查海域春夏秋冬季不同站位不同类群渔获量分布如图3-11～图3-16所示。

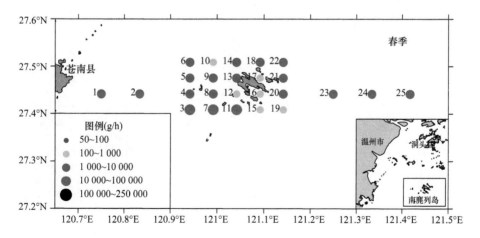

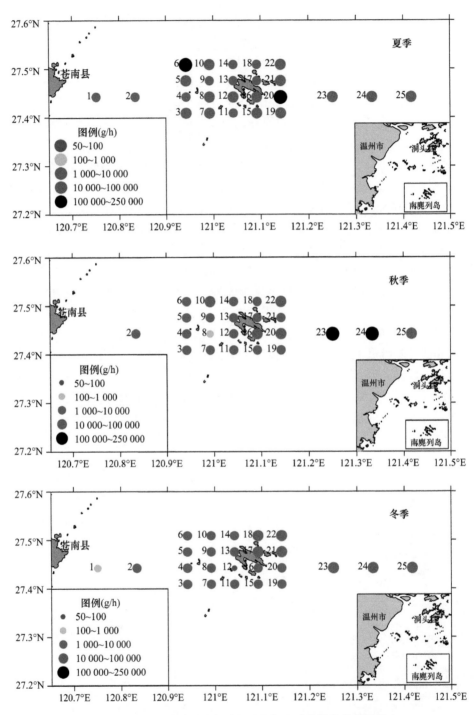

图 3-11　调查海域春夏秋冬季各站位每小时鱼类渔获重量分布

1）鱼类

调查海域春夏秋冬季各站位平均每小时鱼类渔获重量空间分布如图 3-11 所示。

春季：调查海域各站位鱼类平均每小时渔获重量为 4304.0g/h。从图 3-11 可以看出，鱼类渔获重量较高的是 11 号、3 号、7 号、25 号、20 号、1 号、21 号、22 号、4 号站位，渔获重量分别为 14 930.4g/h、12 996g/h、11 581.8g/h、9397.1g/h、7115.8g/h、5810.7g/h、5146.8g/h、4924.6g/h、4664.9g/h。其余站位鱼类渔获重量低于调查海域的平均值，渔获重量最低的是 17 号站位，仅为 336.7g/h。

夏季：调查海域各站位鱼类平均每小时渔获重量为 40 074.7g/h。从图 3-11 可以看出，鱼类渔获重量较高的是 20 号、6 号、23 号、3 号、21 号、15 号、16 号、8 号、25 号、5 号站位，渔获重量分别为 200 776.0g/h、101 445.0g/h、93 390.0g/h、91 292.5g/h、72 905.1g/h、71 336.0g/h、48 847.2g/h、47 986.9g/h、45 768.0g/h、40 763.0g/h。其余站位鱼类渔获重量低于调查海域的平均值，渔获重量最低的是 11 号站位，仅为 1931.6g/h。

秋季：调查海域各站位鱼类平均每小时渔获重量为 19 349.4g/h。从图 3-11 可以看出，鱼类渔获重量较高的是 23 号、24 号、25 号站位，渔获重量分别为 132 806.0g/h、121 582.95g/h、69 913.18g/h；其余站位鱼类渔获重量低于调查海域的平均值，渔获重量最低的是 8 号站位，仅为 962.9g/h。

冬季：调查海域各站位鱼类平均每小时渔获重量为 7970.4g/h。从图 3-11 可以看出，鱼类渔获重量较高的是 21 号、23 号、25 号、24 号、18 号、22 号、17 号、13 号、16 号、15 号、14 号站位，渔获重量分别为 23 944.9g/h、18 915.6g/h、18 600.6g/h、17 951.3g/h、13 938.5g/h、13 306.4g/h、12 540.0g/h、8236.9g/h、8209.6g/h、8148.8g/h、8073.9g/h。其余站位鱼类渔获重量低于调查海域的平均值，渔获重量最低的是 12 号站位，仅为 83.0g/h。

调查海域春夏秋冬季各站位平均每小时鱼类渔获尾数空间分布如图 3-12 所示。

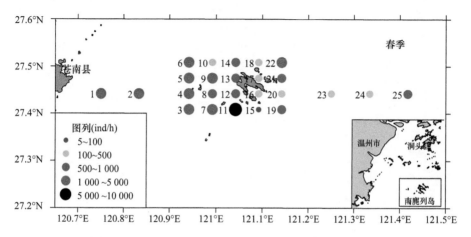

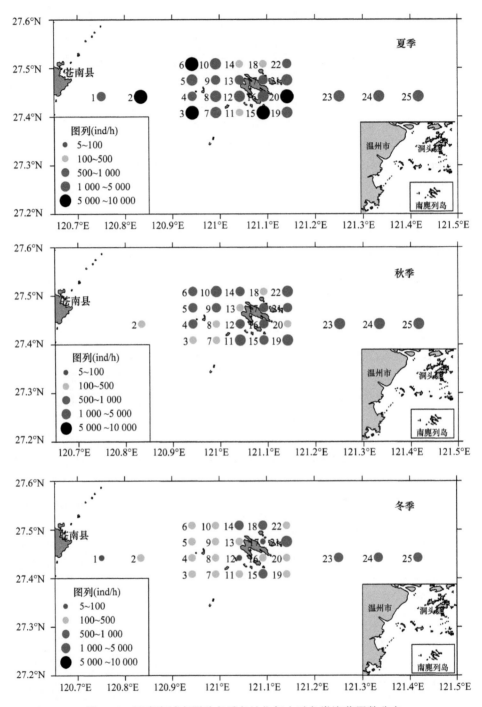

图 3-12　调查海域春夏秋冬季各站位每小时鱼类渔获尾数分布

春季：调查海域各站位鱼类平均每小时渔获尾数为 1240ind/h。从图 3-12 可以看出，鱼类渔获尾数较高的是 11 号、3 号、7 号、4 号、5 号、9 号、2 号站位，分别为 5708ind/h、4035ind/h、3492ind/h、3077ind/h、1563ind/h、1490ind/h、1488ind/h。其余站位鱼类渔获尾数低于调查海域的平均值，渔获尾数最低的是 15 号站位，为 81ind/h。

夏季：调查海域各站位鱼类平均每小时渔获尾数为 2653ind/h。从图 3-12 可以看出，鱼类渔获尾数较高的是 6 号、20 号、3 号、15 号、22 号、18 号、23 号、25 号、16 号站位，分别为 9660ind/h、7040ind/h、6125ind/h、5360ind/h、5148ind/h、4457ind/h、3949ind/h、3840ind/h、2830ind/h、2724ind/h。其余站位鱼类渔获尾数低于调查海域的平均值，渔获尾数最低的是 11 号站位，为 158ind/h。

秋季：调查海域各站位鱼类平均每小时渔获尾数为 1129ind/h。从图 3-12 可以看出，鱼类渔获尾数较高的是 24 号、23 号、10 号、25 号、19 号、22 号站位，分别为 5000ind/h、3812ind/h、2156ind/h、1984ind/h、1713ind/h、1330ind/h；其余站位鱼类渔获尾数低于调查海域的平均值，渔获尾数最低的是 2 号站位，仅为 213ind/h。

冬季：调查海域各站位鱼类平均每小时渔获尾数为 409ind/h。从图 3-12 可以看出，鱼类渔获尾数较高的是 21 号、18 号、14 号、24 号、25 号、23 号、15 号、8 号、10 号站位，分别为 1246ind/h、863ind/h、826ind/h、783ind/h、722ind/h、603ind/h、532ind/h、462ind/h、427ind/h。其余站位鱼类渔获尾数低于调查海域的平均值，渔获尾数最低的是 12 号站位，为 10ind/h。

2）虾类

调查海域春夏秋冬季各站位平均每小时虾类渔获重量空间分布如图 3-13 所示。

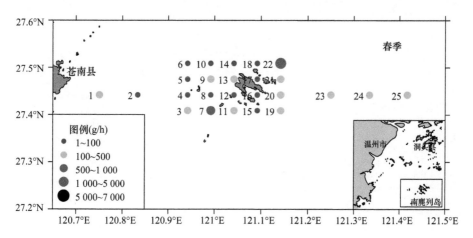

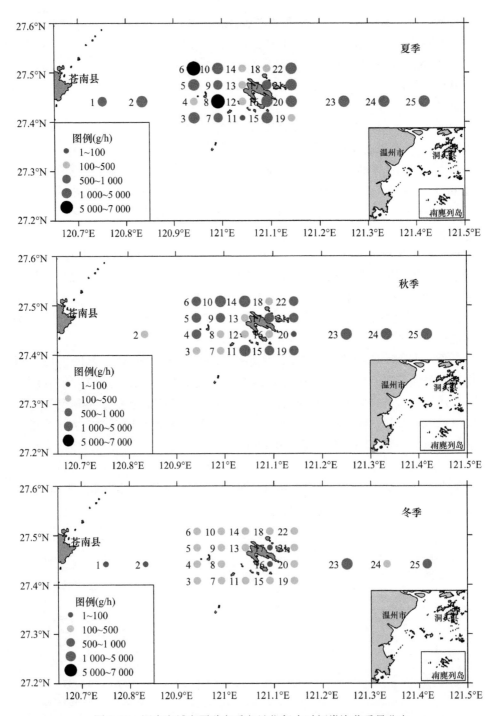

图 3-13　调查海域春夏秋冬季各站位每小时虾类渔获重量分布

春季：调查海域各站位虾类平均每小时渔获重量为 196.4g/h。从图 3-13 可以看出，虾类渔获重量较高的是 22 号、7 号、11 号、1 号、20 号、24 号、21 号站位，分别为 1014.2g/h、666.9g/h、487.6g/h、483.15g/h、423.8g/h、350.1g/h、219.1g/h，高于调查海域的平均值。其余站位虾类渔获重量则低于调查海域的平均值，虾类渔获重量最低的是 15 号、16 号站位，均为 5.7g/h。

夏季：调查海域各站位虾类平均每小时渔获重量为 1658.6g/h。从图 3-13 可以看出，虾类渔获重量较高的是 6 号、8 号、23 号、15 号、20 号、3 号、16 号、25 号站位，分别为 6975.0g/h、6002.2g/h、3226.0g/h、2928.0g/h、2637.3g/h、2125.0g/h、2000.4g/h、1986.0g/h，高于调查海域的平均值。其余站位虾类渔获重量则低于调查海域的平均值，虾类渔获重量最低的是 11 号站位，为 42.4g/h。

秋季：调查海域各站位虾类平均每小时渔获重量为 907.4g/h。从图 3-13 可以看出，虾类渔获重量较高的是 24 号、25 号、10 号、23 号、11 号、14 号、5 号站位，分别为 4700.4g/h、2155.4g/h、1867.3g/h、1776.1g/h、1266.6g/h、1198.3g/h、953.7g/h；其余站位虾类渔获重量则低于调查海域的平均值，虾类渔获重量最低的是 20 号站位，为 66.6g/h。

冬季：调查海域各站位虾类平均每小时渔获重量为 263.4g/h。从图 3-13 可以看出，虾类渔获重量较高的是 23 号、25 号、6 号、20 号、15 号、24 号、5 号、18 号站位，分别为 1172.8g/h、970.5g/h、451.1g/h、440.4g/h、385.1g/h、384.5g/h、360.6g/h、273.4g/h，高于调查海域的平均值。其余站位虾类渔获重量则低于调查海域的平均值，虾类渔获重量最低的是 12 号站位，未捕获到虾类。

调查海域春夏秋冬季各站位平均每小时虾类渔获尾数空间分布如图 3-14 所示。

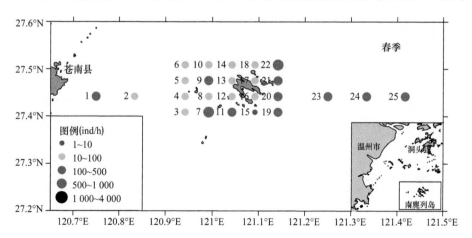

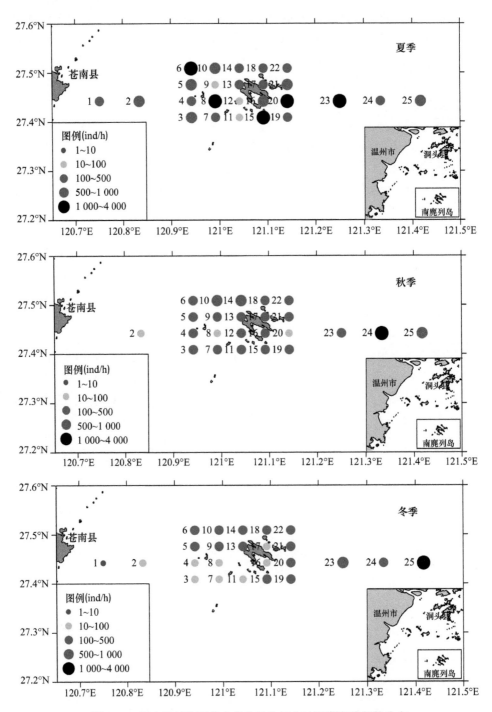

图 3-14 调查海域春夏秋冬季各站位每小时虾类渔获尾数分布

春季：调查海域各站位虾类平均每小时渔获尾数为 155ind/h。从图 3-14 可以看出，虾类渔获尾数较高的是 22 号、7 号、1 号、24 号、23 号、11 号、20 号站位，分别为 764ind/h、528ind/h、378ind/h、372ind/h、322ind/h、248ind/h、226ind/h，高于调查海域的平均值。其余站位虾类渔获尾数均低于调查海域的平均值，虾类渔获尾数最低的是 15 号站位，为 4ind/h。

夏季：调查海域各站位虾类平均每小时渔获尾数为 738ind/h。从图 3-14 可以看出，虾类渔获尾数较高的是 8 号、6 号、15 号、23 号、20 号、25 号站位，分别为 3884ind/h、3690ind/h、1360ind/h、1180ind/h、1120ind/h、980ind/h，高于调查海域的平均值。其余站位虾类渔获尾数均低于调查海域的平均值，虾类渔获尾数最低的是 11 号站位，为 22ind/h。

秋季：调查海域各站位虾类平均每小时渔获尾数为 355ind/h。从图 3-14 可以看出，虾类渔获尾数较高的是 24 号、25 号、14 号、10 号、11 号、23 号、5 号站位，分别为 1870ind/h、732ind/h、677ind/h、631ind/h、441ind/h、399ind/h、395ind/h，高于调查海域的平均值。其余站位低于调查海域的平均值；其余站位则较低，虾类渔获尾数最低的是 20 号站位，为 24ind/h。

冬季：调查海域各站位虾类平均每小时渔获尾数为 207ind/h。从图 3-14 可以看出，虾类渔获尾数较高的是 25 号、23 号、15 号、24 号、18 号、20 号、9 号站位，分别为 1282ind/h、851ind/h、340ind/h、306ind/h、242ind/h、233ind/h、209ind/h，高于调查海域的平均值。其余站位虾类渔获尾数均低于调查海域的平均值，虾类渔获尾数最低的是 12 号站位，未捕获到虾类。

3）蟹类

调查海域春夏秋冬季各站位平均每小时蟹类渔获重量空间分布如图 3-15 所示。

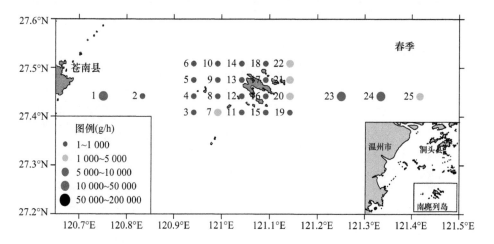

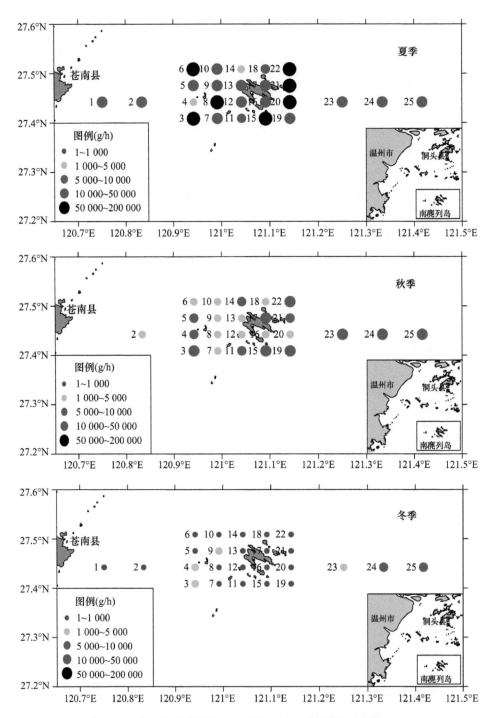

图 3-15 调查海域春夏秋冬季各站位每小时蟹类渔获重量分布

春季：调查海域各站位蟹类平均每小时渔获重量为 1600.1g/h。从图 3-15 可以看出，蟹类渔获重量较高的是 1 号、23 号、24 号、7 号、20 号、21 号、25 号、22 号站位，分别为 7304.9g/h、6279.4g/h、5006.5g/h、4367.4g/h、3948.8g/h、3254.2g/h、2998.5g/h、1900.0g/h，高于调查海域的平均值。其余站位蟹类渔获重量低于调查海域的平均值，以 17 号站位最低，为 4.7g/h。

夏季：调查海域各站位蟹类平均每小时渔获重量为 46 616.2g/h。从图 3-15 可以看出，蟹类渔获重量较高的是 6 号、3 号、15 号、8 号、20 号、21 号、22 号、1 号站位，分别为 173 769.0g/h、139 025.0g/h、111 808.0g/h、108 026.2g/h、87 378.7g/h、78 685.7g/h、66 557.0g/h、48 222.9g/h，高于调查海域的平均值。其余站位蟹类渔获重量低于调查海域的平均值，以 14 号站位最低，为 1772.1g/h。

秋季：调查海域各站位蟹类平均每小时渔获重量为 11 535.4g/h。从图 3-15 可以看出，蟹类渔获重量较高的是 24 号、25 号、23 号、17 号、19 号、3 号、22 号站位，分别为 47 655.7g/h、46 312.4g/h、42 147.2g/h、19 567.1g/h、19 320.0g/h、12 277.1g/h、11 656.0g/h，高于调查海域的平均值；其余站位蟹类渔获重量低于调查海域的平均值，渔获重量最低的是 6 号站位，为 2109.4g/h。

冬季：调查海域各站位蟹类平均每小时渔获重量为 1187.3g/h。从图 3-15 可以看出，蟹类渔获重量较高的是 24 号、25 号、9 号、23 号、3 号、4 号站位，分别为 8010.9g/h、5567.1g/h、2644.7g/h、2366.9g/h、1374.6g/h、1248.4g/h，高于调查海域的平均值。其余站位蟹类渔获重量低于调查海域的平均值，以 18 号站位最低，为 46.8g/h。

调查海域春夏秋冬季各站位平均每小时蟹类渔获尾数空间分布如图 3-16 所示。

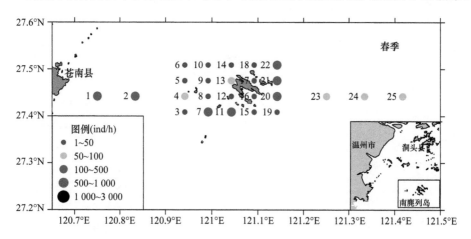

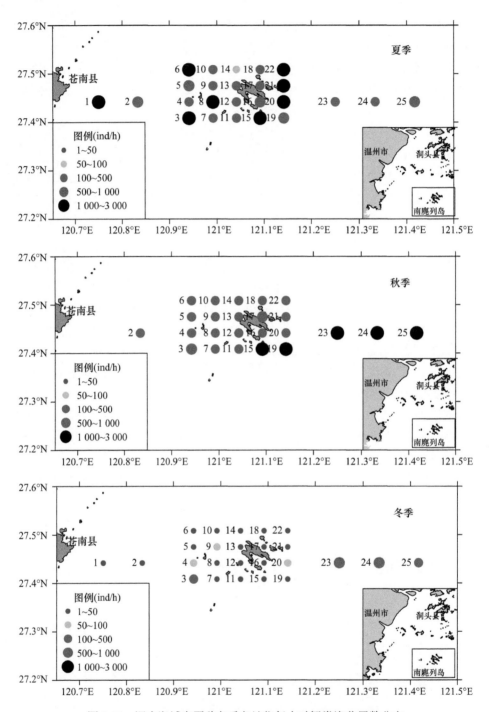

图 3-16　调查海域春夏秋冬季各站位每小时蟹类渔获尾数分布

春季：调查海域各站位蟹类平均每小时渔获尾数为 84ind/h。从图 3-16 可以看出，蟹类渔获尾数较高的是 1 号、7 号、20 号、22 号、21 号、11 号、2 号、13 号、24 号、23 号站位，分别是 449ind/h、252ind/h、232ind/h、154ind/h、119ind/h、118ind/h、102ind/h、96ind/h、91ind/h、87ind/h，均高于调查海域的平均值。其余站位蟹类渔获尾数均低于调查海域的平均值，最低的是 12 号、17 号站位，均为 2ind/h。

夏季：调查海域各站位蟹类平均每小时渔获尾数为 898ind/h。从图 3-16 可以看出，蟹类渔获尾数较高的是 3 号、8 号、6 号、15 号、21 号、20 号、1 号、22 号、19 号站位，分别是 2875ind/h、2618ind/h、2520ind/h、2200ind/h、1406ind/h、1200ind/h、1186ind/h、1096ind/h、911ind/h，均高于调查海域的平均值。其余站位蟹类渔获尾数均低于调查海域的平均值，最低的是 14 号站位，为 56ind/h。

秋季：调查海域各站位蟹类平均每小时渔获尾数为 638ind/h。从图 3-16 可以看出，蟹类渔获尾数较高的是 24 号、25 号、19 号、23 号、15 号、3 号站位，分别为 2736ind/h、2673ind/h、1445ind/h、1404ind/h、1371ind/h、689ind/h；其余站位蟹类渔获尾数低于调查海域的平均值，最低的是 6 号站位，为 118ind/h。

冬季：调查海域各站位蟹类平均每小时渔获尾数为 95ind/h。从图 3-16 可以看出，蟹类渔获尾数较高的是 24 号、23 号、25 号、3 号站位，分别是 620ind/h、581ind/h、399ind/h、120ind/h，均高于调查海域的平均值。其余站位蟹类渔获尾数均低于调查海域的平均值，最低的是 1 号、16 号站位，均为 5ind/h。

4）虾蛄类

调查海域春夏秋冬季各站位平均每小时虾蛄类渔获重量地理分布情况如下。

春季：调查海域各站位虾蛄类平均每小时渔获重量为 1071.6g/h。虾蛄类渔获重量较高的是 7 号、22 号、5 号、20 号、3 号、11 号、9 号、24 号、5 号、2 号、21 号站位，分别为 4380.0g/h、3125.4g/h、2330.0g/h、2160.0g/h、2130.0g/h、2060.0g/h、1910.0g/h、1560.0g/h、1440.0g/h、1260.0g/h、1160.0g/h，均高于调查海域平均值。其余各站位虾蛄类渔获重量均低于调查海域平均值，最低的是 16 号站位，没有捕到虾蛄。

夏季：调查海域各站位虾蛄类平均每小时渔获重量为 5265.6g/h。虾蛄类渔获重量较高的是 6 号、16 号、18 号、8 号、3 号、15 号、24 号站位，分别为 16 800.0g/h、15 000.0g/h、14 708.0g/h、14 181.8g/h、12 750.0g/h、12 200.0g/h、6075.0g/h，均高于调查海域平均值。其余各站位虾蛄类渔获重量均低于调查海域平均值，最低的是 14 号站位，为 27.6g/h。

秋季：调查海域各站位虾蛄类平均每小时渔获重量为 5940.7g/h。虾蛄类渔获重量较高的是 24 号、19 号、10 号、11 号、23 号、16 号、21 号站位，分别为 22 279.7g/h、10 779.8g/h、10 445.1g/h、9743.0g/h、8473.1g/h、8308.2g/h、6567.4g/h，高于调

查海域的平均值。其余站位虾蛄类渔获重量均低于调查海域的平均值，最低的是13号站位，为2058.1g/h。

冬季：调查海域各站位虾蛄类平均每小时渔获重量为1142.2g/h。虾蛄类渔获重量较高的是23号、24号、25号、20号、18号、21号、14号、5号站位，分别为5343.7g/h、4516.1g/h、3304.9g/h、2140.6g/h、1800.2g/h、1304.3g/h、1206.1g/h、1176.9g/h，均高于调查海域平均值。其余各站位虾蛄类渔获重量均低于调查海域平均值，最低的是12号站位，没有捕到虾蛄。

调查海域春夏秋冬季各站位平均每小时虾蛄类渔获尾数地理分布情况如下。

春季：调查海域各站位虾蛄类平均每小时渔获尾数为212ind/h。虾蛄类渔获尾数较高的是7号、20号、22号、3号、5号、11号、2号、25号、9号站位，分别是732ind/h、500ind/h、478ind/h、477ind/h、430ind/h、430ind/h、350ind/h、329ind/h、302ind/h，均高于调查海域的平均值。其余站位虾蛄类渔获尾数均低于平均值，最低的是16号站位，没有捕获虾蛄。

夏季：调查海域各站位虾蛄类平均每小时渔获尾数为616ind/h。虾蛄类渔获尾数较高的是6号、8号、3号、15号、16号、1号、21号站位，分别是2250ind/h、2138ind/h、2000ind/h、1820ind/h、1584ind/h、720ind/h、617ind/h，均高于调查海域的平均值。其余站位虾蛄类渔获尾数均低于平均值，最低的是14号站位，为5ind/h。

秋季：调查海域各站位虾蛄类平均每小时渔获尾数为834ind/h。虾蛄类渔获尾数较高的是10号、24号、19号、11号、21号、23号、16号站位，分别是3529ind/h、2460ind/h、1255ind/h、1084ind/h、996ind/h、970ind/h、900ind/h，均高于调查海域的平均值。其余站位虾蛄类渔获尾数均低于调查海域的平均值，最低的是13号站位，为279ind/h。

冬季：调查海域各站位虾蛄类平均每小时渔获尾数为160ind/h。虾蛄类渔获尾数较高的是23号、24号、20号、18号、25号、14号、5号、11号、21号站位，分别是789ind/h、442ind/h、310ind/h、293ind/h、249ind/h、226ind/h、206ind/h、191ind/h、180ind/h，均高于调查海域的平均值。其余站位虾蛄类渔获尾数均低于平均值，最低的是12号站位，没有捕获到虾蛄。

5）头足类

调查海域春夏秋冬季各站位平均每小时头足类渔获重量地理分布情况如下。

春季：调查海域各站位头足类平均每小时渔获重量为169.7g/h。头足类渔获重量较高的是25号、7号、1号、2号、24号、21号、9号、13号、11号、20号站位，分别是1057.0g/h、617.4g/h、425.6g/h、349.4g/h、296.1g/h、260.9g/h、245.5g/h、228.2g/h、188.2g/h、187.6g/h，高于调查海域的平均值。其余站位头足类渔获重量低于调查海域的平均值，在3号、15号、18号、23号站位均未捕获到头足类。

夏季：调查海域各站位头足类平均每小时渔获重量为 142.2g/h。头足类渔获重量较高的是 6 号、16 号、4 号、13 号、12 号站位，分别是 1461.0g/h、922.8g/h、309.1g/h、244.8g/h、168.4g/h，高于调查海域的平均值。其余站位头足类渔获重量低于调查海域的平均值，在 3 号、8 号、9 号、10 号、15 号、18 号、19 号、20 号、21 号、22 号、23 号、24 号、25 号站位均未捕获到头足类。

秋季：调查海域各站位头足类平均每小时渔获重量为 93.4g/h。头足类渔获重量较高的是 17 号、19 号、5 号、21 号、2 号站位，分别为 1068.4g/h、383.5g/h、257.2g/h、146.2g/h、113.0g/h；其余站位头足类渔获重量低于调查海域的平均值，在 3 号、4 号、6 号、8 号、9 号、10 号、12 号、13 号、14 号、15 号、20 号、22 号、24 号站位均未捕获到头足类。

冬季：调查海域各站位头足类平均每小时渔获重量为 88.7g/h。头足类渔获重量较高的是 18 号、2 号、4 号、21 号、1 号、23 号、5 号、14 号、16 号、6 号站位，分别是 374.3g/h、313.6g/h、305.1g/h、259.7g/h、211.1g/h、201.2g/h、136.9g/h、126.6g/h、105.7g/h、97.3g/h，高于调查海域的平均值。其余站位头足类渔获重量低于调查海域的平均值，在 3 号、7 号、8 号、10 号、11 号、13 号、15 号、19 号、20 号、22 号站位均未捕获到头足类。

调查海域春夏秋冬季各站位平均每小时头足类渔获尾数地理分布情况如下。

春季：调查海域各站位头足类平均每小时渔获尾数为 10ind/h。头足类渔获尾数较高的是 7 号、25 号、24 号、21 号、6 号站位，分别为 87ind/h、40ind/h、36ind/h、16ind/h、11ind/h，其余站位头足类渔获尾数低于调查海域的平均值，在 3 号、15 号、18 号、23 号站位未捕获到头足类。

夏季：调查海域各站位头足类平均每小时渔获尾数为 16ind/h。头足类渔获尾数较高的是 6 号、4 号、16 号、5 号、2 号、14 号站位，分别为 180ind/h、48ind/h、48ind/h、30ind/h、28ind/h、23ind/h，其余站位头足类渔获尾数低于调查海域的平均值，在 3 号、8 号、9 号、10 号、15 号、18 号、19 号、20 号、21 号、22 号、23 号、24 号、25 号站位未捕获到头足类。

秋季：调查海域各站位头足类平均每小时渔获尾数为 2ind/h。头足类渔获尾数较高的是 23 号、25 号、19 号、17 号、7 号、5 号、18 号站位，分别为 17ind/h、14ind/h、5ind/h、4ind/h、3ind/h、3ind/h、3ind/h；其余站位头足类渔获尾数低于调查海域的平均值，在 3 号、4 号、6 号、8 号、9 号、10 号、12 号、13 号、14 号、15 号、20 号、22 号、24 号站位均未捕获到头足类。

冬季：调查海域各站位头足类平均每小时渔获尾数为 3ind/h。头足类渔获尾数较高的是 18 号、23 号、4 号、14 号、2 号、1 号站位，分别为 17ind/h、10ind/h、5ind/h、4ind/h、4ind/h、4ind/h；其余站位头足类渔获尾数低于调查海域的平均值，在 3 号、7 号、8 号、10 号、11 号、13 号、15 号、19 号、20 号、22 号站位未捕获到头足类。

6）贝螺类

调查海域春夏秋冬季各站位平均每小时贝螺类渔获重量地理分布情况如下。

春季：调查海域各站位贝螺类平均每小时渔获重量为 1693.1g/h。贝螺类渔获重量较高的是 3 号、20 号、9 号、7 号、11 号站位，分别是 18 582.0g/h、5744.4g/h、4244.3g/h、3887.7g/h、1904.4g/h，高于调查海域的平均值。其余站位贝螺类渔获重量低于调查海域的平均值，最低的是 12 号、15 号、17 号、23 号站位，未捕获到贝螺类。

夏季：调查海域各站位贝螺类平均每小时渔获重量 21 526.0g/h。贝螺类渔获重量较高的是 21 号、19 号、10 号、8 号站位，分别是 185 225.1g/h、161 446.7g/h、108 217.5g/h、32 273.5g/h，高于调查海域的平均值。其余站位贝螺类渔获重量低于调查海域的平均值，最低的是 2 号、4 号站位，未捕获到贝螺类。

秋季：调查海域各站位贝螺类平均每小时渔获重量为 4757.2g/h。贝螺类渔获重量较高的是 24 号、14 号、13 号、25 号、4 号站位，分别是 34 438.2g/h、32 983.7g/h、21 485.0g/h、8622.9g/h、5957.7g/h，高于调查海域的平均值。其余站位贝螺类渔获重量低于调查海域的平均值，最低的是 2 号、10 号、22 号站位，未捕获到贝螺类。

冬季：调查海域各站位贝螺类平均每小时渔获重量为 5398.3g/h。贝螺类渔获重量较高的是 8 号、21 号、4 号站位，分别是 61 882.9g/h、51 145.2g/h、5723.2g/h，高于调查海域的平均值。其余站位贝螺类渔获重量低于调查海域的平均值，最低的是 1 号、22 号站位，未捕获到贝螺类。

调查海域春夏秋冬各站位平均每小时贝螺类渔获尾数地理分布情况如下。

春季：调查海域各站位贝螺类平均每小时渔获尾数为 194ind/h。贝螺类渔获尾数较高的是 3 号、20 号、9 号、7 号、8 号站位，分别是 2211ind/h、646ind/h、455ind/h、408ind/h、266ind/h，高于调查海域的平均值。其余站位贝螺类渔获尾数低于调查海域的平均值，最低的是 12 号、15 号、17 号、23 号站位，未捕获到贝螺类。

夏季：调查海域各站位贝螺类平均每小时渔获尾数为 2390ind/h。贝螺类渔获尾数较高的是 21 号、19 号、10 号、8 号站位，分别是 22 149ind/h、19 711ind/h、9015ind/h、4167ind/h，高于调查海域的平均值。其余站位贝螺类渔获尾数低于调查海域的平均值，最低的是 2 号、4 号站位，未捕获到贝螺类。

秋季：调查海域各站位贝螺类平均每小时渔获尾数为 696ind/h。贝螺类渔获尾数较高的是 13 号、24 号、14 号、4 号站位，分别是 8266ind/h、4035ind/h、2649ind/h、710ind/h，高于调查海域的平均值。其余站位贝螺类渔获尾数低于调查海域的平均值，最低的是 2 号、10 号、22 号站位，未捕获到贝螺类。

冬季：调查海域各站位贝螺类平均每小时渔获尾数为 540ind/h。贝螺类渔获尾数较高的是 21 号、8 号、4 号站位，分别是 6026ind/h、5392ind/h、569ind/h，高于调查海域的平均值。其余站位贝螺类渔获尾数低于调查海域的平均值，最低的是 1 号、22 号站位，未捕获到贝螺类。

3. 优势种数量时空分布

调查海域春夏秋冬季各站位优势种数量空间分布如图 3-17～图 3-26 所示。

1）三疣梭子蟹

三疣梭子蟹在秋、冬季为优势种，其他季节为常见种。调查海域春、夏、秋、冬季各站位每小时渔获重量空间分布如图 3-17 所示。

春季：三疣梭子蟹为常见，平均每小时渔获重量为 1383.7g/h。从图 3-17 可以看出，渔获重量较高的是 1 号、23 号、24 号、7 号、20 号、21 号、25 号、22 号

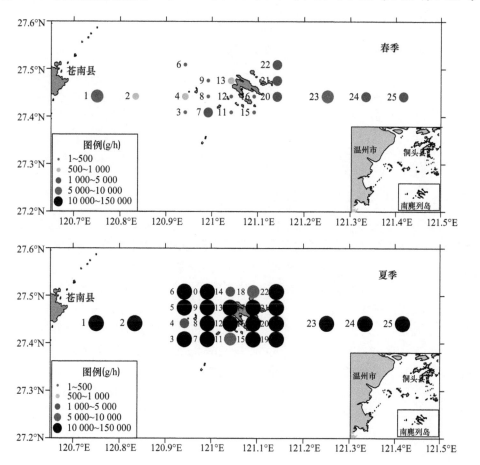

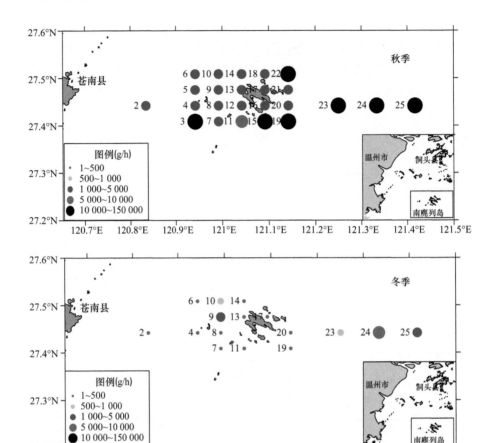

图 3-17　调查海域春夏秋冬季各站位三疣梭子蟹每小时渔获重量分布

站位，分别为6150.0g/h、6068.3g/h、4940.0g/h、3899.4g/h、3438.0g/h、2970.0g/h、2821.6g/h、1472.0g/h；其余站位渔获重量低于调查海域的平均值，最低的是5号、10号、14号、17号、18号、19号站位，未捕获到三疣梭子蟹。

夏季：三疣梭子蟹为第一优势种，平均每小时渔获重量为44 518.6g/h。从图3-17可以看出，渔获重量较高的是6号、3号、15号、8号、20号、21号、22号、5号站位，分别为142 500.0g/h、138 000.0g/h、109 200.0g/h、106 690.9g/h、86 133.3g/h、78 171.4g/h、66 260.9g/h、46 264.0g/h；其余站位渔获重量低于调查海域的平均值，最低的是14号站位，为1725g/h。

秋季：三疣梭子蟹为第二优势种，平均每小时渔获重量为8999.6g/h。从图3-17可以看出，渔获重量较高的是25号、24号、23号、19号、3号、22号、15号站位，分别为 42 207.1g/h、40 548.0g/h、34 136.7g/h、15 946.4g/h、11 195.4g/h、10 321.0g/h、10 285.7g/h；其余站位渔获重量低于调查海域的平均值，最低的是

10 号站位，为 1474.7g/h。

冬季：三疣梭子蟹为常见种，平均每小时渔获重量为 591.9g/h。从图 3-17 可以看出，渔获重量较高的是 24 号、25 号、9 号站位，分别为 6625.5g/h、4122.8g/h、2244.9g/h；其余站位渔获重量低于调查海域的平均值，在 1 号、3 号、5 号、12 号、15 号、16 号、18 号、21 号、22 号站位，未捕获到三疣梭子蟹。

调查海域春夏秋冬季各站位三疣梭子蟹每小时渔获尾数空间分布如图 3-18 所示。

春季：三疣梭子蟹为常见种，平均每小时渔获尾数为 33ind/h。从图 3-18 可以看出，渔获尾数较高的是 1 号、23 号、24 号、7 号、2 号、20 号、25 号站位，分别为 390ind/h、72ind/h、70ind/h、66ind/h、42ind/h、42ind/h、42ind/h；其余站位渔获尾数低于调查海域的平均值，在 5 号、10 号、14 号、17 号、18 号、19 号站位，未捕获到三疣梭子蟹。

夏季：三疣梭子蟹为第一优势种，平均每小时渔获尾数为 837ind/h。从图 3-18 可以看出，渔获尾数较高的是 3 号、8 号、6 号、15 号、21 号、20 号、22 号站位，

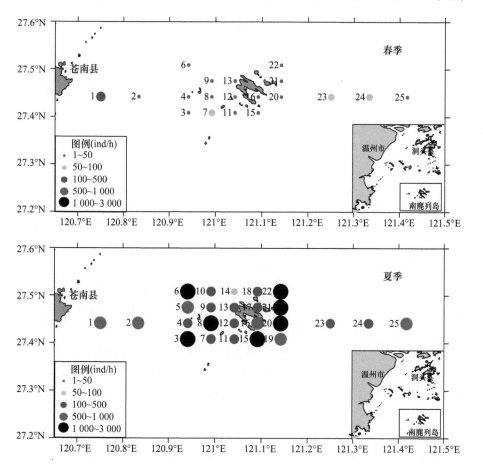

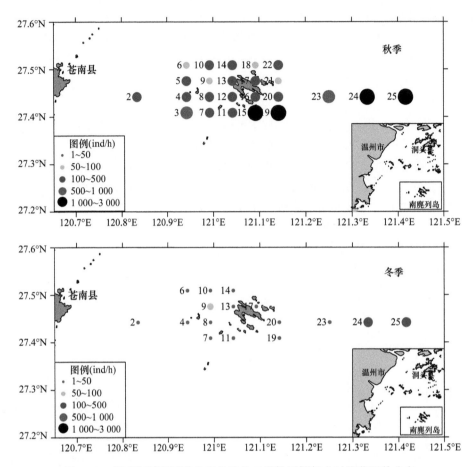

图3-18　调查海域春夏秋冬季各站位三疣梭子蟹每小时渔获尾数分布

分别为2775ind/h、2531ind/h、2400ind/h、2060ind/h、1371ind/h、1147ind/h、1083ind/h；其余站位渔获尾数低于调查海域的平均值，最低的是14号站位，为54ind/h。

秋季：三疣梭子蟹为第二优势种，平均每小时渔获尾数为391ind/h。从图3-18可以看出，渔获尾数较高的是24号、25号、19号、15号、23号、3号站位，分别为1476ind/h、1126ind/h、1118ind/h、1020ind/h、762ind/h、625ind/h；其余站位渔获尾数低于调查海域的平均值，最低的是6号站位，为78ind/h。

冬季：三疣梭子蟹为常见种，平均每小时渔获尾数为20ind/h。从图3-18可以看出，渔获尾数较高的是24号、25号、9号、23号站位，分别为254ind/h、103ind/h、54ind/h、27ind/h；其余站位渔获尾数低于调查海域的平均值，在1号、3号、5号、12号、15号、16号、18号、21号、22号站位，未捕获到三疣梭子蟹。

2）龙头鱼

龙头鱼在夏季为优势种，其他季节为常见种。调查海域春夏秋冬季各站位每小时龙头鱼渔获重量空间分布如图 3-19 所示。

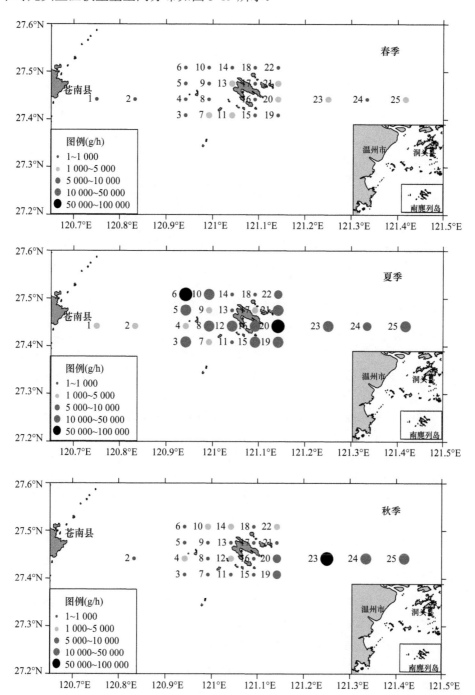

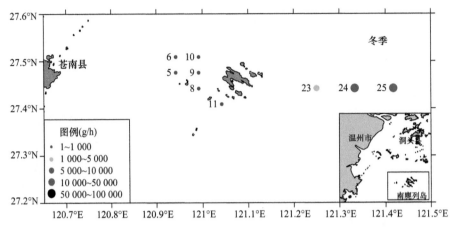

图 3-19　调查海域春夏秋冬季各站位龙头鱼每小时渔获重量分布

春季：龙头鱼为常见种，平均每小时渔获重量为 638.2g/h。从图 3-19 可以看出，渔获重量较高的是 13 号、25 号、23 号、20 号、7 号、11 号、21 号、22 号、24 号站位，分别为 2279.4g/h、1800.0g/h、1750.0g/h、1703.2g/h、1384.5g/h、1360.0g/h、1318.1g/h、702.2g/h、640.0g/h；其余站位渔获重量低于调查海域的平均值，最低的是 12 号站位，未捕获到龙头鱼。

夏季：龙头鱼为第三优势种，平均每小时渔获重量为 17 736.5g/h。从图 3-19 可以看出，渔获重量较高的是 20 号、6 号、23 号、3 号、15 号、21 号、8 号、16 号、5 号站位，分别为 94 133.3g/h、51 600.0g/h、45 400.0g/h、37 750.0g/h、35 800.0g/h、29 142.9g/h、26 836.4g/h、24 600.0g/h、18 900.0g/h；其余站位渔获重量低于调查海域的平均值，最低的是 13 号站位，仅为 6.4g/h。

秋季：龙头鱼为常见种，平均每小时渔获重量为 5778.1g/h。从图 3-19 可以看出，渔获重量较高的是 23 号、24 号、25 号、19 号、20 号站位，分别为 53 659.6g/h、32 320.0g/h、25 321.4g/h、6228.5g/h、5826.0g/h；其余站位渔获重量低于调查海域的平均值，最低的是 13 号站位，仅为 86.7g/h。

冬季：龙头鱼为常见种，平均每小时渔获重量为 790.2g/h。从图 3-19 可以看出，渔获重量较高的是 25 号、24 号、23 号、10 号站位，分别为 7506.9g/h、7049.7g/h、2635.4g/h、938.2g/h；其余站位渔获重量低于调查海域的平均值，在 1 号、2 号、3 号、4 号、7 号、12 号、13 号、14 号、15 号、16 号、17 号、18 号、19 号、20 号、21 号、22 号站位，均未捕获到龙头鱼。

调查海域春夏秋冬季各站位龙头鱼每小时渔获尾数空间分布如图 3-20 所示。

春季：龙头鱼为常见种，平均每小时渔获尾数为 32ind/h。从图 3-20 可以看出，渔获尾数较高的是 13 号、20 号、1 号、21 号、11 号、22 号、7 号、25 号、4 号站位，分别为 147ind/h、114ind/h、81ind/h、49ind/h、48ind/h、48ind/h、42ind/h、

41ind/h、36ind/h；其余站位渔获尾数低于调查海域的平均值，最低的是 12 号站位，未捕获到龙头鱼。

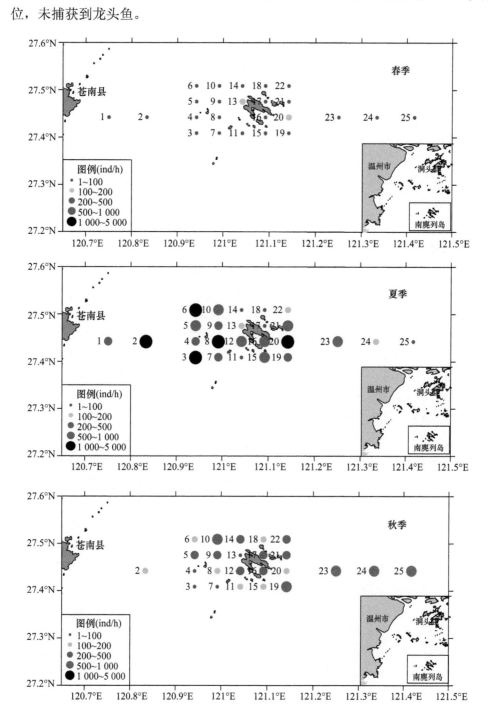

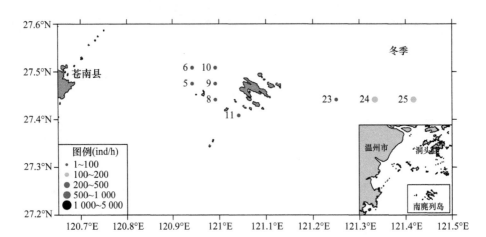

图 3-20 调查海域春夏秋冬季各站位龙头鱼每小时渔获尾数分布

夏季：龙头鱼为第三优势种，平均每小时渔获尾数为 763ind/h。从图 3-20 可以看出，渔获尾数较高的是 2 号、6 号、20 号、3 号、8 号、15 号、23 号站位，分别为 4840ind/h、2520ind/h、2000ind/h、1675ind/h、1113ind/h、860ind/h、770ind/h；其余站位渔获尾数低于调查海域的平均值，最低的是 18 号站位，仅为 24ind/h。

秋季：龙头鱼为常见种，平均每小时渔获尾数为 301ind/h。从图 3-20 可以看出，渔获尾数较高的是 24 号、23 号、10 号、19 号、25 号、14 号、22 号、17 号、9 号、12 号、21 号、5 号站位，分别为 689ind/h、658ind/h、600ind/h、573ind/h、521ind/h、463ind/h、450ind/h、416ind/h、380ind/h、360ind/h、353ind/h、322ind/h；其余站位渔获尾数低于调查海域的平均值，最低的是 3 号站位，仅为 32ind/h。

冬季：龙头鱼为常见种，平均每小时渔获尾数为 19ind/h。从图 3-20 可以看出，渔获尾数较高的是 25 号、24 号、23 号、9 号、10 号站位，分别为 190ind/h、153ind/h、65ind/h、26ind/h、25ind/h；其余站位渔获尾数低于调查海域的平均值，在 1 号、2 号、3 号、4 号、7 号、12 号、13 号、14 号、15 号、16 号、17 号、18 号、19 号、20 号、21 号、22 号站位，均未捕获到龙头鱼。

3）六丝钝尾虾虎鱼

六丝钝尾虾虎鱼在春季为唯一优势种。在其他季节均为常见种。调查海域春夏秋冬季各站位六丝钝尾虾虎鱼每小时渔获重量空间分布如图 3-21 所示。

春季：六丝钝尾虾虎鱼是唯一优势种，平均每小时渔获重量为 464.3g/h。从图 3-21 可以看出，渔获重量较高的是 11 号、7 号、3 号、9 号、4 号、25 号、22 号站位，分别是 3840.0g/h、1605.3g/h、1427.7g/h、1073.0g/h、530.0g/h、499.8g/h、467.8g/h；其余站位渔获重量低于调查海域的平均值，最低的是 20 号站位，未捕获到六丝钝尾虾虎鱼。

夏季：六丝钝尾虾虎鱼是常见种，平均每小时渔获重量为 1387.7g/h。从图 3-21
可以看出，渔获重量较高的是 6 号、15 号、21 号、3 号、8 号、12 号、16 号、10

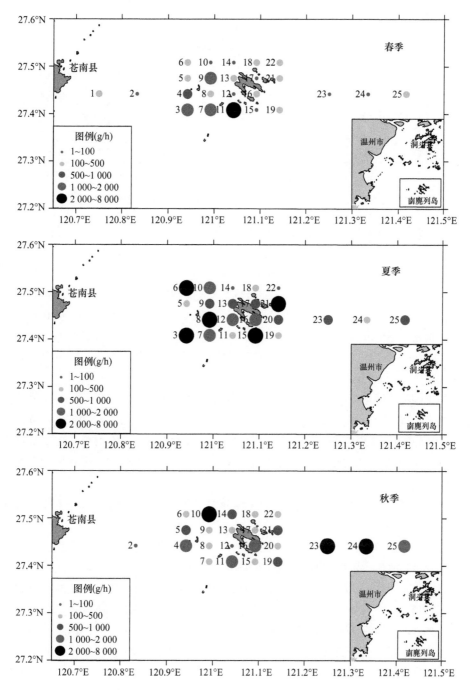

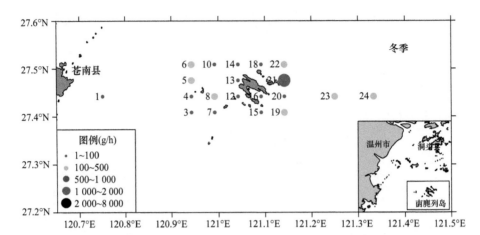

图 3-21　调查海域春夏秋冬季各站位六丝钝尾虾虎鱼每小时渔获重量分布

号站位，分别是 6300.0g/h、6156.0g/h、3630.9g/h、3485.0g/h、2836.4g/h、1880.0g/h、1836.0g/h、1783.5g/h；其余站位渔获重量低于调查海域的平均值，最低的是 1 号、2 号、4 号站位，未捕获到六丝钝尾虾虎鱼。

秋季：六丝钝尾虾虎鱼是常见种，平均每小时渔获重量为 1009.1g/h。从图 3-21 可以看出，渔获重量较高的是 24 号、23 号、10 号、25 号、11 号、4 号、16 号站位，分别为 7255.3g/h、4467.0g/h、2027.0g/h、1574.3g/h、1497.3g/h、1148.7g/h、1087.2g/h；其余站位渔获重量低于调查海域的平均值，最低的是 3 号站位，未捕获到六丝钝尾虾虎鱼。

冬季：六丝钝尾虾虎鱼是常见种，平均每小时渔获重量为 131.5g/h。从图 3-21 可以看出，渔获重量较高的是 21 号、23 号、24 号、5 号、8 号、22 号站位，分别是 1064.9g/h、392.5g/h、375.8g/h、298.3g/h、190.5g/h、142.4g/h；其余站位渔获重量低于调查海域的平均值，在 2 号、9 号、11 号、17 号、25 号站位，未捕获到六丝钝尾虾虎鱼。

调查海域春夏秋冬季各站位六丝钝尾虾虎鱼每小时渔获尾数空间分布如图 3-22 所示。

春季：六丝钝尾虾虎鱼为唯一优势种，平均每小时渔获尾数为 562ind/h。从图 3-22 可以看出，渔获尾数较高的是 11 号、7 号、3 号、9 号、4 号站位，分别是 4784ind/h、2295ind/h、1692ind/h、1251ind/h、1044ind/h；其余站位渔获尾数则低于调查海域的平均值，最低的是 20 号站位，未捕获到六丝钝尾虾虎鱼。

夏季：六丝钝尾虾虎鱼为常见种，平均每小时渔获尾数为 603ind/h。从图 3-22 可以看出，渔获尾数较高的是 6 号、15 号、3 号、21 号、8 号、12 号、16 号、10 号站位，分别是 3030ind/h、2400ind/h、2175ind/h、1406ind/h、1265ind/h、728ind/h、

708ind/h、675ind/h；其余站位渔获尾数低于调查海域的平均值，最低的是 1 号、2 号、4 号站位，未捕获到六丝钝尾虾虎鱼。

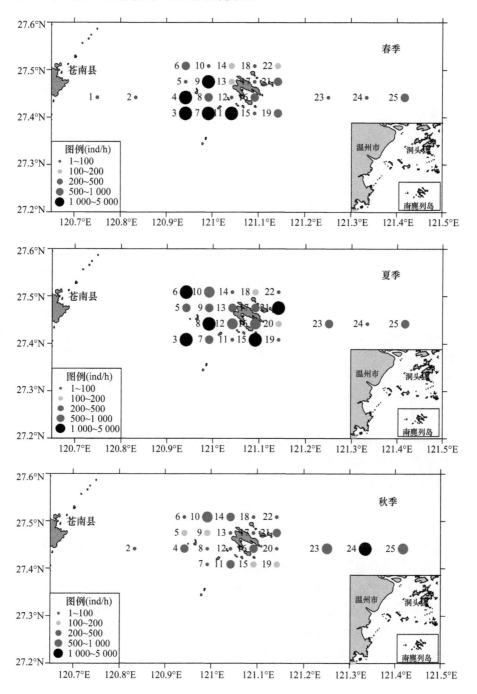

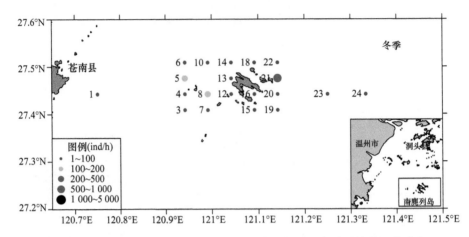

图 3-22　调查海域春夏秋冬季各站位六丝钝尾虾虎鱼每小时渔获尾数分布

秋季：六丝钝尾虾虎鱼为常见种，平均每小时渔获尾数为 296ind/h。从图 3-22 可以看出，渔获尾数较高的是 24 号、23 号、10 号、25 号、11 号、16 号、4 号站位，分别为 2165ind/h、970ind/h、651ind/h、563ind/h、441ind/h、367ind/h、329ind/h；其余站位渔获尾数则低于调查海域的平均值，最低的是 3 号站位，未捕获到六丝钝尾虾虎鱼。

冬季：六丝钝尾虾虎鱼为常见种，平均每小时渔获尾数为 47ind/h。从图 3-22 可以看出，渔获尾数较高的是 21 号、8 号、5 号、24 号、23 号站位，分别是 474ind/h、138ind/h、109ind/h、94ind/h、84ind/h；在 2 号、9 号、11 号、17 号、25 号站位，未捕获到六丝钝尾虾虎鱼。

4）口虾蛄

口虾蛄在秋季为优势种。在其他季节均为常见种。调查海域春夏秋冬季各站位口虾蛄每小时渔获重量空间分布如图 3-23 所示。

春季：口虾蛄是常见种，平均每小时渔获重量为 1071.6g/h。从图 3-23 可以看出，渔获重量较高的是 7 号、22 号、25 号、20 号、3 号、11 号、9 号、24 号、5 号、2 号、21 号站位，分别是 4380.0g/h、3125.4g/h、2330.0g/h、2160.0g/h、2130.0g/h、2060.0g/h、1910.0g/h、1560.0g/h、1440.0g/h、1260.0g/h、1160.0g/h；其余站位渔获重量低于调查海域的平均值，最低的是 16 号站位，未捕获虾蛄类。

夏季：口虾蛄是常见种，平均每小时渔获重量为 5265.6g/h。从图 3-23 可以看出，渔获重量较高的是 6 号、16 号、18 号、8 号、3 号、15 号、24 号站位，分别是 16 800.0g/h、15 000.0g/h、14 708.0g/h、14 181.8g/h、12 750.0g/h、12 200.0g/h、6075.0g/h；其余站位渔获重量低于调查海域的平均值，最低的是 14 号站位，为 27.6g/h。

秋季：口虾蛄是第一优势种，平均每小时渔获重量为 5940.7g/h。从图 3-23 可以看出，渔获重量较高的是 24 号、19 号、10 号、11 号、23 号、16 号、21 号

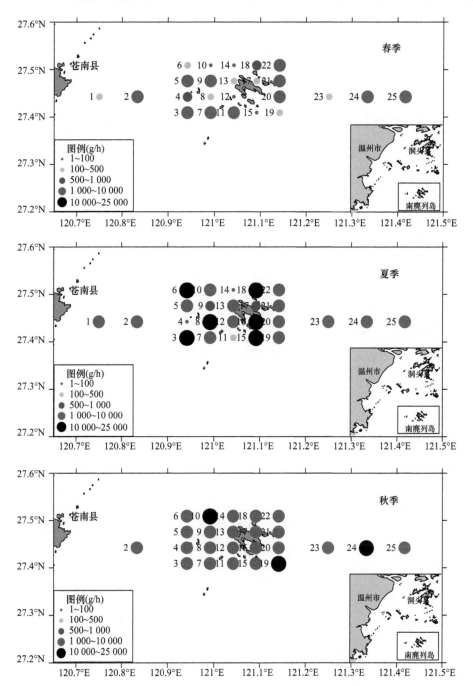

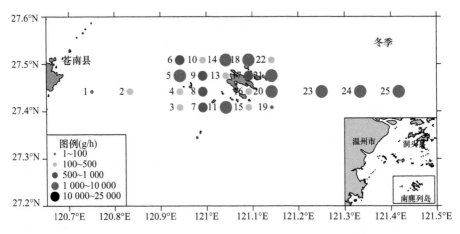

图 3-23　调查海域春夏秋冬季各站位口虾蛄每小时渔获重量分布

站位,分别为 22 279.7g/h、10 779.8g/h、10 445.1g/h、9743.0g/h、8473.1g/h、8308.2g/h、6567.4g/h;其余站位渔获重量低于调查海域的平均值,最低的是 13 号站位,为 2058.1g/h。

　　冬季:口虾蛄是常见种,平均每小时渔获重量为 1142.2g/h。从图 3-23 可以看出,渔获重量较高的是 23 号、24 号、25 号、20 号、18 号、21 号、14 号、5 号站位,分别是 5343.7g/h、4516.1g/h、3304.9g/h、2140.6g/h、1800.2g/h、1304.3g/h、1206.1g/h、1176.9g/h;其余站位渔获重量低于调查海域的平均值,最低的是 12 号站位,未捕获到口虾蛄。

　　调查海域春夏秋冬季各站位口虾蛄每小时渔获尾数空间分布如图 3-24 所示。

　　春季:口虾蛄为常见种,平均每小时渔获尾数为 204ind/h。从图 3-24 可以看出,渔获尾数较高的是 7 号、20 号、22 号、3 号、5 号、11 号、2 号、25 号、9

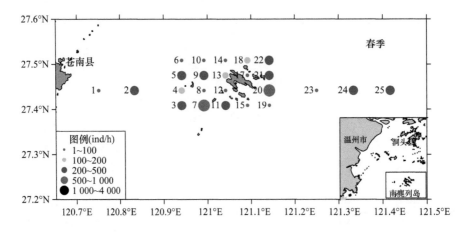

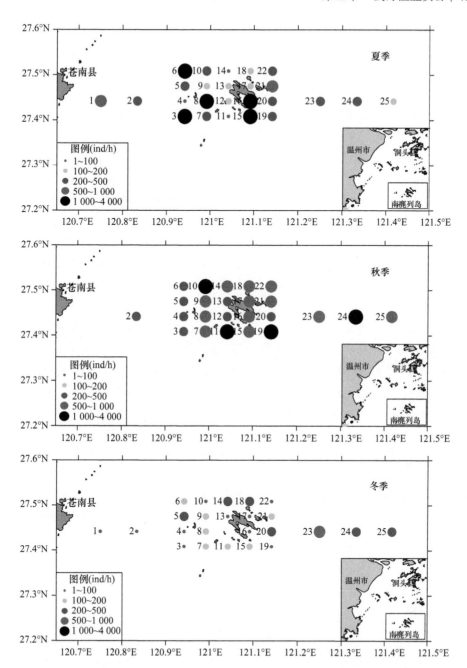

图 3-24　调查海域春夏秋冬季各站位口虾蛄每小时渔获尾数分布

号、21 号站位，分别是 732ind/h、500ind/h、478ind/h、477ind/h、430ind/h、430ind/h、350ind/h、329ind/h、302ind/h、210ind/h；其余站位渔获尾数低于调查海域的平均值，最低的是 16 号站位，未捕获到口虾蛄。

夏季：口虾蛄为常见种，平均每小时渔获尾数为616ind/h。从图3-24可以看出，渔获尾数较高的是6号、8号、3号、15号、16号、1号、21号站位，分别2250ind/h、2138ind/h、2000ind/h、1820ind/h、1584ind/h、720ind/h、617ind/h；其余站位渔获尾数低于调查海域的平均值，最低的是14号站位，为5ind/h。

秋季：口虾蛄为第一优势种，平均每小时渔获尾数为834ind/h。从图3-24可以看出，渔获尾数较高的是10号、24号、19号、11号、21号、23号、16号站位，分别为3529ind/h、2460ind/h、1255ind/h、1084ind/h、996ind/h、970ind/h、900ind/h；其余站位渔获尾数则低于调查海域的平均值，最低的是13号站位，为279ind/h。

冬季：口虾蛄为常见种，平均每小时渔获尾数为160ind/h。从图3-24可以看出，渔获尾数较高的是23号、24号、20号、18号、25号、14号、5号、11号、21号站位，分别是789ind/h、442ind/h、310ind/h、293ind/h、249ind/h、226ind/h、206ind/h、191ind/h、180ind/h；其余站位渔获尾数低于调查海域的平均值，最低的是12号站位，未捕获到口虾蛄。

5）棒锥螺

棒锥螺在冬、夏季为优势种，在春、秋季为常见种。调查海域春夏秋冬季各站位棒锥螺每小时渔获重量空间分布如图3-25所示。

春季：棒锥螺是常见种，平均每小时渔获重量为1411.3g/h。从图3-25可以看出，渔获重量较高的是3号、20号、9号、7号站位，分别是17 340.0g/h、5580.0g/h、4150.0g/h、3153.0g/h；其余站位渔获重量低于调查海域的平均值，在5号、12号、15号、16号、17号、23号、24号站位，未捕获到棒锥螺。

夏季：棒锥螺是第二优势种，平均每小时渔获重量为21 116.8g/h。从图3-25可以看出，渔获重量较高的是21号、19号、10号、8号站位，分别183 085.7g/h、161 111.1g/h、107 550.0g/h、32 273.5g/h；其余站位渔获重量低于调查海域的平均值，在2号、4号、11号、13号、14号、23号、24号、25号站位，未捕获到棒锥螺。

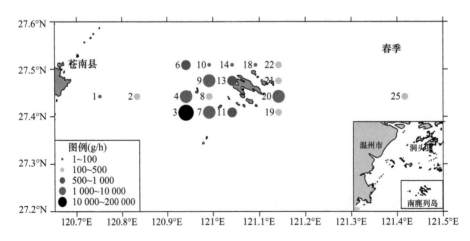

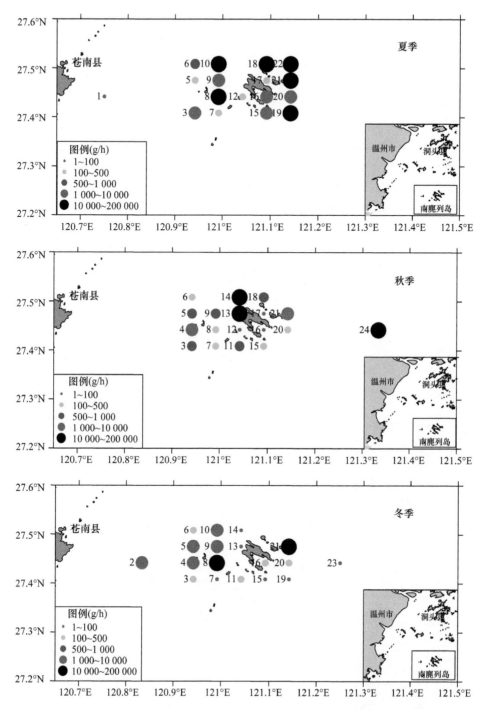

图 3-25 调查海域春夏秋冬季各站位棒锥螺每小时渔获重量分布

　　秋季：棒锥螺是常见种，平均每小时渔获重量为 4152.2g/h。从图 3-25 可以看出，渔获重量较高的是 24 号、14 号、13 号、4 号站位，分别为 33 855.6g/h、32 485.7g/h、21 379.7g/h、5845.2g/h；其余站位渔获重量低于调查海域的平均值，在 2 号、10 号、19 号、22 号、23 号、25 号站位，未捕获到棒锥螺。

　　冬季：棒锥螺是唯一优势种，平均每小时渔获重量为 5213.2g/h。从图 3-25 可以看出，渔获重量较高的是 8 号、21 号、4 号站位，分别是 61 623.2g/h、51 069.9g/h、5700.0g/h；其余站位渔获重量低于调查海域的平均值，在 1 号、17 号、18 号、22 号、24 号、25 号站位，未捕获到棒锥螺。

　　调查海域春夏秋冬季各站位棒锥螺每小时渔获尾数空间分布如图 3-26 所示。

　　春季：棒锥螺为常见种，平均每小时渔获尾数为 175ind/h。从图 3-26 可以看出，渔获尾数较高的是 3 号、20 号、9 号、7 号、8 号站位，分别是 2139ind/h、620ind/h、437ind/h、300ind/h、255ind/h；其余站位渔获重量低于调查海域的平均值，在 5 号、12 号、15 号、16 号、17 号、23 号、24 号站位，未捕获到棒锥螺。

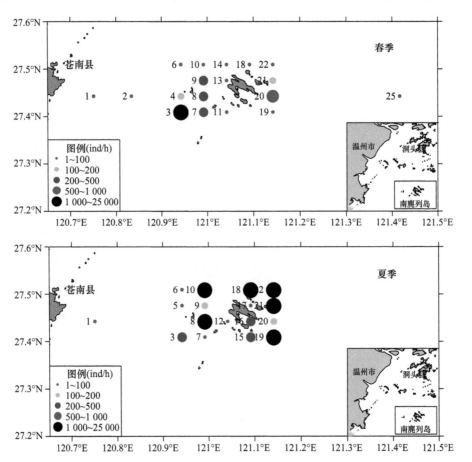

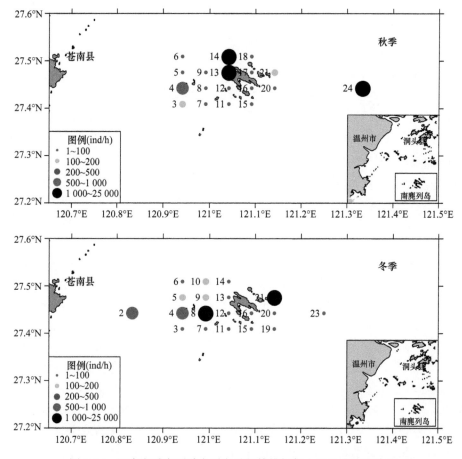

图 3-26　调查海域春夏秋冬季各站位棒锥螺每小时渔获尾数分布

夏季：棒锥螺为第二优势种，平均每小时渔获尾数为 2355ind/h。从图 3-26 可以看出，渔获尾数较高的是 21 号、19 号、10 号、8 号站位，分别是 22 011ind/h、19 644ind/h、8895ind/h、4167ind/h；其余站位渔获重量低于调查海域的平均值，在 2 号、4 号、11 号、13 号、14 号、23 号、24 号、25 号站位，未捕获到棒锥螺。

秋季：棒锥螺为常见种，平均每小时渔获尾数为 664ind/h。从图 3-26 可以看出，渔获尾数较高的是 13 号、24 号、14 号、4 号站位，分别为 8233ind/h、3858ind/h、2554ind/h、697ind/h；其余站位渔获尾数则低于调查海域的平均值，在 2 号、10 号、19 号、22 号、23 号、25 号站位，未捕获到棒锥螺。

冬季：棒锥螺为唯一优势种，平均每小时渔获尾数为 527ind/h。从图 3-26 可以看出，渔获尾数较高的是 21 号、8 号、4 号站位，分别是 6015ind/h、5365ind/h、567ind/h；其余站位渔获重量低于调查海域的平均值，在 1 号、17 号、18 号、22 号、24 号、25 号站位，未捕获到棒锥螺。

4. 基本特征及评价

第一，从不同季节的数量变化来看，以夏季的生物量为最高，生物量为
2 882 106.00g，约占年间总渔获重量组成的 63.33%，其次是秋季，生物量为
1 022 462.81g，约占年间渔获重量组成的 22.47%，冬季居第三，生物量为
402 223.90g，约占年间渔获重量组成 8.84%，春季最少，生物量为 243 014.07g，
约占年间渔获重量组成的 5.34%。也就是说，夏季，南麂列岛调查海域的生物种
类数在 4 个季节中最少，但是，生物量最大。

第二，不同生物类群在不同季节的数量变化趋势是，鱼类 4 个季度的总渔获
量为 71 702.5g，其中以夏季生物量最高，约占年间鱼类总渔获重量的 55.9%，秋
季次之，约占 27.0%，冬季居第三，约占 11.1%，春季最低，约占 6.0%；虾类 4
个季度的总渔获量为 3025.8g，其中也以夏季生物量最高，约占年间虾类总渔获重
量的 54.8%，秋季数量也较多，约占 30.0%，冬季居第三，约占 8.7%，春季最低，
约占 6.5%；蟹类 4 个季度的总渔获量为 60 939.0g，其中也以夏季生物量为绝对优
势，约占年间蟹类总渔获重量的 76.5%，秋季次之，约占 18.9%，春、冬季数量
较少，分别约占 2.6%、1.9%；虾蛄类 4 个季度的总渔获量为 13 420.1g，其中以
秋季生物量为最高，约占年间虾蛄总渔获重量的 44.3%，夏季次之，约占 39.2%，
冬、春季数量较少，分别约占 8.5%、8.0%；头足类 4 个季度的总渔获量为 494.0g，
其中以春季生物量最高，约占年间头足类总渔获重量的 34.4%，夏季次之，约占
28.8%，秋、冬季数量较少，分别约占 18.9%、18.0%；贝螺类 4 个季度的总渔获
量为 33 374.6g，其中以夏季生物量为最高，约占年间贝螺类总渔获重量的 64.5%，
冬、秋季次之，分别约占 16.2%、14.3%，春季最少，约占 5.1%。

第三，不同水深带每小时平均生物量和平均丰度如表 3-7 所示。从表 3-7 可
以看出，春季、秋季、冬季生物量以水深大于 45m 的区域最高，夏季则是以 15～
45m 水深带区域的生物量最高。生物量最低的水深带，除春季是出现在 15～45m
水深带之外，其他 3 个季节均以小于 15m 水深带为最低。每小时平均丰度则不同，
春季是水深小于 15m 的区域最高，夏季是水深为 15～45m 的区域最高，秋、冬季
是水深大于 45m 的区域最高。

表 3-7 南麂列岛海域春夏秋冬季不同水深带每小时平均生物量与平均丰度

季节	平均生物量（g/h）			平均丰度（ind/h）		
	<15m	15～45m	>45m	<15m	15～45m	>45m
春季	10 821.8	9 357.0	13 205.2	2 168	2 150	1 133
夏季	42 554.5	126 245.0	90 124.8	4 931	8 009	4 238
秋季	7 378.6	23 223.0	183 541.7	923	2 897	9 680
冬季	4 489.2	15 260.8	29 343.5	509	1 344	2 558

第四，大黄鱼是亚热带底层鱼类，结群性强，主要分布在东海、黄海和南海的沿岸近海，是我国近海的主要捕捞对象，以东海为主，但是，由于超强度的捕捞，我国大黄鱼资源早在20世纪70年代开始就已衰退，80年代之后几近枯竭。然而，随着南麂列岛国家级海洋自然保护区的设立，以及浙江省大黄鱼等海洋资源增殖放流项目的实施，大黄鱼资源数量出现增加现象，本次调查捕获了一定数量的大黄鱼资源，表明保护区设立及渔业资源增殖放流计划的实施取得了良好的成效。

第二节 群落结构及生物多样性

一、生物多样性

南麂列岛海域地处亚热带，一年四季分明，气候适宜，保护区内岛礁星罗棋布，又是台湾暖流与江浙沿岸流的交汇区，复杂的流系及终年存在的上升流，形成了南麂列岛海域海水清澈、水质肥沃、饵料丰富、生物种类繁多的生态环境，为众多海洋生物的生息、繁殖提供了十分理想的条件。加上特殊的地理位置，南麂列岛已成为我国若干暖水种分布的北线和若干冷水种分布的南线，是一种很特殊的生物分布混合区和过渡区，其生物区系组成复杂，呈现出很好的生物多样性。

根据本次调查结果，调查海域春、夏、秋、冬季各站位生物多样性指数如表3-8~表3-11所示。

表3-8　南麂列岛调查海域春季各站位物种多样性

站位	物种数	重量			尾数		
		生物多样性指数（H'）	均匀性指数（J'）	丰度指数（d）	生物多样性指数（H'）	均匀性指数（J'）	丰度指数（d）
1	37	2.92	0.56	3.76	3.35	0.64	4.72
2	32	3.27	0.65	3.54	2.00	0.40	4.08
3	35	2.57	0.50	3.26	2.58	0.50	3.85
4	39	3.36	0.64	4.25	2.13	0.40	4.67
5	32	2.79	0.56	3.72	1.66	0.33	4.06
6	29	3.59	0.74	3.43	2.39	0.49	3.89
7	47	3.84	0.69	4.53	3.25	0.59	5.34
8	31	3.85	0.78	3.75	2.93	0.59	4.40
9	41	2.89	0.54	4.36	2.43	0.45	5.14
10	27	3.90	0.82	3.94	3.27	0.69	4.83
11	41	3.69	0.69	4.04	1.89	0.35	4.54
12	22	2.68	0.60	3.30	1.69	0.38	3.27

续表

站位	物种数	重量			尾数		
		生物多样性指数（H'）	均匀性指数（J'）	丰度指数（d）	生物多样性指数（H'）	均匀性指数（J'）	丰度指数（d）
13	43	3.24	0.60	4.87	3.57	0.66	6.14
14	22	2.23	0.50	2.60	2.09	0.47	3.05
15	17	2.09	0.51	2.40	3.32	0.81	3.55
16	23	3.09	0.68	3.30	1.82	0.40	3.64
17	22	3.30	0.74	3.39	3.22	0.72	3.91
18	27	2.62	0.55	3.10	3.14	0.66	4.11
19	33	3.67	0.73	4.22	2.71	0.54	4.68
20	43	3.32	0.61	4.25	3.49	0.64	5.51
21	38	3.36	0.64	4.00	3.56	0.68	5.17
22	37	3.72	0.71	3.84	3.61	0.69	4.56
23	27	1.58	0.33	2.86	2.61	0.55	3.97
24	35	2.99	0.58	3.65	3.33	0.65	5.06
25	43	3.91	0.72	4.31	3.47	0.64	5.76
平均		3.14	0.63	3.71	2.78	0.56	4.48

表 3-9　南麂列岛调查海域夏季各站位物种多样性

站位	物种数	重量			尾数		
		生物多样性指数（H'）	均匀性指数（J'）	丰度指数（d）	生物多样性指数（H'）	均匀性指数（J'）	丰度指数（d）
1	25	1.74	0.37	2.18	3.28	0.71	2.96
2	25	1.91	0.41	2.36	1.62	0.35	2.73
3	22	2.27	0.51	1.69	3.03	0.68	2.24
4	22	2.36	0.53	2.25	2.52	0.56	3.14
5	25	2.26	0.49	2.10	3.29	0.71	2.85
6	23	2.47	0.55	1.74	3.24	0.72	2.24
7	28	2.77	0.58	2.58	3.55	0.74	3.50
8	28	2.37	0.49	2.21	3.20	0.67	2.78
9	21	2.06	0.47	1.94	3.13	0.71	2.72
10	25	1.94	0.42	2.00	2.08	0.45	2.53
11	23	1.82	0.40	2.45	3.15	0.70	3.74
12	24	2.21	0.48	2.20	2.72	0.59	2.99
13	29	1.84	0.38	2.75	3.69	0.76	3.81
14	21	3.06	0.70	2.37	2.95	0.67	3.21
15	22	2.32	0.52	1.72	3.38	0.76	2.25
16	21	2.98	0.68	1.76	3.36	0.77	2.30

续表

站位	物种数	重量			尾数		
		生物多样性 指数（H'）	均匀性指 数（J'）	丰度指 数（d）	生物多样性指 数（H'）	均匀性指 数（J'）	丰度指数（d）
17	23	2.18	0.48	2.14	3.52	0.78	2.99
18	19	2.24	0.53	1.69	2.52	0.59	2.31
19	18	1.83	0.44	1.37	0.90	0.22	1.70
20	21	2.55	0.58	1.59	3.03	0.69	2.17
21	21	2.17	0.49	1.57	1.63	0.37	1.95
22	20	1.99	0.46	1.65	2.84	0.66	2.29
23	19	2.66	0.63	1.54	3.02	0.71	2.08
24	19	2.57	0.61	1.63	3.28	0.77	2.32
25	28	2.65	0.55	2.37	3.61	0.75	3.20
平均		2.29	0.51	1.99	2.90	0.64	2.68

表 3-10　南麂列岛调查海域秋季各站位物种多样性

站位	物种数	重量			尾数		
		生物多样性 指数（H'）	均匀性指 数（J'）	丰度指数（d）	生物多样性指 数（H'）	均匀性指 数（J'）	丰度指 数（d）
1	—	—	—	—	—	—	—
2	30	2.63	0.54	3.26	2.82	0.58	4.25
3	26	2.99	0.64	2.46	3.04	0.65	3.38
4	43	3.39	0.62	4.14	3.60	0.66	5.33
5	48	3.67	0.66	4.87	3.95	0.71	6.12
6	36	3.61	0.70	3.82	3.81	0.74	4.90
7	37	2.38	0.46	3.83	2.75	0.53	5.01
8	25	2.31	0.50	2.69	2.54	0.54	3.51
9	28	3.20	0.67	2.82	3.33	0.69	3.51
10	22	3.02	0.68	2.04	2.63	0.59	2.39
11	38	3.25	0.62	3.64	3.55	0.68	4.58
12	35	3.42	0.67	3.55	3.50	0.68	4.59
13	37	1.57	0.30	3.51	0.80	0.15	3.95
14	29	1.89	0.39	2.60	2.80	0.58	3.27
15	25	2.48	0.53	2.42	3.17	0.67	3.15
16	39	2.91	0.55	3.73	2.79	0.53	4.85
17	38	2.84	0.54	3.55	3.67	0.70	4.74
18	30	3.11	0.63	2.99	3.16	0.64	3.96
19	27	2.48	0.52	2.46	2.91	0.61	3.08
20	19	2.65	0.62	1.83	2.88	0.67	2.77

站位	物种数	重量			尾数		
		生物多样性指数（H'）	均匀性指数（J'）	丰度指数（d）	生物多样性指数（H'）	均匀性指数（J'）	丰度指数（d）
21	38	3.32	0.63	3.68	3.25	0.62	4.60
22	25	2.81	0.61	2.35	3.53	0.76	3.03
23	30	3.11	0.63	2.39	3.61	0.74	3.29
24	36	3.28	0.63	2.83	3.70	0.71	3.61
25	29	2.85	0.59	2.37	3.52	0.72	3.21
平均		2.88	0.58	3.08	3.14	0.63	3.96

表 3-11　南麂列岛调查海域冬季各站位物种多样性

站位	物种数	重量			尾数		
		生物多样性指数（H'）	均匀性指数（J'）	丰度指数（d）	生物多样性指数（H'）	均匀性指数（J'）	丰度指数（d）
1	12	2.46	0.68	1.60	3.39	0.95	2.71
2	30	2.26	0.46	3.23	2.46	0.50	4.22
3	26	3.41	0.72	2.85	3.66	0.78	3.92
4	29	2.78	0.57	2.98	2.83	0.58	3.98
5	30	3.67	0.75	3.22	3.65	0.74	4.21
6	34	3.62	0.71	3.78	3.77	0.74	5.07
7	35	4.11	0.80	3.98	4.03	0.79	5.35
8	31	0.69	0.14	2.70	0.94	0.19	3.44
9	32	3.30	0.66	3.42	3.82	0.76	4.54
10	33	3.35	0.66	3.43	3.82	0.76	4.73
11	39	2.86	0.54	4.25	3.61	0.68	6.10
12	11	1.86	0.54	1.38	2.39	0.69	2.23
13	27	2.40	0.50	2.85	3.23	0.68	4.04
14	27	2.72	0.57	2.83	3.03	0.64	3.64
15	36	3.17	0.61	3.81	3.51	0.68	5.01
16	26	2.71	0.58	2.74	3.79	0.81	4.39
17	22	1.75	0.39	2.20	3.84	0.86	3.74
18	33	2.83	0.56	3.30	3.22	0.64	4.40
19	33	3.27	0.65	3.81	3.80	0.75	5.38
20	36	3.32	0.64	3.99	3.41	0.66	5.17
21	31	1.70	0.34	2.66	1.42	0.29	3.36
22	25	3.03	0.65	2.50	3.56	0.77	3.82
23	52	3.50	0.61	4.98	3.52	0.62	6.41
24	48	3.41	0.61	4.54	3.81	0.68	6.11
25	49	3.31	0.59	4.68	3.45	0.61	6.09
平均		2.86	0.58	3.27	3.28	0.67	4.48

春季：调查海域各站位物种数为17～47种，物种数差异较大。其中，调查海域各站位生物（重量）多样性指数为1.58～3.91，平均为3.14；均匀性指数为0.33～0.82，平均为0.63；丰度指数为2.40～4.87，平均为3.71；调查海域各站位生物（尾数）多样性指数为1.66～3.61，平均为2.78；均匀性指数为0.33～0.81，平均为0.56；丰度指数为3.05～6.14，平均为4.48，如表3-8所示，表明调查海域生物种类较丰富。

夏季：调查海域各站位物种数为18～29种，物种数差异较大。其中，调查海域各站位生物（重量）多样性指数为1.74～3.06，平均为2.29；均匀性指数为0.37～0.70，平均为0.51；丰度指数为1.37～2.75，平均为1.99；调查海域各站位生物（尾数）多样性指数为0.90～3.69，平均为2.90；均匀性指数为0.22～0.78，平均为0.64；丰度指数为1.7～3.81，平均为2.68，如表3-9所示，也表明调查海域生物种类较丰富。

秋季：调查海域各站位物种数为19～48种，物种数差异较大。其中，调查海域各站位生物（重量）多样性指数为1.57～3.67，平均为2.88；均匀性指数为0.30～0.70，平均为0.58；丰度指数为1.83～4.87，平均为3.08；调查海域各站位生物（尾数）多样性指数为0.80～3.95，平均为3.14；均匀性指数为0.15～0.76，平均为0.63；丰度指数为2.39～6.12，平均为3.96，如表3-10所示，同样表明调查海域生物种类较丰富。

冬季：调查海域各站位物种数为11～52种，物种数差异较大。其中，调查海域各站位生物（重量）多样性指数为0.69～4.11，平均为2.86；均匀性指数为0.14～0.80，平均为0.58；丰度指数为1.38～4.98，平均为3.27；调查海域各站位生物（尾数）多样性指数为0.94～4.03，平均为3.28；均匀性指数为0.19～0.95，平均为0.67；丰度指数为2.23～6.41，平均为4.48，如表3-11所示，也表明调查海域生物种类较丰富。

二、区系特征

南麂列岛调查海域常年受到黑潮的分支——高温高盐的台湾暖流的影响，水温相对较高。根据不同生物生长与繁殖的适温性，可以将本次调查所获得的生物划分为两种不同的适温类型。

（1）暖水性种类：如尖头斜齿鲨、斑鰶、鳓、龙头鱼、鲻、海鳗、花鲈、鲐、鲾、竹荚鱼、白姑鱼、大黄鱼、银鲳、四指马鲅、六指马鲅、绿鳍鱼、纤羊舌鲆、大鳞舌鳎、黄鳍马面鲀、黄鳍东方鲀、横纹东方鲀、锈斑蟳、善泳蟳、中国枪乌贼、小孔蛸等。

（2）暖温性种类：如赤魟、光魟、奈氏魟、中国魟、日本鳀、刀鲚、凤鲚、长蛇鲻、舒氏海龙、带鱼、黑姑鱼、棘头梅童鱼、小黄鱼、尖头黄鳍牙鰔、黄姑鱼、鮸、横带髭鲷、刺鲳、灰鲳、黑鲷、褐菖鲉、短吻三线舌鳎、短吻红舌鳎、宽体舌鳎、窄体舌鳎、黄鮟鱇、哈氏仿对虾、中华管鞭虾、葛氏长臂虾、刀额新对虾、三疣梭子蟹、红星梭子蟹、日本蟳、口虾蛄、日本无针乌贼、日本枪乌贼、长蛸等。

三、生态群落

根据鱼类的生态习性，可将在南麂列岛调查海域所获得的生物分为以下 3 种生态群落。

（1）广温低盐生态群落：分布在河口、港湾、岛屿周围的沿岸水域，本次调查所获得的属于本生态群落的生物有凤鲚、棘头梅童鱼、鮸、花鲈、皮氏叫姑鱼、短吻三线舌鳎、安氏白虾、脊尾白虾、细螯虾、鞭腕虾、巨指长臂虾、中国对虾、鲜明鼓虾、锯缘青蟹、日本蟳等。

（2）广温广盐生态类群：分布在沿岸低盐水和外海高盐水的混合水区，本次调查所获得的属于本生态群落的生物有赤魟、龙头鱼、日本鳀、黄鲫、大黄鱼、小黄鱼、多齿蛇鲻、白姑鱼、黑姑鱼、带鱼、葛氏长臂虾、中华管鞭虾、哈氏仿对虾、细巧仿对虾、周氏新对虾、刀额新对虾、鹰爪虾、戴氏赤虾、扁足异对虾、滑脊等腕虾、口虾蛄、三疣梭子蟹、红星梭子蟹、细点圆趾蟹、日本蟳、双斑蟳、纤手梭子蟹、变态蟳、七刺栗壳蟹、隆线强蟹、日本无针乌贼、真蛸等。

（3）高温广盐生态类群：对温度要求较高，对盐度适应性较宽，主要分布在近海，本次调查所获得的属于本生态群落的生物有黄鳍东方鲀、锈斑蟳、善泳蟳等。

四、基本特征及评价

第一，由于南麂列岛调查海域常年受到高温高盐的台湾暖流的影响，水温度和盐度相对较高，因此，分布在该海域的生物热带性成分极为明显，本次调查所获得的生物种类以来自南方的暖温性和暖水性种类为主，未见有来自北方的冷水性和冷温性种类。

第二，分布在南麂列岛调查海域的生物以沿岸、近海性的广温广盐性种类为主，其次是广温低盐的河口性种类，还有少部分高温广盐性近海种。

第三，不同水深带的生物多样性如表 3-12 所示，从表 3-12 可以看出，生物多样性指数具有随着水深增加而增加的趋势，特别是尾数生物多样性指数，这种趋势更加明显。

表 3-12　南麂列岛海域春夏秋冬季不同水深带生物多样性指数

季节	水深（m）	重量			尾数		
		生物多样性指数（H'）	均匀性指数（J'）	丰度指数（d）	生物多样性指数（H'）	均匀性指数（J'）	丰度指数（d）
春季	<15	3.10	0.61	3.65	2.68	0.52	4.40
	15~45	3.19	0.64	3.73	2.74	0.55	4.42
	>45	2.83	0.54	3.61	3.14	0.61	4.93
夏季	<15	1.83	0.39	2.27	2.45	0.53	2.85
	15~45	2.28	0.51	1.99	2.89	0.64	2.69
	>45	2.63	0.60	1.85	3.30	0.74	2.53
秋季	<15	2.63	0.54	3.26	2.82	0.58	4.25
	15~45	2.87	0.58	3.15	3.08	0.62	4.04
	>45	3.08	0.62	2.53	3.61	0.72	3.37
冬季	<15	2.36	0.57	2.42	2.93	0.73	3.47
	15~45	2.83	0.58	3.13	3.27	0.67	4.33
	>45	3.41	0.60	4.73	3.59	0.64	6.20

　　第四，南麂列岛及附近海域渔业资源种类繁多，根据《走进贝藻王国》（蔡厚才等，2011）记载，南麂列岛及附近海域有鱼类 397 种、甲壳类 257 种、贝类 427类、藻类 637 种和其他海洋生物 158 种。每年不同季节都有大量的鱼、虾、蟹、贝藻类洄游或栖息在这里。本次底拖网调查并鉴定的生物种类有 195 种，其中鱼类有 103 种，贝螺类有 30 种、虾类有 25 种、蟹类有 23 种、头足类有 12 种、虾蛄类有 1 种。比较历史上在该海域开展的调查研究结果可知，生物群落结构发生了较大的变化，其中鱼类资源，根据与成庆泰等（1964）调查结果的比较，在 20世纪 60 年代初，调查海域不同季节出现的鱼类种类以秋季最多，有 89 种，春季最少，有 39 种，夏季、冬季出现的种类数几乎相等，分别有 78 种、75 种。而本次调查以春季最多，有 58 种，夏季最少，有 42 种，秋季和冬季出现种数几乎相等，分别有 51 种、55 种。从鱼类群落结构上来看，也发生了较大的变化，优势种类组成已从 60 年代初的孔鳐、何氏鳐、赤缸、鲻、黄鲫、龙头鱼、海鳗、大黄鱼、小黄鱼、棘头梅童鱼、叫姑鱼、黑姑鱼、白姑鱼、鮸、带鱼、银鲳、短吻三线舌鳎、宽体舌鳎等 18 种，演变为目前的龙头鱼、六丝钝尾虾虎鱼、六指马鲅、棘头梅童鱼、绿鳍鱼、凤鲚、红鳗虾虎鱼等 7 种，当然，这可能也与调查网具不同及调查站位设置不同有关。另外，从渔获数量上来看，渔获量季节变化与何贤保等（2013）调查结果相似，均以夏、秋季较高，春、冬季较少。本次调查的鱼类渔获量季节变化规律是夏季>秋季>冬季>春季。春季和夏季鱼类的渔获量高密集区主要集中在保护区，秋季和冬季鱼类的渔获量高密集区主要集中在保护区

外侧海域。夏、秋季鱼类的渔获量较高，优势种主要有龙头鱼、鮸、六指马鲅、棘头梅童鱼、海鳗、六丝钝尾虾虎鱼和小黄鱼等。

与仇林根（1992）调查结果相比，还可以发现南麂列岛海域的虾蟹类群落结构也发生了较大的变化，20 世纪 90 年代初，调查海域共有虾类 79 种，而本次调查只有 25 种，两者相差 53 种。而优势种已从 90 年代初的中国毛虾、高脊管鞭虾、中华管鞭虾、长缝拟对虾、哈氏仿对虾、须赤虾、戴氏赤虾、周氏新对虾、脊尾白虾、日本对虾、细螯虾等演变为目前的哈氏仿对虾、中华管鞭虾、周氏新对虾、细巧仿对虾、脊尾白虾、葛氏长臂虾、安氏白虾等，同时，根据仇林根（1992）报道，20 世纪 90 年代初，调查海域共有蟹类 128 种，而本次调查共有 23 种，两者相差 105 种，优势种类则已从 90 年代初的遁形长臂蟹、豆形拳蟹、橄榄拳蟹、红点黎明蟹、红线黎明蟹、锯缘青蟹、红星梭子蟹、三疣梭子蟹、矛形梭子蟹、日本蟳、锈斑蟳、武士蟳、双斑蟳、福建佘氏蟹、隆线强蟹、痕掌沙蟹、弧边招潮蟹、日本大眼蟹、六齿猴面蟹、韦氏毛带蟹、粗腿厚纹蟹、字纹弓蟹、狭颚绒螯蟹、中华绒螯蟹、绒螯近方蟹、中华近方蟹、平背蜞、沈氏厚蟹、天津厚蟹、伍氏厚蟹、长足长方蟹等演变为目前的三疣梭子蟹、日本蟳、红星梭子蟹、双斑蟳、矛形梭子蟹、锯缘青蟹等，虾蟹类资源的群落结构演替十分明显。

第三节 资源量评估

一、生物资源密度

1. 总生物资源密度

根据生物资源密度估算方法计算得出调查海域不同调查站位的渔业资源密度（重量、尾数），如表 3-13 所示。

表 3-13 南麂列岛调查海域春夏秋冬季各站位渔业资源密度

调查站位	春季		夏季	
	重量密度（g/km²）	尾数密度（ind/km²）	重量密度（g/km²）	尾数密度（ind/km²）
1	453 662.86	65 390	1 679 006.29	93 353
2	219 953.23	69 560	729 864.07	185 783
3	1 074 662.23	217 084	6 990 572.90	333 272
4	253 625.32	111 390	326 515.90	22 671
5	131 329.24	64 176	2 625 927.92	127 365
6	111 517.21	41 954	8 531 251.44	518 800
7	824 899.29	182 070	1 005 144.68	63 060
8	107 421.41	31 870	5 900 414.17	474 261

续表

调查站位	春季		夏季	
	重量密度（g/km²）	尾数密度（ind/km²）	重量密度（g/km²）	尾数密度（ind/km²）
9	482 417.50	78 461	864 938.96	44 833
10	24 079.95	7 003	4 722 102.10	368 510
11	662 312.18	217 675	228 931.62	10 104
12	18 991.32	19 141	1 005 131.10	62 154
13	187 905.76	31 559	744 378.02	44 040
14	99 861.60	30 594	82 991.07	14 392
15	24 347.61	2 863	5 757 466.83	316 431
16	24 406.74	13 103	2 497 068.44	169 820
17	18 589.83	7 407	814 740.14	44 719
18	168 575.20	24 245	1 234 433.49	69 287
19	76 223.60	32 150	7 081 937.68	629 592
20	667 652.90	72 455	8 418 019.18	283 788
21	359 316.28	46 124	9 709 244.82	824 840
22	506 236.02	106 752	2 921 902.17	111 860
23	303 786.43	26 704	3 400 873.56	161 895
24	382 471.87	31 061	1 782 898.58	66 018
25	546 705.39	47 992	2 468 731.13	131 894
平均	309 238.04	63 151	3 260 979.45	206 910

调查站位	秋季		冬季	
	重量密度（g/km²）	尾数密度（ind/km²）	重量密度（g/km²）	尾数密度（ind/km²）
1	—	—	29 720.14	1 768
2	226 667.80	28 347	242 925.22	29 152
3	794 478.16	49 677	199 985.31	17 780
4	790 779.95	81 517	371 482.56	34 737
5	475 742.53	66 867	245 067.34	29 853
6	291 402.09	38 953	186 696.57	20 436
7	370 823.36	40 708	157 313.99	17 634
8	228 264.25	38 043	2 028 696.75	184 770
9	440 266.25	66 867	263 708.11	28 196
10	921 594.67	204 021	339 084.29	26 352
11	803 713.81	99 342	231 234.08	15 507
12	441 574.65	51 015	42 354.06	2 624
13	879 022.26	280 516	274 367.28	19 218
14	1 475 288.74	159 041	298 229.41	38 008
15	628 298.48	85 840	298 056.42	33 454

续表

调查站位	秋季		冬季	
	重量密度（g/km²）	尾数密度（ind/km²）	重量密度（g/km²）	尾数密度（ind/km²）
16	824 011.97	62 881	276 708.63	9 059
17	1 047 284.20	75 079	417 472.29	8 806
18	503 840.65	46 371	499 902.84	43 139
19	1 223 793.93	142 261	133 653.54	11 661
20	561 619.79	29 491	196 056.79	26 610
21	712 112.51	76 603	2 363 503.32	231 839
22	854 195.38	84 787	444 824.66	16 715
23	5 759 966.66	204 934	856 379.48	86 059
24	7 089 189.73	497 041	950 787.52	66 364
25	4 065 943.95	190 167	866 031.71	80 608
平均	1 308 744.82	112 515	488 569.69	43 214

调查海域春夏秋冬季各站位渔业资源重量密度空间分布如图 3-27 所示。

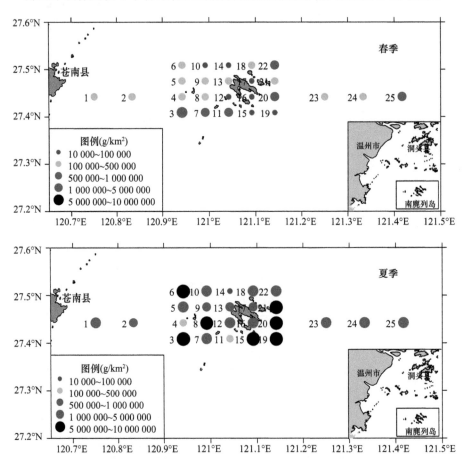

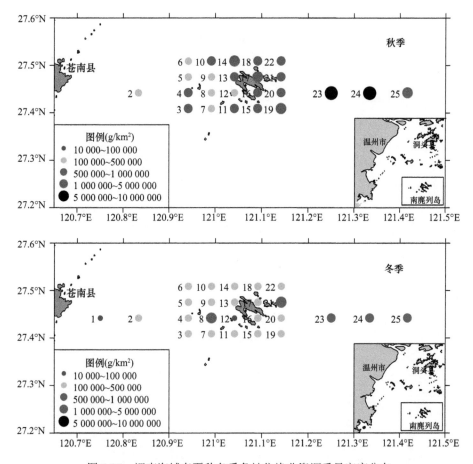

图 3-27　调查海域春夏秋冬季各站位渔业资源重量密度分布

春季：调查海域各站位渔业资源重量密度为 18 589.83～1 074 662.23g/km²，平均值为 309 238.04g/km²。从图 3-27 可以看出，渔业资源重量密度最高的是 3 号站位；7 号、20 号、11 号、25 号、22 号、9 号、1 号、24 号、21 号站位也高于调查海域的平均值；其余站位低于调查海域的平均值，其中最低的是 17 号站位。

夏季：调查海域各站位渔业资源重量密度为 82 991.07g/km²～9 709 244.82g/km²，平均值为 3 260 979.45g/km²。从图 3-27 可以看出，渔业资源重量密度最高的是 21 号站位；6 号、20 号、19 号、3 号、8 号、15 号、10 号、23 号站位也高于调查海域的平均值；其余站位低于调查海域的平均值，其中最低的是 14 号站位。

秋季：调查海域各站位渔业资源重量密度为 226 667.80g/km²～7 089 189.73g/km²，平均值为 1 308 744.82g/km²。从图 3-27 可以看出，渔业资源重量密度最高的是 24 号站位；23 号、25 号、14 号站位也高于调查海域的平均值；其余站位低于调查海域的平均值，其中最低的是 2 号站位。

冬季：调查海域各站位渔业资源重量密度为 29 720.14g/km²～2 363 503.32g/km²，平均值为 488 569.69g/km²。从图 3-27 可以看出，渔业资源重量密度最高的是 21 号站位；8 号、24 号、25 号、23 号、18 号站位也高于调查海域的平均值；其余站位低于调查海域的平均值，其中最低的是 1 号站位。

调查海域春夏秋冬季各站位渔业资源尾数密度空间分布如图 3-28 所示。

春季：调查海域各站位渔业资源尾数密度为 2863～217 675ind/km²，平均值为 63 151ind/km²。从图 3-28 可以看出，渔业资源尾数密度最高是 11 号站位，3 号、7 号、4 号、22 号、9 号、20 号、2 号、1 号、5 号站位也高于调查海域的平均值；其余站位则较低，最低的是 15 号站位。

夏季：调查海域各站位渔业资源尾数密度为 10 104～824 840ind/km²，平均值为 206 910ind/km²。从图 3-28 可以看出，渔业资源尾数密度最高是 21 号站位，19 号、6 号、8 号、10 号、3 号、15 号、20 号站位也高于调查海域的平均值；其余站位则较低，最低的是 11 号站位。

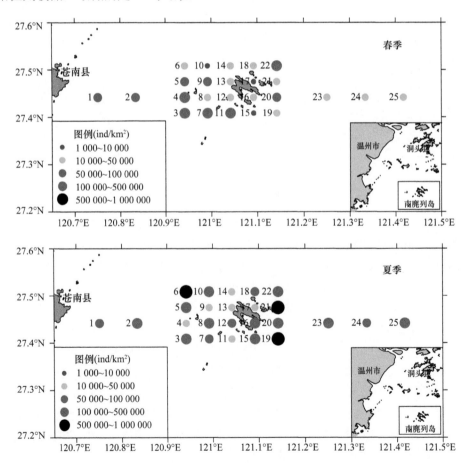

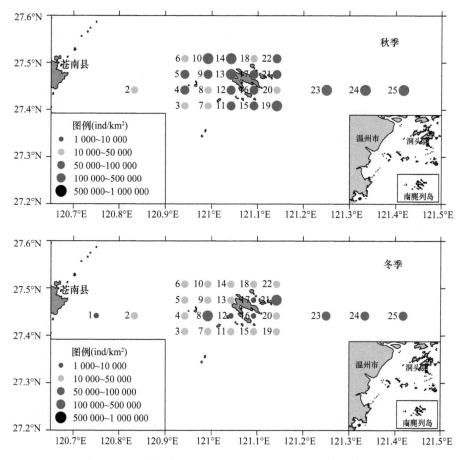

图 3-28　调查海域春夏秋冬季各站位渔业资源尾数密度分布

秋季：调查海域各站位渔业资源尾数密度为 28 347～497 041ind/km²，平均值为 112 515ind/km²。从图 3-28 可以看出，渔业资源尾数密度最高是 24 号站位；13 号、23 号、10 号、25 号、14 号、19 号站位也高于调查海域的平均值；其余站位低于调查海域的平均值，其中最低的是 2 号站位。

冬季：调查海域各站位渔业资源尾数密度为 1768～231 839ind/km²，平均值为 43 214ind/km²。从图 3-28 可以看出，渔业资源尾数密度最高是 21 号站位；8 号、23 号、25 号、24 号站位也高于调查海域的平均值；其余站位低于调查海域的平均值，其中最低的是 1 号站位。

2. 不同类群渔业资源密度

调查海域春夏秋冬季不同类群渔业资源密度如表 3-14 所示。

表 3-14 南麂列岛调查海域春夏秋冬季不同类群渔业资源密度

类群	春季		夏季	
	重量密度（g/km²）	尾数密度（ind/km²）	重量密度（g/km²）	尾数密度（ind/km²）
鱼类	133 954.2	38 604	1 134 248.8	75 077
虾类	6 111.3	4 830	46 944.8	20 897
蟹类	49 800.0	2 611	1 319 164.7	25 352
虾蛄类	33 351.6	6 333	149 033.2	17 434
头足类	5 282.0	311	4 024.5	458
贝螺类	52 693.3	6 049	609 513.8	67 692
其他	21 341.6	4 413	—	—
合计	302 534.0	63 151	3 262 929.8	206 910

类群	秋季		冬季	
	重量密度（g/km²）	尾数密度（ind/km²）	重量密度（g/km²）	尾数密度（ind/km²）
鱼类	594 408.6	34 691	242 036.1	12 434
虾类	27 875.7	10 895	7 999.0	6 301
蟹类	354 364.1	19 596	36 055.4	2 880
虾蛄类	182 498.4	25 630	34 684.7	4 851
头足类	2 868.5	76	2 693.0	77
贝螺类	146 141.7	21 393	163 929.5	16 386
其他	587.8	233	1 172.0	285
合计	1 308 744.8	112 514	488 569.7	43 214

3. 不同种类资源密度

调查海域春季不同种类资源密度如表 3-15 所示。

表 3-15 南麂列岛调查海域春季不同种类资源密度

种类	重量密度（g/km²）	尾数密度（ind/km²）	种类	重量密度（g/km²）	尾数密度（ind/km²）
白姑鱼	47.0	88	中华栉孔虾虎鱼	2 007.5	477
背带鰏	24.6	15	竹荚鱼	876.3	767
赤鼻棱鳀	67.0	12	扁足异对虾	2.1	2
赤刀鱼	5.2	5	戴氏赤虾	482.9	260
刺鲳	0.4	1	刀额仿对虾	12.2	2
刺冠海龙	54.3	26	东海红虾	16.9	35
大黄鱼	2.1	1	葛氏长臂虾	432.2	179
带鱼	249.5	16	哈氏仿对虾	459.8	95
刀鲚	1 009.2	34	脊额鞭腕虾	8.2	22

续表

种类	重量密度 （g/km²）	尾数密度 （ind/km²）	种类	重量密度 （g/km²）	尾数密度 （ind/km²）
豆齿鳗	3.4	1	脊尾白虾	71.9	14
短吻鲾	121.8	172	日本鼓虾	772.8	1 012
短吻红舌鳎	329.7	24	细螯虾	4.8	9
短吻三线舌鳎	506.7	21	细巧仿对虾	1 668.3	1 509
多齿蛇鲻	4 036.3	121	鲜明鼓虾	1 271.9	459
多鳞鱚	191.7	6	疣背宽额虾	1.4	4
蜂鲉	90.3	26	中国毛虾	308.1	1 124
凤鲚	339.7	21	中华管鞭虾	79.2	30
海鳗	3 369.0	22	周氏新对虾	517.6	72
黑鲷	850.9	1	鞭腕虾	0.9	1
黑鳍大眼鲷	0.2	1	红星梭子蟹	12.2	5
横带眶棘鲈	11.3	19	隆线强蟹	130.8	11
红鳗虾虎鱼	29 404.5	4 080	矛形梭子蟹	99.0	32
黄鮟鱇	1 672.1	288	泥脚隆背蟹	4.5	1
黄姑鱼	154.5	24	绒毛细足蟹	1.9	6
黄鲫	749.2	35	三疣梭子蟹	43 064.8	1 031
棘头梅童鱼	5 697.8	184	狭颚新绒螯蟹	0.4	1
尖海龙	3.0	1	异足倒颚蟹	0.7	4
尖头黄鳍牙鰔	119.4	5	中型三强蟹	3.0	4
尖吻蛇鳗	112.8	1	日本蟳	3 829.3	464
江口小公鱼	11.3	7	双斑蟳	2 582.8	1 049
孔虾虎鱼	3 672.4	443	锈斑蟳	70.7	1
宽体舌鳎	38.1	4	长蛸	2 144.2	21
六带拟鲈	0.2	1	火枪乌贼	2 899.3	285
六丝钝尾虾虎鱼	14 449.8	17 501	日本无针乌贼	225.0	1
龙头鱼	19 863.3	996	四盘耳乌贼	13.6	4
鹿斑鲾	14.2	2	棒锥螺	43 924.4	5 449
绿鳍鱼	15 938.1	11 918	扁玉螺	98.3	47
麦氏犀鳕	100.2	59	管角螺	1 824.4	6
矛尾虾虎鱼	55.0	7	红带织纹螺	7.9	14
鮸	10 931.1	22	红螺	685.5	2
皮氏叫姑鱼	1 437.3	291	甲虫螺	20.4	9
七星底灯鱼	2.7	5	假奈拟塔螺	88.7	32
日本十棘银鲈	33.0	19	金刚衲螺	3.7	4
日本騰	27.8	6	脉红螺	259.4	4
日本鳀	1 239.1	128	泥东风螺	315.1	9

续表

种类	重量密度 （g/km²）	尾数密度 （ind/km²）	种类	重量密度 （g/km²）	尾数密度 （ind/km²）
少鳞鱚	9.2	1	浅缝骨螺	453.7	92
鲐	3 412.3	592	习见蛙螺	3 363.3	117
纤羊舌鲆	191.3	14	爪哇荔枝螺	576.8	110
小黄鱼	1 347.1	30	彩虹明樱蛤	37.3	60
牙鲆	2 622.4	1	美女白樱蛤	38.3	56
鲬	1 614.7	6	结蚶	77.6	16
油舒	313.1	4	魁蚶	902.7	19
窄体舌鳎	57.4	4	毛蚶	9.2	1
中国魟	4 328.7	5	小刀蛏	6.5	2
中颌棱鳀	115.5	13	口虾蛄	33 351.6	6 333
中华单角鲀	21.5	29			

　　春季：鱼类重量资源密度最高的是红鳗虾虎鱼，为 29 404.5g/km²；其次是龙头鱼，为 19 863.3g/km²；最低的是黑鳍大眼鲷和六带拟鲈，为 0.2g/km²。虾类重量资源密度最高的是细巧仿对虾，为 1668.3g/km²；其次是鲜明鼓虾，为 1271.9g/km²；最低的是鞭腕虾，为 0.9g/km²。蟹类重量资源密度最高的是三疣梭子蟹，为 43 064.8g/km²；其次是日本蟳，为 3829.3g/km²；最低的是狭颚新绒螯蟹，为 0.4g/km²。虾蛄类只有口虾蛄 1 种，重量资源密度为 33 351.6g/km²。头足类重量资源密度最高的是火枪乌贼，为 2899.3g/km²；最低的是四盘耳乌贼，为 13.6g/km²。贝螺类重量资源密度最高的是棒锥螺，为 43 924.4g/km²；最低的是金刚衲螺，为 3.7g/km²。

　　春季：鱼类尾数资源密度最高的是六丝钝尾虾虎鱼，为 17 501ind/km²；其次是绿鳍鱼，为 11 918ind/km²；最低的是牙鲆、黑鲷、尖吻蛇鳗、少鳞、豆齿鳗、尖海龙、大黄鱼、刺鲳、黑鳍大眼鲷、六带拟鲈等 10 种，均为 1ind/km²。虾类尾数资源密度最高的是细巧仿对虾，为 1509ind/km²；其次是中国毛虾，为 1124ind/km²；最低的是鞭腕虾，为 1ind/km²。蟹类尾数资源密度最高的是双斑蟳，为 1049ind/km²；其次是三疣梭子蟹，为 1031ind/km²；最低的是锈斑蟳、泥脚隆背蟹、狭颚新绒螯蟹等 3 种，均为 1ind/km²。虾蛄类只有口虾蛄 1 种，尾数资源密度为 6333ind/km²。头足类尾数资源密度最高的是火枪乌贼，为 285ind/km²；最低的是日本无针乌贼，为 1ind/km²。贝螺类尾数资源密度最高的是棒锥螺，为 5449ind/km²；最低的是毛蚶，为 1ind/km²。

　　调查海域夏季不同种类渔业资源密度如表 3-16 所示。

表 3-16　南麂列岛调查海域夏季不同种类资源密度

种类	重量密度（g/km²）	尾数密度（ind/km²）	种类	重量密度（g/km²）	尾数密度（ind/km²）
白姑鱼	508.1	45	矛尾虾虎鱼	422.9	153
赤鼻棱鳀	112.3	10	栉鳞鳎	28.3	11
大黄鱼	1 001.6	16	中颌棱鳀	1 126.1	72
带鱼	194.6	44	中华栉孔虾虎鱼	500.6	254
刀鲚	6 121.0	362	安氏白虾	201.0	105
短吻红舌鳎	16 024.7	1 475	刀额新对虾	23.6	15
光魟	523.0	11	葛氏长臂虾	430.5	357
海鳗	79 550.0	681	哈氏仿对虾	24 146.7	9 278
褐蓝子鱼	113.3	12	滑脊等腕虾	117.5	38
黑姑鱼	4 868.9	675	脊尾白虾	396.1	147
横带髭鲷	442.7	23	日本鼓虾	340.8	495
横纹东方鲀	3 229.6	130	细巧仿对虾	2 778.0	2 871
红鳗虾虎鱼	11 942.1	2 592	鲜明鼓虾	167.0	223
黄鳍东方鲀	16 628.9	301	鹰爪虾	123.4	11
黄鳍马面鲀	3.6	5	中国毛虾	55.7	93
灰鲳	3 597.5	57	中国明对虾	1 075.5	57
棘头梅童鱼	3 568.7	243	中华管鞭虾	10 727.1	5 414
尖头黄鳍牙鰔	13 740.7	506	周氏新对虾	6 361.7	1 791
尖头斜齿鲨	438.0	2	变态蟳	7.0	7
尖吻蛇鳗	4 899.4	179	红星梭子蟹	11 675.4	731
江口小公鱼	818.5	473	隆线强蟹	59.3	25
孔虾虎鱼	7 641.1	854	矛形梭子蟹	285.6	149
鲫	9 874.5	571	日本蟳	46 733.8	639
列牙鰤	396.5	48	绒毛细足蟹	40.8	31
六丝钝尾虾虎鱼	39 275.6	17 061	三疣梭子蟹	1 260 026.8	23 694
六指马鲅	233 704.3	19 132	双斑蟳	17.3	25
龙头鱼	502 001.3	21 607	纤手梭子蟹	66.6	14
鹿斑鲾	12.4	5	锈斑蟳	483.1	89
绿鳍鱼	22.2	25	口虾蛄	149 033.2	17 434
麦氏犀鳕	40.8	45	火枪乌贼	1 954.7	227
鮸	97 740.4	4 947	中国枪乌贼	2 069.8	231
拟大眼鲷	10.2	11	白带三角口螺	2.3	5
皮氏叫姑鱼	1 789.1	31	棒锥螺	597 675.9	66 666
朴蝴蝶鱼	142.6	23	假奈拟塔螺	387.3	55
丝背细鳞鲀	482.3	8	毛蚶	124.5	53
四指马鲅	501.8	6	浅缝骨螺	2 177.3	455
鲐	5 785.2	63	习见蛙螺	8 760.6	367
小黄鱼	64 423.7	2 310	爪哇拟塔螺	155.0	41

夏季：鱼类重量资源密度最高的是龙头鱼，为 502 001.3g/km²；其次是六指马鲅，为 233 704.3g/km²；最低的是黄鳍马面鲀，为 3.6g/km²。虾类重量资源密度最高的是哈氏仿对虾，为 24 146.7g/km²；其次是中华管鞭虾，为 10 727.1g/km²；最低的是刀额新对虾，为 23.6g/km²。蟹类重量资源密度最高的是三疣梭子蟹，为 1 260 026.8g/km²；其次是日本蟳，为 46 733.8g/km²；最低的是变态蟳，为 7.0g/km²。虾蛄类只有口虾蛄 1 种，重量资源密度为 149 033.2g/km²。头足类重量资源密度最高的是中国枪乌贼，为 2069.8g/km²；最低的是火枪乌贼，为 1954.7g/km²。贝螺类重量资源密度最高的是棒锥螺，为 597 675.9g/km²；最低的是白带三角口螺，为 2.3g/km²。

夏季：鱼类尾数资源密度最高的是龙头鱼，为 21 607ind/km²；其次是六指马鲅，为 19 132ind/km²；最低的是尖头斜齿鲨，为 2ind/km²。虾类尾数资源密度最高的是哈氏仿对虾，为 9278ind/km²；其次是中华管鞭虾，为 5414ind/km²；最低的是鹰爪虾，为 11ind/km²。蟹类尾数资源密度最高的是三疣梭子蟹，为 23 694ind/km²；其次是红星梭子蟹，为 731ind/km²；最低的是变态蟳，为 7ind/km²。虾蛄类只有口虾蛄，尾数资源密度为 17 434ind/km²。头足类尾数资源密度最高的是中国枪乌贼，为 231ind/km²；最低的是火枪乌贼，为 227ind/km²。贝螺类尾数资源密度最高的是棒锥螺，为 66 666ind/km²；最低的是白带三角口螺，为 5ind/km²。

调查海域秋季不同种类资源密度如表 3-17 所示。

表 3-17　南麂列岛调查海域秋季不同种类资源密度

种类	重量密度 (g/km²)	尾数密度 (ind/km²)	种类	重量密度 (g/km²)	尾数密度 (ind/km²)
白姑鱼	439.1	22	葛氏长臂虾	672.4	561
赤鼻棱鳀	35.9	3	哈氏仿对虾	7 372.8	1 782
大黄鱼	1 884.1	32	脊额鞭腕虾	760.1	232
单指虎鲉	49.9	71	脊尾白虾	2 381.5	664
刀鲚	7 229.8	923	巨指长臂虾	13.8	20
短吻红舌鳎	578.8	10	日本鼓虾	42.4	119
短吻三线舌鳎	2 237.4	161	细螯虾	22.9	79
多鳞鱚	2 288.7	61	细巧仿对虾	1 689.0	2 496
鳄齿鱼	141.9	122	鲜明鼓虾	43.2	45
凤鲚	2 733.5	208	鹰爪虾	337.1	37
海鳗	40 317.1	312	中华安乐虾	2.4	3
褐菖鲉	5.4	4	中华管鞭虾	11 375.6	4 140
褐蓝子鱼	89.6	18	周氏新对虾	2 850.2	548
黑姑鱼	382.5	110	变态蟳	27.5	18
黑尾吻鳗	181.1	40	豆形短眼蟹	4.3	35

种类	重量密度 （g/km²）	尾数密度 （ind/km²）	种类	重量密度 （g/km²）	尾数密度 （ind/km²）
横带髭鲷	70.7	5	红星梭子蟹	10 858.4	451
横纹东方鲀	1 961.4	120	锯缘青蟹	1 176.3	13
红鳗虾虎鱼	6 372.6	1 171	隆线强蟹	242.7	44
黄姑鱼	300.4	5	矛形梭子蟹	1 886.5	311
黄鲫	395.7	18	七刺栗壳蟹	60.3	11
棘头梅童鱼	106 258.2	5 461	日本蟳	44 570.3	1 662
尖海龙	0.2	2	三疣梭子蟹	276 465.6	12 002
尖头黄鳍牙鰔	6 126.5	917	善泳蟳	35.2	2
尖尾鳗	25.9	12	双斑蟳	11 879.3	4 764
尖吻蛇鳗	201.8	7	细点圆趾蟹	282.1	8
江口小公鱼	14.0	15	锈斑蟳	6 855.0	270
孔虾虎鱼	2 011.0	344	直额蟳	7.3	2
宽体舌鳎	1 837.5	22	中华近方蟹	13.2	3
鰤	13.8	3	口虾蛄	182 498.4	25 630
丽形鳗虾虎鱼	1.9	3	短蛸	157.7	7
六丝钝尾虾虎鱼	31 000.8	9 084	日本无针乌贼	405.7	22
六指马鲅	6 433.0	1 547	伍氏枪乌贼	84.3	22
龙头鱼	177 503.7	9 262	长蛸	852.3	19
绿鳍鱼	2 694.7	22	真蛸	1 367.5	5
矛尾虾虎鱼	1 134.5	228	白带三角口螺	2.1	4
鮸	172 829.6	391	白带笋螺	4.8	7
拟矛尾虾虎鱼	190.9	18	棒锥螺	127 554.8	14
皮氏叫姑鱼	3 149.0	326	粗糙衲螺	10.4	20 395
七星底灯鱼	622.8	1 946	管角螺	1 699.6	2
丝鳍虾鰤	206.2	213	白龙骨乐飞螺	38.4	8
四指马鲅	468.2	127	红带织纹螺	3.7	7
细条天竺鲷	30.6	18	爪哇拟塔螺	98.0	2
小黄鱼	1 188.8	22	红螺	73.8	8
银鲳	606.7	2	黄短口螺	26.3	5
窄体舌鳎	5 234.9	70	甲虫螺	20.0	2
长蛇鲻	340.5	13	假奈拟塔螺	10.2	54
中国缸	630.1	3	结蚶	201.6	5
中颌棱鳀	122.9	14	脉红螺	24.1	45
中华单角鲀	375.2	11	浅缝骨螺	705.2	140
中华栉孔虾虎鱼	5 423.4	1 166	习见蛙螺	15 665.5	687
棕腹刺鲀	35.8	5	爪哇荔枝螺	3.1	5
鞭腕虾	40.0	78	海地瓜	587.8	234
刀额新对虾	272.2	89			

秋季：鱼类重量资源密度最高的是龙头鱼，为 177 503.7g/km²；其次是鮸，为 172 829.6g/km²；最低的是尖海龙，为 0.2g/km²。虾类重量资源密度最高的是中华管鞭虾，为 11 375.6g/km²；其次是哈氏仿对虾，为 7372.8g/km²；最低的是中华安乐虾，为 2.4g/km²。蟹类重量资源密度最高的是三疣梭子蟹，为 276 465.6g/km²；其次是日本蟳，为 44 570.3g/km²；最低的是豆形短眼蟹，为 4.3g/km²。虾蛄类仅口虾蛄 1 种，重量资源密度为 182 498.4g/km²。头足类重量资源密度最高的是真蛸，为 1367.5g/km²；最低的是伍氏枪乌贼，为 84.3g/km²。贝螺类重量资源密度最高的是棒锥螺，为 127 554.8g/km²；最低的是白带三角口螺，为 2.1g/km²。

秋季：鱼类尾数资源密度最高的是龙头鱼，为9262ind/km²；其次是六丝钝尾虾虎鱼，为9084ind/km²；最低的是银鲳与尖海龙，均为2ind/km²。虾类尾数资源密度最高的是中华管鞭虾，为4140ind/km²；其次是细巧仿对虾，为2496ind/km²；最低的是中华安乐虾，为3ind/km²。蟹类尾数资源密度最高的是三疣梭子蟹，为 12 002ind/km²；其次为双斑蟳，为4764ind/km²；最低的是善泳蟳与直额蟳，均为2ind/km²。虾蛄类仅口虾蛄1种，尾数资源密度为25 630ind/km²。头足类尾数资源密度最高的是伍氏枪乌贼和日本无针乌贼，均为22ind/km²；最低的是真蛸，为5ind/km²。贝螺类尾数资源密度最高的是粗糙衲螺，为20 395ind/km²；最低的是爪哇拟塔螺、甲虫螺和管角螺3种，均为2ind/km²。

调查海域冬季不同种类资源密度如表 3-18 所示。

表 3-18　南麂列岛调查海域冬季不同种类资源密度

种类	重量密度 (g/km²)	尾数密度 (ind/km²)	种类	重量密度 (g/km²)	尾数密度 (ind/km²)
白姑鱼	3.5	7	曲根鞭腕虾	88.7	88
斑鰶	65.8	2	东海红虾	24.6	69
赤鼻棱鳀	6.6	7	葛氏长臂虾	654.7	291
赤魟	1 336.9	3	哈氏仿对虾	111.2	39
刺冠海龙	3.8	6	脊腹褐虾	4.7	2
大黄鱼	2 197.6	44	脊尾白虾	1 788.5	331
大鳞舌鳎	926.2	10	日本鼓虾	391.5	853
刀鲚	15 071.7	949	细螯虾	17.5	43
短吻红舌鳎	723.4	7	细巧仿对虾	2 206.8	3 313
短吻三线舌鳎	2 836.8	96	细指长臂虾	0.8	2
多棘腔吻鳕	1.2	2	鲜明鼓虾	2 346.0	911
多鳞鱚	159.0	5	鹰爪虾	106.5	34
鳄齿鱼	16.1	9	中国毛虾	15.4	84
蜂鲉	18.8	26	中华管鞭虾	37.6	13
凤鲚	23 324.0	2 909	周氏新对虾	43.2	10
光魟	800.7	3	豆形短眼蟹	1.4	9
海鳗	345.4	4	兰氏三强蟹	2.1	4

续表

种类	重量密度 （g/km²）	尾数密度 （ind/km²）	种类	重量密度 （g/km²）	尾数密度 （ind/km²）
黑鲷	604.1	2	隆线强蟹	242.2	30
横带髭鲷	21.0	2	矛形梭子蟹	381.5	128
红鳗虾虎鱼	5 801.2	1 257	日本蟳	12 544.1	539
红娘鱼	0.4	2	三疣梭子蟹	17 975.5	609
虎鲉	1.0	1	十足目 1 种	3.6	1
花鲈	7 810.9	3	双斑蟳	4 811.8	1 560
黄姑鱼	209.2	3	细点圆趾蟹	93.2	1
黄鲫	9 600.1	641	口虾蛄	34 684.7	4 851
黄鳍东方鲀	100.0	2	柏氏四盘耳乌贼	9.6	8
棘头梅童鱼	49 413.2	2 453	火枪乌贼	216.3	7
尖头黄鳍牙䱛	80.5	4	日本无针乌贼	225.1	3
尖吻蛇鳗	5.0	1	日本枪乌贼	34.1	2
普氏细棘虾虎鱼	1.5	2	双喙耳乌贼	24.8	19
孔虾虎鱼	4 938.1	591	长蛸	2 171.5	37
宽体舌鳎	633.2	6	小孔蛸	11.6	1
六丝钝尾虾虎鱼	3 993.0	1 429	棒锥螺	158 900.8	16 002
龙头鱼	23 996.3	583	扁玉螺	118.2	35
绿鳍鱼	0.5	3	大窦螺	6.5	3
麦氏犀鳕	1.0	1	带鹑螺	261.5	2
矛尾虾虎鱼	1 787.1	368	织纹螺科 1 种	208.3	2
鮸	48 741.9	69	红带织纹螺	5.9	7
奈氏虹	22 509.1	19	红螺	843.4	6
皮氏叫姑鱼	383.0	45	甲虫螺	109.7	31
七星底灯鱼	2.4	5	假奈拟塔螺	9.2	4
青䲢	60.2	1	杰氏卷管螺	11.1	2
石首鱼 1 种	0.3	3	结蚶	496.7	59
舒氏海龙	2.8	4	魁蚶	326.1	8
香鮨	7.9	5	脉红螺	94.5	6
小黄鱼	847.1	16	毛蚶	294.1	5
星鳗	98.6	2	美女白樱蛤	75.8	7
银鲳	1 398.2	6	泥东风螺	172.6	5
窄体舌鳎	1 046.7	16	泥蚶	29.9	7
中国虹	2 149.9	5	浅缝骨螺	386.1	72
中颌棱鳀	2 789.2	352	笋螺 1 种	0.1	2
中华海鲶	89.7	5	习见蛙螺	1 355.1	60
中华栉孔虾虎鱼	2 497.5	435	小刀蛏	7.8	3
鲻	2 577.5	2	玉螺	34.6	11
鞭腕虾	37.4	54	蛤 1 种	1.6	3
扁足异对虾	1.0	2	爪哇拟塔螺	157.9	41
戴氏赤虾	123.0	162	海地瓜	689.2	176

冬季：鱼类重量资源密度最高的是棘头梅童鱼，为 49 413.2g/km²；其次是鮸，为48 741.9g/km²；最低的是石首鱼科 1 种，为 0.3g/km²。虾类重量资源密度最高的是鲜明鼓虾，为 2346.0g/km²；其次是细巧仿对虾，为 2206.8g/km²；最低的是细指长臂虾，为 0.8g/km²。蟹类重量资源密度最高的是三疣梭子蟹，为 17 975.5g/km²；其次是日本蟳，为 12 544.1g/km²；最低的是豆形短眼蟹，为 1.4g/km²。虾蛄类只有口虾蛄 1 种，重量资源密度为 34 684.7g/km²。头足类重量资源密度最高的是长蛸，为 2171.5g/km²；最低的是柏氏四盘耳乌贼，为 9.6g/km²。贝螺类重量资源密度最高的是棒锥螺，为 158 900.8g/km²；最低的是笋螺属 1 种，为 0.1g/km²。

冬季：鱼类尾数资源密度最高的是凤鲚，为2909ind/km²；其次是棘头梅童鱼，为2453ind/km²；最低的是尖吻蛇鳗、虎鲉、青鳚和麦氏犀鳕4种，均为1ind/km²。虾类尾数资源密度最高的是细巧仿对虾，为3313ind/km²；其次是鲜明鼓虾，为911ind/km²；最低的是脊腹褐虾、扁足异对虾和细指长臂虾，均为2ind/km²。蟹类尾数资源密度最高的是双斑蟳，为1560ind/km²；其次是三疣梭子蟹，为609ind/km²；最低的是细点圆趾蟹和十足目1种等2种，均为1ind/km²。虾蛄类只有口虾蛄1种，尾数资源密度为4851ind/km²。头足类尾数资源密度最高的是长蛸，为37ind/km²；最低的是小孔蛸，为1ind/km²。贝螺类尾数资源密度最高的是棒锥螺，为16 002ind/km²；最低的是带鹑螺、杰氏卷管螺和笋螺属1种等3种，均为2ind/km²。

二、资源量估算

本次调查海域总面积为 407.65km²，其中，围绕保护区的调查面积为 278.92km²，根据拖网调查获取的每小时渔获量资料，利用扫海面积法估算调查海域渔业资源量，其结果如表 3-19 所示。

调查海域春夏秋冬季不同类群渔业资源量评估如表 3-19 所示。

表3-19　南麂列岛调查海域春夏秋冬季不同类群渔业资源量评估　（单位：t）

类群	春季	夏季	秋季	冬季	平均
鱼类	54.61	462.38	242.31	98.67	214.49
虾类	2.49	19.14	11.36	3.26	9.06
蟹类	20.30	537.85	144.46	14.70	179.33
虾蛄类	13.60	60.75	74.40	14.14	40.72
头足类	2.15	1.64	1.17	1.10	1.52
贝螺类	21.48	248.37	59.57	66.83	99.06
其他	8.70	0.00	0.24	0.48	2.36
总计	123.33	1330.13	533.51	199.18	546.54

保护区内春夏秋冬季不同类群渔业资源量评估如表 3-20 所示。

表 3-20　南麂列岛保护区内春夏秋冬季不同类群渔业资源量评估（单位：t）

类群	春季	夏季	秋季	冬季	平均
鱼类	36.51	327.93	59.77	59.64	120.96
虾类	1.59	12.80	5.61	1.66	5.42
蟹类	7.74	399.99	58.94	5.56	118.06
虾蛄类	9.21	45.30	44.88	6.29	26.42
头足类	0.92	1.34	0.87	0.62	0.94
贝螺类	17.27	211.93	29.64	54.44	78.32
其他	6.06	0.00	0.14	0.35	1.64
总计	79.30	999.29	199.85	128.56	351.75

调查海域春夏秋冬季主要种类资源量如表 3-21 所示。

表 3-21　南麂列岛调查海域春夏秋冬季主要种类的资源量

春季			夏季		
种类	资源量（t）	占调查海域资源量比例（%）	种类	资源量（t）	占调查海域资源量比例（%）
棒锥螺	17.91	14.52	三疣梭子蟹	513.65	38.62
三疣梭子蟹	17.56	14.24	棒锥螺	243.64	18.32
口虾蛄	13.60	11.03	龙头鱼	204.64	15.39
红鳗虾虎鱼	11.99	9.72	六指马鲅	95.27	7.16
龙头鱼	8.10	6.57	口虾蛄	60.75	4.57
绿鳍鱼	6.50	5.27	鮸	39.84	3.00
六丝钝尾虾虎鱼	5.89	4.78	海鳗	32.43	2.44
鮸	4.46	3.62	小黄鱼	26.26	1.97
棘头梅童鱼	2.32	1.88	日本蟳	19.05	1.43
中国魟	1.76	1.43	六丝钝尾虾虎鱼	16.01	1.20
多齿蛇鲻	1.65	1.34	哈氏仿对虾	9.84	0.74
日本蟳	1.56	1.26	黄鳍东方鲀	6.78	0.51
孔虾虎鱼	1.50	1.22	短吻红舌鳎	6.53	0.49
鮳	1.39	1.13	尖头黄鳍牙鰔	5.60	0.42
海鳗	1.37	1.11	红鳗虾虎鱼	4.87	0.37
习见蛙螺	1.37	1.11	红星梭子蟹	4.76	0.36
火枪乌贼	1.18	0.96	中华管鞭虾	4.37	0.33
牙鲆	1.07	0.87	鰤	4.03	0.30
双斑蟳	1.05	0.85	习见蛙螺	3.57	0.27
长蛸	0.87	0.71	孔虾虎鱼	3.11	0.23

续表

春季			夏季		
种类	资源量（t）	占调查海域资源量比例（%）	种类	资源量（t）	占调查海域资源量比例（%）
小计	103.10	83.59	小计	1305.00	98.11
其他	20.24	16.41	其他	25.11	1.89
总生物量	123.34	100.00	总生物量	1330.11	100.00

秋季			冬季		
种类	资源量（t）	占调查海域资源量比例（%）	种类	资源量（t）	占调查海域资源量比例（%）
三疣梭子蟹	112.70	21.12	棒锥螺	64.78	32.53
口虾蛄	74.40	13.94	棘头梅童鱼	20.14	10.11
龙头鱼	72.36	13.56	鮸	19.87	9.98
鮸	70.45	13.20	口虾蛄	14.14	7.10
棒锥螺	52.00	9.75	龙头鱼	9.78	4.91
棘头梅童鱼	43.32	8.12	凤鲚	9.51	4.78
日本蟳	18.17	3.41	奈氏魟	9.18	4.61
海鳗	16.44	3.08	三疣梭子蟹	7.33	3.68
六丝钝尾虾虎鱼	12.64	2.37	刀鲚	6.14	3.08
习见蛙螺	6.39	1.20	日本蟳	5.11	2.57
双斑蟳	4.84	0.91	黄鲫	3.91	1.96
中华管鞭虾	4.64	0.87	花鲈	3.18	1.60
红星梭子蟹	4.43	0.83	红鳗虾虎鱼	2.36	1.19
哈氏仿对虾	3.01	0.56	孔虾虎鱼	2.01	1.01
刀鲚	2.95	0.55	双斑蟳	1.96	0.98
锈斑蟳	2.79	0.52	六丝钝尾虾虎鱼	1.63	0.82
六指马鲅	2.62	0.49	短吻三线舌鳎	1.16	0.58
红鳗虾虎鱼	2.60	0.49	中颌棱鳀	1.14	0.57
尖头黄鳍牙鰔	2.50	0.47	鲻	1.05	0.53
中华栉孔虾虎鱼	2.21	0.41	中华栉孔虾虎鱼	1.02	0.51
小计	511.46	95.86	小计	185.40	93.09
其他	22.08	4.14	其他	13.76	6.91
总生物量	533.54	100.00	总生物量	199.16	100.00

从表 3-19～表 3-21 可以看出，调查海域春、夏、秋、冬四季平均资源量为 546.54t，资源量排名前 20 位的种类分别为：三疣梭子蟹、棒锥螺、龙头鱼、口虾蛄、鮸、六指马鲅、棘头梅童鱼、海鳗、日本蟳、六丝钝尾虾虎鱼、小黄鱼、红鳗虾虎鱼、哈氏仿对虾、刀鲚、习见蛙螺、凤鲚、红星梭子蟹、奈氏魟、中华管鞭虾、尖头黄鳍牙鰔等，共计资源量为 2050.30t，占调查海域总资源量的 93.79%。

其中鱼类有 12 种，虾类有 2 种，蟹类有 3 种，虾蛄类有 1 种，贝螺类有 2 种。

春季总资源量为 123.34t，资源量排名前 20 位的种类，其资源量为 103.10t，占调查海域总资源量的 83.59%；夏季总资源量为 1330.11t，资源量排名前 20 位的种类，其资源量为 1305.00t，占调查海域总资源量的 98.11%；秋季总资源量为 533.54t，资源量排名前 20 位的种类资源量为 511.46t，占调查海域总资源量的 95.86%；冬季总资源量为 199.16t，资源量排名前 20 位的种类资源量为 185.40t，占调查海域总资源量的 93.09%。

根据本次调查结果，南麂列岛调查海域底拖网平均渔获率为 45.92kg/h，平均渔业资源密度为 1341.88kg/km^2。从商业捕捞角度分析，在调查海域的渔获物组成中，群体数量较大，经济价值较高的种类有龙头鱼、鮸、棘头梅童鱼、海鳗、小黄鱼、刀鲚、凤鲚、奈氏魟、尖头黄鳍牙鰔、短吻红舌鳎、黄鲫、鰤、鲐、花鲈、皮氏叫姑鱼、窄体舌鳎、黑姑鱼、大黄鱼、灰鲳、宽体舌鳎、赤魟、光魟、白姑鱼、大鳞舌鳎、哈氏仿对虾、中华管鞭虾、周氏新对虾、细巧仿对虾、脊尾白虾、葛氏长臂虾、安氏白虾、三疣梭子蟹、日本蟳、红星梭子蟹、锯缘青蟹、口虾蛄、棒锥螺等。其中三疣梭子蟹是本次调查海域的主要捕捞对象，占渔获重量组成的 14.31%；龙头鱼和鮸分别占渔获重量组成的 6.48% 和 2.96%。过去东海"四大渔业"的大黄鱼、小黄鱼、带鱼、日本无针乌贼均有捕获，虽然说带鱼和日本无针乌贼均只占渔获重量组成的 0.01%，大黄鱼只占渔获重量组成的 0.09%，小黄鱼略高，占渔获重量组成的 1.31%，但也说明国家实施海洋自然保护区和渔业资源增殖放流措施对渔业资源的保护产生了较为明显的效果。

三、重要生物种类的体重、体长分布

调查海域春、夏、秋、冬季重要种类的体重、体长及幼体比例如表 3-22～表 3-25 所示。

表 3-22　南麂列岛调查海域春季重要种类的体重、体长分布及幼体比例

种类	体重（g）		体长（mm）		幼体所占比例（%）	
	范围	平均值	范围	平均值	体重	尾数
刀鲚	5.9～94.0	32.0	126～293	193	0.00	0.00
凤鲚	4.3～62.2	17.0	113～198	152	0.00	0.00
哈氏仿对虾	1.7～14.5	6.0	55～113	84	6.09	13.33
红鳗虾虎鱼	135～227	183.7	5.6～13.5	10	13.37	20.00
棘头梅童鱼	75～185	140.5	4.4～72.6	30	0.49	3.33
口虾蛄	70～213	91.0	3.8～89.1	10	2.83	6.45
六丝钝尾虾虎鱼	0.3～9.9	2.0	25～115	60	19.09	63.33
六指马鲅	—	—	—	—	—	—
龙头鱼	5.7～82.3	26.0	112～236	174	2.09	6.67

续表

种类	体重（g）		体长（mm）		幼体所占比例（%）	
	范围	平均值	范围	平均值	体重	尾数
绿鳍鱼	0.3～1.4	1.0	35～55	48	100.00	100.00
鮸	50.1～650.0	440.0	148～405	349	100.00	100.00
细巧仿对虾	0.5～3.5	1.0	35～72	54	19.09	36.67
中华管鞭虾	1～4.1	3.0	49～78	66	2.57	7.14
小黄鱼	3.9～67.7	43.3	78～1936	158	100.00	100.00
日本蟳	0.8～124.2	19.6	16～82	36	29.25	83.33
三疣梭子蟹	10.1～166.4	72.5	68～152	103	14.74	33.33
双斑蟳	0.9～5.2	2.4	10～32	22	30.67	50.00

表 3-23 南麂列岛调查海域夏季重要种类的体重、体长分布及幼体比例

种类	体重（g）		体长（mm）		幼体所占比例（%）	
	范围	平均值	范围	平均值	体重	尾数
棘头梅童鱼	0.3～22.7	4.6	26～126	84	4.19	40.91
凤鲚	—	—	—	—	—	—
刀鲚	4.2～29.9	13.3	100～198	140	100	100
鮸	2.5～57.6	19.4	52～163	109	100	100
红鳗虾虎鱼	0.5～12.1	4.9	35～210	120	79.65	90
六丝钝尾虾虎鱼	1.2～12.2	3.0	50～118	69	34.54	53.33
龙头鱼	8.2～222.9	34.7	110～302	184	3.25	10
小黄鱼	19.8～88.7	47.3	123～205	161	0	0
绿鳍鱼	0.9	0.9	37	37	100	100
六指马鲅	3.9～23.7	11.9	40～129	99	36.66	53.33
细巧仿对虾	0.3～4.9	1.7	25～70	47	4.34	20
哈氏仿对虾	1.0～9.6	2.9	20～99	59	21.93	30
中华管鞭虾	0.5～5.7	2.8	26～88	63	9.05	16.67
双斑蟳	0.7	0.7	16	16	100	100
日本蟳	1.2～87.2	19.2	18～78	42	36.49	73.33
三疣梭子蟹	26.3～145.8	69.4	37～65	52	68.38	80
口虾蛄	4.3～18.2	9.4	75～115	92	1.53	3.33

表 3-24 南麂列岛调查海域秋季重要种类的体重、体长分布及幼体比例

种类	体重（g）		体长（mm）		幼体所占比例（%）	
	范围	平均值	范围	平均值	体重	尾数
刀鲚	1.4～54.4	9.0	77～260	137	0.6	2.9
凤鲚	4.0～31.7	13.7	119～205	156	0	0
哈氏仿对虾	0.4～10.6	4.5	27～104	75	1.2	6.7

续表

种类	体重（g）		体长（mm）		幼体所占比例（%）	
	范围	平均值	范围	平均值	体重	尾数
红鳗虾虎鱼	0.1～18.9	5.4	158～237	133	61.4	79.5
棘头梅童鱼	0.5～33.9	18.3	31～159	124	0	0
口虾蛄	0.5～31.2	9.7	28～155	89	8.1	28.5
六丝钝尾虾虎鱼	0.6～17.8	4.1	103～146	82	2.3	6.9
六指马鲅	0.5～14.3	4.2	30～758	80	89	95.3
龙头鱼	0.4～228.5	19.6	42～310	127	6.9	71.3
绿鳍鱼	121.5	121.5	229	229	100	100
鮸	27.8～2250	454.5	135～640	342	70	93.9
细巧仿对虾	0.2～2.5	0.9	12～70	45	7.1	19
中华管鞭虾	0.5～9.2	3.7	35～97	68	3.2	12.1
小黄鱼	53.6	53.6	184	184	100	100
日本蟳	0.3～211.1	34.1	14～109	49	11.4	50
三疣梭子蟹	1.3～330.4	32.8	16～170	76	70.5	95.2
双斑蟳	0.1～16.5	2.6	11～56	23	17.1	40.3

表 3-25 南麂列岛调查海域冬季重要种类的体重、体长分布及幼体比例

种类	体重（g）		体长（mm）		幼体所占比例（%）	
	范围	平均值	范围	平均值	体重	尾数
刀鲚	0.8～200	13.6	67～360	161	35.06	81.65
凤鲚	0.7～100	9.3	74～320	147	0.34	1.64
哈氏仿对虾	0.8～9.2	3.1	46～100	68	2.04	7.41
红鳗虾虎鱼	0.1～13.1	4.7	11～220	128	67.68	83.78
棘头梅童鱼	0.1～100	20.8	20～210	134	0.07	1.01
口虾蛄	0.7～29.3	7.7	37～136	83	14.52	33.70
六丝钝尾虾虎鱼	0.7～49.2	3.7	22～220	85	5.25	12.89
六指马鲅	—	—	—	—	—	—
龙头鱼	0.5～225	29.6	62～320	188	0.42	5.43
绿鳍鱼	0.1	0.1	25	25	100.00	100.00
鮸	250～3300	626.4	320～720	407	83.54	96.88
细巧仿对虾	0.2～2.8	0.8	26～67	43	10.96	28.07
中华管鞭虾	0.2～7	2.8	21～88	57	11.07	45.45
小黄鱼	28.2～80.8	53.6	160～204	183	100.00	100.00
日本蟳	2.2～148.4	26.5	23～90	49	32.75	57.89
三疣梭子蟹	3.5～71.7	26.7	34～108	77	100.00	100.00
双斑蟳	0.3～7.7	2.6	10～47	23	17.60	46.53

第四章 南麂列岛海洋自然保护区渔业
资源保护与合理开发利用

南麂列岛位于浙江省南部海域，是我国首批国家级海洋自然保护区之一，也是我国最早纳入联合国教科文组织世界生物圈保护区网络的海洋类型自然保护区。由于南麂列岛地理位置特殊，气候条件适宜，海域环境优越，为各种海洋生物繁衍和生长提供了适宜的条件，孕育了丰富多样的海洋生物资源，特别是贝类、藻类资源尤其丰富，约占全国海洋贝藻类总种数的20%，约占浙江省海洋贝藻类总种数的80%，素有"贝藻王国"和"海上神农架"之美誉。同时，特殊的地理位置和环境条件使其在我国海洋生物区系上更具有独特的地位，南麂列岛海域既是我国若干暖水种分布的北限，又是若干冷水种分布的南限，是一个很特别的海洋生物分布混合区或过渡区，大约30%的贝藻类种类以南麂列岛海域为我国沿海分布的北界或南界。分布在我国南北海域的不同类别的贝藻类在南麂列岛几乎都可以找到它们的代表种。这种热带、亚热带和温带三种不同温度性质的贝藻类同时并存的现象，在国内是独一无二的，在国际上也十分罕见。因此，南麂列岛海域是全球为数不多的海洋生物物种聚集区，被公认为在全球海洋生物多样性保护和可持续利用上具有重要地位。

南麂列岛是一个海洋生物资源宝库，也是一个重要的捕捞生产渔场和贝藻类采集场所。南麂列岛远离大陆，陆域面积狭小，地域结构简单，资源构成单一，自有居民定居以来，在很长的一段历史时期，渔业既是当地的支柱产业，又是民生产业，南麂列岛海域及潮间带是当地渔民捕捞作业渔场和采挖贝藻类的场所，是他们赖以生存的空间。而南麂列岛国家级海洋自然保护区建立之后的20多年来，在平阳县政府和南麂列岛国家海洋自然保护区管理局及南麂镇政府的政策支持下，以旅游服务业为主的第三产业发展迅速，逐渐形成渔业和旅游业这两大支柱产业。

但是，海洋产业和海岛经济的快速发展，人类活动的加剧及全球气候的变化，也给南麂列岛国家级海洋自然保护区的生物资源及生态系统带来了新的威胁，造成了不利甚至是严重的影响和危害。尽管建立南麂列岛国家级海洋自然保护区之后采取了多种保护措施，有效地遏制了人类活动对生态环境和渔业资源的破坏，但由于历史上长期过度捕捞产卵鱼群和大量损害经济鱼虾蟹类的幼鱼，过度采挖潮间带的贝藻类资源，导致南麂列岛生物资源种群数量在减少，有些优势种变成了常见种、稀有种，生物多样性在下降。例如，根据俞永跃（2011）报道，20世纪 70 年代调查时,铜藻原属于南麂列岛海域的优势种,在南麂列岛海域均有分布,唯南麂岛各岙口生长最好;1992～1993 年调查时则仅在南麂岛各岙口有小片铜藻分布,到了 2003 年调查时,在整个南麂列岛海域均较难见到铜藻分布,而到了2006～2007 年调查时未能采集到铜藻标本。同时,随着海岛旅游业的发展,上岛观光旅游人数逐年增加,一方面为了迎合游客品尝海鲜和体验捕鱼虾采贝藻的需要,加大了对南麂列岛海域渔业生物资源的捕捞与采集压力,使南麂列岛浅海区及潮间带的生物资源数量进一步衰退;另一方面游客数量的增加,旅游基础设施的建设,将对南麂列岛海域生态环境等造成不利影响;另外,水产养殖过度发展带来的海水富营养化等都给南麂列岛的生物资源及生态系统造成严重危害,使其生物种类不断减少,某些物种甚至消失,种群数量持续下降,生物多样性逐渐丢失。

展望未来,21 世纪是开发利用海洋资源、发展海洋产业和海洋经济的世纪,在新的世纪里,随着陆上耕地面积减少和人口数量的增加,持续健康地开发利用海洋生物资源和保护海洋生态环境,从海洋里获取更多更好的动物蛋白食品,不仅对促进社会和地方经济持续发展有着不可忽视的推动作用,也是 21 世纪人类食物安全的重要保证。从海洋渔业角度来说,南麂列岛海域是渔民的捕捞生产渔场和采挖贝藻类场所,如何防止优良渔场的生态环境和渔业资源进一步恶化,保护和恢复渔业资源,以求渔业资源可持续利用,并在地方经济建设和渔区社会发展中做出重要贡献是我们的首要任务。从海洋自然保护区角度来说,其生物资源和生态环境的综合管理水平在某种意义上代表了我国海洋自然保护区的水平,它是世界认识我国海洋自然保护区状况的窗口,也是我国海洋自然保护区走向世界的桥梁。因此,要研究并制定南麂列岛国家级海洋自然保护区生物资源及生态环境保护与管理措施,通过强化保护区的基础设施建设,管理队伍建设和人员素质提高,开展生物资源与生态环境监测,落实公众教育和宣传计划,进一步提高南麂列岛海域生物资源的自然养护能力及其生物多样性的保护能力。同时,要运用现代科学技术手段,通过海洋牧场建设和增殖放流计划的实施,修复海洋生态环境,防止南麂列岛海域生态环境和渔业资源进一步恶化。这些工作对于扭转南麂列岛海域生态环境退化、渔业资源衰退及生物多样性下降的趋势具有积极意义,既是国家级海洋自然保护区保护生物多样性,减轻和防止对海岛生态系统的完整性造成威胁的管理目标,又是发展海洋经济,实现海洋渔业可持续发展的战略目标,还是建设美丽渔村与和谐社会的迫切需要。为此,特提出以下几条对策建议。

一、合理调整产业结构,积极推广生态养殖

南麂列岛远离大陆,陆地面积狭小,历史上海洋捕捞、水产养殖及贝藻类采

集等既是传统产业，又是支柱产业，一直以来渔业是唯一稳定发展的产业。南麂列岛是浙江省重点海珍品养殖基地，1997 年被列为全国首批十大科技兴海示范基地之一，2007 年南麂镇被授予"浙江省水产养殖产业强镇"称号。另外，自南麂列岛国家级海洋自然保护区建立以来，在当地政府和保护区的政策支持与引导下，以旅游服务业为主的第三产业发展迅速，逐渐形成渔业和旅游业这两大支柱产业。同时，将现代渔业与旅游业相结合的休闲渔业，也是南麂镇政府近年来积极提倡的产业，具有广阔的发展空间。

然而，受海洋渔业资源整体衰减趋势的影响，海洋捕捞业的前景不容乐观，海水养殖业尽管近期前景看好，但受到南麂列岛国家级海洋自然保护区管理要求的约束，南麂列岛可供养殖的海域面积又十分有限，预计养殖业在经过一定时期的发展之后，将受到空间限制而维持在一定水平。因此，调整渔业内部结构，改变捕养比例，实现南麂列岛渔业的可持续发展至关重要。建议在逐步减少捕捞的基础上，合理发展海水养殖业，适度发展游钓休闲渔业。对于水产养殖业的发展，必须结合海洋环境和生物多样性的保护，合理规划养殖区域，积极优化与推广生态养殖模式，避免养殖污染给保护区带来负面影响。要严格控制外来物种养殖，严格控制养殖规模和空间布局，禁止在核心区和缓冲区开展养殖活动。同时要积极提倡发展以游钓为特色的休闲渔业，降低保护区的采捕压力。休闲渔业的发展不仅能提供就业机会，而且有利于促使低效益的资源破坏型经济向高效益的资源保护型经济转变。在不干扰保护区总体目标和不影响保护区质量的前提下，科学、适度地从事一些友好型渔业利用活动，不仅能够促进保护区自养型经济的发展，还能使保护区在物种自然增殖中获益，既为解决保护区现存的物种资源衰退等难题提供一个很好的突破口，又为保护区的经济发展开辟了一条有效途径。

二、切实加强生物资源和生态环境保护

严格执行伏季休渔制度，深入推进"一打三整治"行动，加强执法力度，严厉打击涉渔"三无"船舶和各种非法的渔业行为，全面整治和规范捕捞渔船、渔具，坚决取缔与打击各种禁用渔具的制造、销售、维修、携带与使用行为。逐步减少渔船数量和功率总量。加强水生野生动物保护和救治，严厉打击非法捕捞、经营、运输水生野生动植物及其产品的行为，加强水生生物资源繁育区的保护力度。

依据南麂列岛的海域环境、资源状况和养护需求，合理确定水生生物资源增殖放流的功能定位，科学确定增殖放流品种和规模，积极开展重要生物资源种类的增殖放流行动，保护水生生物多样性。建立与完善水生生物资源增殖放流技术规范，提高水生生物资源增殖放流的苗种质量，加强放流效果监测评估。

三、积极推进海洋牧场建设和生态修复

通过采用人工鱼礁等工程建设和生物技术，有计划地选择适合海域，如在南麂列岛国家级海洋自然保护区外围的以东海域建设人工鱼礁区，加大投放人工鱼礁设施，营造海洋经济生物适宜的生长环境，开展鱼、贝、藻和海珍品人工增殖和农牧化增养殖，提高自然海域的生产力。加大各级财政对海洋牧场建设的投入力度，建设一批生态系统保护和恢复工程。逐步改善和提高南麂列岛海域的环境质量，积极引导社会资金投入人工鱼礁、海洋牧场建设，同时建设海洋牧场监测系统等海洋牧场配套设施，加强监测与管理工作。继续将铜藻生态修复作为海洋生态保护的一项重要工作来抓，铜藻不仅能提高海域初级生产力，净化水质环境，还能为众多海洋生物提供避敌、索饵、产卵的场所，它是重建海底藻场和实施海洋生态修复的重要物种之一。如今铜藻在南麂列岛海域衰退十分严重，因此，重建铜藻海藻场，采取铜藻生态修复的方法与手段，不仅可以遏制铜藻的衰退，还可以减缓南麂列岛海域生物多样性下降的趋势，达到生态环境修复的目的。

四、进一步完善与健全实时观测网络系统及管理体系

为了全面、准确地了解和掌握南麂列岛国家级海洋自然保护区保护对象的动态状况，准确评估保护区的实施效果，按照国家对海洋自然保护区的要求及南麂列岛国家级海洋自然保护区确定的功能分区的要求，结合生物资源及生态环境实时监测的实际情况和经验，进一步完成生物资源及生态环境监测点位的优化布设工作。在原有的大沙岙、蜡烛垄、大柴屿、上马鞍、大檑山和大山脚6个重要区域建立的6个观测站的基础上，在海上布设监测点位，建立长期定点连续监测站点，并及时汇总数据，建立完善的数据库和数值模拟系统，建立快速反馈机制，随时将发现的问题向上级报告和反映。积极更新落后、老化、已不能完全满足目前对生物资源及生态环境监测要求的海洋专用监测仪器设备。补充或新增观测方法所需的工作条件，如应用卫星遥感技术，开展海洋环境监测、评价，建立地面自动监测传输终端等，实施全天候管理。对南麂列岛陆上污水排放、海水重点水产养殖区污染情况实行监督控制监测，建立水质环境自动监测系统。建立包括环境条件指标、生物种群指标、生物量指标、生物多样性指标、环境质量指标等多指标的生态监测与评价指标体系，不断积累资料和探索工作经验，更好地做好南麂列岛国家级海洋自然保护区生物资源及生态环境质量分析与趋势预测。

五、进一步加强管护基础设施建设

南麂列岛既是国家级海洋自然保护区，又是省级风景名胜区，还是渔民的捕捞生产渔场及采挖贝藻类的场所，其生物资源的兴衰、生物多样性及生态环境的变化不仅受当地居民及周边县区渔民的捕捞、采挖影响，还受进岛游客的影响。因此，明确管理范围与边界，并设置鲜明醒目的警示标牌、建筑围护栅栏、设置浮标、建造更新执法管理船只、通信设备及监测装备等基础设施，对于禁止非法采捕及不合理利用十分重要。建议在原有的基础上进一步加强南麂列岛国家级海洋自然保护区生物资源及生态环境的管护设施建设，及时更新老旧设施设备，加强执法所需的通信设备、移动视频传输系统、车辆、执法艇等基本条件建设，构建卫星、无人机、岸基雷达和执法巡航相结合的全方位监控体系，对捕捞渔船和采挖人员进行有效的监管，以期进一步提高管理水平和执法能力，遏制非法偷捕、偷采行为，更好地保护南麂列岛海域生物资源及潮间带贝藻类生物多样性。

六、进一步加强管理队伍建设，走专管与群管相结合的路子

要积极组织专业管理人员参加各种类型的专业知识培训、考察、经验交流等，让管理人员学习和了解国际上海洋生物资源及生物多样性保护的先进理念和方法，提高海洋综合管理及海洋保护区管理的基础理论知识及实际执法能力，以利于南麂列岛国家级海洋自然保护区的生物资源及生态环境朝着健康、可持续的方向发展。同时多年实践证明，走群众路线，发动渔村渔民一起参加生物资源及生态环境和生物多样性管理是一条可行的成功路子。要不断健全和完善管理体系，在强化专业管理队伍建设的基础上，更要积极抓好群管组织工作，吸收当地群众和利益相关者参与南麂列岛国家级海洋自然保护区的管理工作，建立群防群管的管理队伍和网络，让渔民群众进行自我监督、管理，以解决管理与执法力量单薄的问题，充实管理与执法力量。要积极探索实行"谁保护、谁受益、谁管理"的管理模式，充分发挥当地居民群众的保护积极性，使他们了解保护区、关心保护区、支持保护区。

七、进一步加强生物资源及生态环境状况的科学调查与监测

科学调查研究是自然保护区保护管理的重要基础，事关生态环境的健康和生物资源的兴衰，一个保护区管理成功与否，在一定程度上取决于科考调查所获得的数据多少，以及这些数据及成果的可靠性和科学性。为了促进南麂列岛海域生态环境及生物多样性的保护，生物资源的合理开发利用及可持续发展，建议政府

加大投入，加强对南麂列岛国家级海洋自然保护区生物资源及生态环境的调查研究，加大对南麂列岛海洋科研的投入，增加人员编制，组建一支强有力的科研人才队伍，建立长期、连续、定点调查与监测的机制，以获得南麂列岛生物资源及生态环境最真实可靠的基础资料，及时、准确掌握生物资源、生态环境及生物多样性的现状，为政府制定生物多样性保护、生物资源管理和开发利用的客观决策提供科学依据，为实现生物资源的可持续利用提供强有力的技术支撑。要长期监测和定期调查保护区生物资源的种类组成、数量分布及生物多样性等群落结构特点，重要经济种类的生物学特性及种群数量变动规律，生态环境特点及生物群落结构演替趋势及影响因素等。

八、进一步加大社会宣传及公众教育力度

公众保护意识的提高是切实推行海洋生物资源及生态环境保护战略的基础，只有社会公众与渔区民众对保护认识提高到一定程度，南麂列岛海洋生物资源及生态环境保护理念及行动才能扎根于社会基层，并由他们付诸具体实践之中。因此，要进一步加强对南麂列岛国家级海洋自然保护区保护的宣传，充分利用展览馆、科普图书、画册、报刊、广播、电视、网站、微信公众号等形式，向社会公众传播与宣传保护的重要性、必要性，普及保护知识，提高社会公众的保护意识。同时，可以将南麂列岛生物资源、生态环境及生物多样性的内容编排成故事，加入中小学生教材，在课堂教学中向学生传授保护知识，也可以通过学生社会实践基地或者学生"夏令营"等活动，培养他们热爱海洋生物、保护海洋生物的意识。

参 考 文 献

毕耜瑶, 蔡厚才, 陈万东, 等. 2016a. 南麂岛潮间带软体动物多样性与群落结构[J]. 渔业研究, 38(2): 102-111

毕耜瑶, 蔡厚才, 陈万东, 等. 2016b. 南麂岛岩礁潮间带软体动物种类数量变化及其演替[J]. 渔业现代化, 43(3): 65-73

蔡厚才, 彭欣, 等. 2011. 走进贝藻王国[M]. 上海: 上海人民美术出版社

晁文春, 何贤保, 苗振清, 等. 2013. 春夏季南麂列岛海域甲壳类种类组成及分布特征[J]. 浙江海洋学院学报(自然科学版), 32(3): 214-224

陈国通, 杨晓兰, 杨俊毅, 等. 1994. 南麂列岛环境质量调查与潮间带生态研究[J]. 东海海洋, 12(2): 1-15

陈赛英, 王一婷, 孙建章, 等. 1980. 浙江南几列岛贝类区系的研究[J]. 动物学报, 26(2): 171-177

陈小庆, 俞存根, 虞聪达, 等. 2009. 东海中南部外海虾类群落结构特征分析[J]. 水生生物学报, 33(4): 664-673

陈小庆, 俞存根, 宋海棠, 等. 2010a. 东海中北部海域虾类群落结构特征及空间分布[J]. 海洋学研究, 28(4): 50-58

陈小庆, 俞存根, 虞聪达, 等. 2010b. 东海中南部外海虾类组成特征分析[J]. 浙江海洋学院学报(自然科学版), 29(4): 318-323

成庆泰, 王存信, 章炳谦, 等. 1964. 浙江近海鱼类分布的初步研究. 浙江近海渔业资源调查报告, 1-34.

程济生. 2000. 东、黄海冬季底层鱼类群落结构及其多样性[J]. 海洋水产研究, 21(3): 1-8

程家骅, 丁峰元, 李圣法, 等. 2006. 夏季东海北部近海鱼类群落结构变化[J]. 自然资源学报, 21(5): 775-781

程家骅, 姜亚洲. 2008. 捕捞对海洋鱼类群落影响的研究进展[J]. 中国水产科学, 15(2): 359-366

邓景耀, 金显仕. 2001. 渤海越冬场渔业生物资源量和群落结构的动态特征[J]. 自然资源学报, 16(1): 42-46

董聿茂, 胡英英. 1978. 浙江海产蟹类[J]. 动物学杂志, 13(2): 6-9

董聿茂, 胡英英. 1980. 浙江沿海游泳虾类报告II[J]. 动物学杂志, 15(2): 20-24

董聿茂, 胡英英, 汪宝永. 1986. 浙江沿海游泳虾类报告III[J]. 动物学杂志, 21(5): 4-6

董聿茂, 胡英英, 虞研原. 1958. 浙江舟山爬行虾类报告[J]. 动物学杂志, 2(3): 166-170

董聿茂, 虞研原, 胡英英. 1959. 浙江沿海游泳虾类报告I[J]. 动物学杂志, 3(9): 389-394

董聿茂. 1998. 东海深海甲壳动物[M]. 杭州: 浙江科学技术出版社

董婧, 刘海映, 许传才, 等. 2004. 黄海北部近岸鱼类的群落结构[J]. 大连水产学院学报, 19(2): 132-137

费鸿年, 何宝全, 陈国铭. 1981. 南海北部大陆架底栖鱼群聚的多样度以及优势种区域和季节变化[J]. 水产学报, 5(1): 1-20

高爱根, 陈国通, 杨俊毅, 等. 1994. 南麂列岛海洋自然保护区潮间带软体动物生态研究[J]. 东

海海洋, 12(2): 44-61

高爱根, 曾江宁, 陈全震, 等. 2007. 南麂列岛海洋自然保护区潮间带贝类资源时空分布[J]. 海洋学报, 29(2): 105-111

高爱根, 曾江宁. 2005. 南麂列岛国家级海洋自然保护区贝类新记录种[J]. 东海海洋, 22(3): 68

管秉贤. 1978. 我国台湾及其附近海底地形对黑潮途径的影响[J]. 海洋科学集刊, 14: 1-21

郭炳火, 林葵, 宋万先. 1985. 夏季东海南部海水流动的若干问题[J]. 海洋学报, 7(2): 143-153

韩洁, 张志南, 于子山. 2004. 渤海中、南部大型底栖动物的群落结构[J]. 生态学报, 24(3): 531-537

何贤保, 章飞军, 林利, 等. 2013. 南麂列岛岛礁区域鱼类种类组成和数量分布[J]. 海洋与湖沼, 44(2): 453-460

何贤保. 2013. 南麂列岛海洋自然保护区岛礁区鱼类群落结构特征研究[D]. 舟山: 浙江海洋学院硕士学位论文

黄宗国. 2008. 中国海洋生物种类与分布（增订版）[M]. 北京: 海洋出版社

姜亚洲, 程家骅, 李圣法. 2008. 东海北部鱼类群落多样性及其结构特征的变化[J]. 中国水产科学, 15(3): 453-459

金显仕, 邓景耀. 2000. 莱州湾渔业资源群落结构和生物多样性的变化[J]. 生物多样性, 8(1): 65-72

金显仕, 唐启升. 1998. 渤海渔业资源结构、数量分布及其变化[J]. 中国水产科学, 5(3): 18-24

金显仕. 2001. 渤海主要渔业生物资源变动的研究[J]. 中国水产科学, 7(4): 22-26

李建生, 李圣法, 程家骅. 2006. 长江口渔场鱼类组成和多样性[J]. 海洋渔业, 28(1): 37-41

李圣法, 程家骅, 李长松, 等. 2005a. 东海中部鱼类群落多样性的季节变化[J]. 海洋渔业, 27(2): 113-119

李圣法, 程家骅, 严利平. 2005b. 东海中南部鱼类群聚结构的空间特征[J]. 海洋学报, 27(3): 110-118

李圣法, 程家骅, 严利平. 2007. 东海大陆架鱼类群落的空间结构[J]. 生态学报, 27(11): 4377-4386

李圣法. 2005. 东海大陆架鱼类群落生态学研究——空间格局及其多样性[D]. 上海: 华东师范大学博士学位论文

李扬, 吕颂辉, 江天久, 等. 2009. 浙江南麂列岛海域氮磷营养盐季节动态及其环境影响因子分析[J]. 海洋通报, 28(4): 74-80

刘瑞玉. 1959. 黄海及东海虾类区系的特点[J]. 海洋与湖沼, 2(1): 35-42

刘瑞玉. 1963. 黄海和东海虾类动物地理学研究[J]. 海洋与湖沼, 5(3): 230-244

刘瑞玉. 2008. 中国海洋生物名录[M]. 北京: 科学出版社

刘勇, 李圣法, 程家骅. 2006. 东海、黄海鱼类群落结构的季节变化研究[J]. 海洋学报, 28(4): 108-114

马克平. 1993. 试论生物多样性的概念[J]. 生物多样性, 1(1): 20-22

马克平, 刘玉明. 1994. 生物群落多样性的测度方法[J]. 生物多样性, 2(4): 231-239

毛汉礼, 任允武, 万国铭. 1964. 应用 T-S 关系定量地分析浅海水团的初步研究[J]. 海洋湖沼, 6(1): 1-22

孟田湘. 1998. 渤海鱼类群落结构及其动态变化[J]. 中国水产科学, 5(2): 16-20

彭欣, 谢起浪, 陈少波, 等. 2009. 南麂列岛潮间带底栖生物时空分布及其对人类活动的响应[J].

海洋与湖沼, 40(5): 584-589

仇林根. 1992. 南麂海区的海洋鱼类及主要甲壳类[A]//浙江省海洋管理局. 南麂列岛国家级海洋自然保护区论文选(一). 北京: 海洋出版社: 77-87

单秀娟, 陈云龙, 戴芳群, 等. 2014. 黄海中南部不同断面鱼类群落结构及其多样性[J]. 生态学报, 34(2): 377-389

单秀娟, 金显仕. 2001. 长江口近海春季鱼类群落结构的多样性研究[J]. 海洋与湖沼, 42(1): 32-40

沈国英, 施并章. 2002. 海洋生态学[M]. 北京: 科学出版社

沈嘉瑞, 戴爱云. 1964. 中国动物图谱(甲壳动物: 第二册)[M]. 北京: 科学出版社

沈嘉瑞, 刘瑞玉. 1963. 中国海蟹类区系特点的初步研究[J]. 海洋与湖沼, 5(2): 139-153

沈金鳌, 程炎宏. 1987. 东海深海底层鱼类群落及其结构的研究[J]. 水产学报, 11(4): 293-306

沈新强, 史赟荣, 晁敏, 等. 2011. 夏、秋季长江口鱼类群落结构[J]. 水产学报, 35(5): 700-710

石晓勇, 李鸿妹, 王颢, 等. 2013. 夏季台湾暖流的水文化学特性及其对东海赤潮高发区影响的初步探讨[J]. 海洋与湖沼, 44(5): 1208-1215

松宫義晴, 和田時夫. 1977. 水型から見た東シナ海・黄海の水塊解析と底魚漁場について[J]. 長崎大学水産学部研究報告, 43: 1-21

宋海棠, 丁天明. 1995. 东海北部海域虾类不同生态类群的分布及其渔业[J]. 台湾海峡, 14(1): 67-72

宋海棠. 2002. 东海虾类的生态群落与区系特征[J]. 海洋科学集刊, 44: 124-133

宋海棠, 姚光展, 俞存根, 等. 2003. 东海虾类的种类组成和数量分布[J]. 海洋学报, (增刊): 8-12

宋海棠, 俞存根, 薛利建, 等. 2006. 东海经济虾蟹类[M]. 北京: 海洋出版社

孙建璋, 杭金欣. 1992. 南麂列岛的底栖海藻[A]//浙江省海洋管理局. 南麂列岛国家级海洋自然保护区论文选(一). 北京: 海洋出版社: 1-9

孙建璋, 王友松, 余海. 2000. 南麂列岛滨海生物实习指导[M]. 北京: 海洋出版社

孙建璋. 2006. 孙建璋贝藻类文选[M]. 北京: 海洋出版社

王迪, 林昭进. 2006. 珠江口鱼类群落结构的时空变化[J]. 南方水产科学, 2(4): 37-45

王树渤. 1994. 中国褐茸藻属二新种[J]. 植物分类学报, 32(4): 375-377

王旭, 朱根海. 1998. 南麂列岛潮间带底栖藻类与环境的关系探讨[J]. 环境污染与防治, 20(1): 36-38

王迎宾, 俞存根, 陈全震, 等. 2012. 春、夏季舟山渔场及其邻近海域鱼类群落格局[J]. 应用生态学报, 23(2): 545-551

王颖. 2013. 中国海洋地理[M]. 北京: 科学出版社: 166

王永泓, 陈国通. 1994. 南麂岛邻近海域底栖生物群落结构分析[J]. 东海海洋, 12(2): 62-69

王瑜, 刘录三, 林岿璇, 等. 2016. 南麂列岛海域春秋季网采浮游植物群落结构特征[J]. 广西科学, 23(4): 317-324

魏崇德, 陈永寿. 1991. 浙江动物志(甲壳类)[M]. 杭州: 浙江科学技术出版社

翁学传, 王从敏. 1985. 台湾暖流水的研究[J]. 海洋科学, 9(1): 7-10

翁学传, 王从敏. 1989. 关于台湾暖流水的研究[J]. 青岛海洋大学学报, 19(1): 159-168

夏陆军, 陈万东, 郑基, 等. 2016a. 南麂列岛海洋自然保护区的虾类种类组成和数量分布[J]. 中国水产科学, 23(3): 648-660

夏陆军, 俞存根, 蔡厚才, 等. 2016b. 南麂列岛海洋自然保护区虾类群落结构及其多样性[J]. 海

洋学报, 38(2): 73-83

徐宾铎, 金显仕, 梁振林. 2002. 黄海夏季不同取样网具渔获物组成比较分析[J]. 青岛海洋大学学报, 32(2): 224-230

徐宾铎, 金显仕, 梁振林. 2003. 秋季黄海底层鱼类群落结构的变化[J]. 中国水产科学, 10(2): 148-154

徐宾铎, 金显仕, 梁振林. 2005. 黄海鱼类群落分类学多样性的研究[J]. 中国海洋大学学报, 35(4): 629-634

徐芝敏, 蒋加伦, 孙建璋. 1994. 南麂列岛潮间带海藻资源与生态[J]. 东海海洋, 12(2): 29-43

许建平, 杨士英. 1992. 南麂列岛及其附近海域的水文和气候特征[A]//浙江省海洋管理局. 南麂列岛国家级海洋自然保护区论文选(一). 北京: 海洋出版社

杨晓兰, 张健, 叶新荣, 等. 1994. 南麂列岛自然保护区潮间带环境质量现状评价[J]. 东海海洋, 12(2): 70-77

叶新荣, 卢冰. 1994. 南麂列岛海域的油类含量[J]. 东海海洋, 12(2): 101-104

尤仲杰, 孙建璋, 王一农. 1992. 南麂列岛的贝类[A]//浙江省海洋管理局. 南麂列岛国家级海洋自然保护区论文选(一). 北京: 海洋出版社: 34-54

尤仲杰, 王一农. 1989. 南麂列岛海产双壳类的补充报道[J]. 浙江水产学院学报, 8(1): 17-28

尤仲杰, 王一农. 1993. 南麂列岛岩相潮间带贝类生态学研究[A]//贝类学论文集(第四辑). 青岛: 青岛海洋大学出版社: 67-77

俞存根, 宋海棠, 丁跃平, 等. 1994. 浙江近海虾类资源量的初步评估[J]. 浙江水产学院学报, 13(3): 149-155

俞存根, 宋海棠, 姚光展. 2005. 东海蟹类群落结构特征的研究[J]. 海洋与湖沼, 36(3): 213-220

俞存根, 陈全震, 陈小庆, 等. 2010. 舟山渔场及邻近海域鱼类种类组成和数量分布[J]. 海洋与湖沼, 41(3): 410-417

俞存根, 陈小庆, 宋海棠, 等. 2009a. 春季东海海域虾类群落结构及其多样性[J]. 生态学报, 29(7): 3594-3604

俞存根, 虞聪达, 章飞军, 等. 2009b. 浙江南部外海鱼类种类组成和数量分布[J]. 海洋与湖沼, 40(3): 353-360

俞永跃. 2011. 基于海岛管理的南麂列岛生物多样性保护实践与经验[M]. 北京: 海洋出版社

曾呈奎, 陆保仁. 1985. 东海马尾藻一新种——黑叶马尾藻[J]. 海洋与湖沼, 16(3): 169-174

曾呈奎. 2000. 中国海藻志, 第三卷 褐藻门 第二册 墨角藻目: 褐藻门墨角藻目[M]. 北京: 科学出版社

曾定勇, 倪晓波, 黄大吉. 2012. 冬季浙闽沿岸流与台湾暖流在浙南海域的时空变化[J]. 中国科学: 地球科学, 42(7): 1123-1134

曾江宁, 陈全震, 黄伟, 等. 2016. 中国海洋生态保护制度的转型发展——从海洋保护区走向海洋生态红线区[J]. 生态学报, 36(1): 1-10

曾江宁. 2013. 中国海洋保护区[M]. 北京: 海洋出版社

张波, 金显仕, 唐启升. 2009. 长江口及邻近海域高营养层次生物群落功能群及其变化[J]. 应用生态学报, 20(2): 344-351

张波, 李忠义, 金显仕. 2012. 渤海鱼类群落功能群及其主要种类[J]. 水产学报, 36(1): 64-72

张恒庆. 2005. 保护生物学[M]. 北京: 科学出版社

张健, 杨晓兰, 魏琳瑛. 1994. 南麂列岛潮间带环境本底调查[J]. 东海海洋, 12(2): 77-83

张鑫, 张绍文. 2009. 南麂列岛国家级海洋自然保护区生态补偿机制分析[J]. 管理观察, (18): 228-230

张永普, 应雪萍, 吴海龙, 等. 2000. 北麂列岛岩相潮间带底栖生物群落的组成特征[J]. 海洋湖沼通报, (4): 26-33

浙江省环境保护局. 1994. 南麂列岛自然保护区综合考察文集[M]. 北京: 中国环境科学出版社

郑元甲, 陈雪忠, 程家骅, 等. 2003. 东海大陆架生物资源与环境[M]. 上海: 上海科学技术出版社

周年兴, 林振山, 黄震方, 等. 2008. 南麂列岛旅游生态足迹与生态效用研究[J]. 地理科学, 28(4): 571-577

朱根海, 王春生, 高爱根, 等. 1998. 南麂列岛国家海洋自然保护区几种海洋动物胃含物中的微、小型藻类组成分析[J]. 东海海洋, 16(2): 29-40

朱鑫华, 唐启升. 2002. 渤海鱼类群落优势种结构及其种间更替[J]. 海洋科学集刊, 44: 159-168

朱鑫华, 杨纪明, 唐启升. 1996. 渤海鱼类群落结构特征的研究[J]. 海洋与湖沼, 27(1): 6-13

朱鑫华. 1996. 渤海鱼类群落个体数指标时空格局的因子分析[J]. 海洋科学集刊, 37: 163-175

朱鑫华. 1998. 渤海鱼类群落生物量指标时空格局的因子分析[J]. 海洋科学集刊, 40: 177-191

邹景忠, 董丽萍, 秦保平, 1983. 渤海湾富营养化和赤潮问题的初步探讨[J]. 海洋环境科学, 2(2): 41-54

Borja Á, Franco J, Rez V. 2000. A marine biotic index to establish the ecological quality of soft-bottom benthos within european estuarine and coastal environments[J]. Marine Pollution Bulletin, 40: 1100-1114

Borja Á, Muxika I. 2005. Guidelines for the use of AMBI (AZTI's marine biotic index) in the assessment of the benthic ecological quality [J]. Marine Pollution Bulletin, 50: 787-789

Crisp D J. 1971. Energy flow measurements[J]. *In*: Holme N A, Mcintyre A D. Methods for the Study of Marine Benthos. Oxford: Blackwell Scientific Publications: 197-279

Holme, N. A. and Mcintyre, A. D. (Eds). 1970. Methods for the Study of the Marine Benthos. Oxford: Blackwell Science.

Muxika I, Borja Á, Bald J. 2007. Using historical data, expert judgement and multivariate analysis in assessing reference conditions and benthic ecological status, according to the European Water Framework Directive[J]. Marine Pollution Bulletin, 55: 16-29

附图一　南麂列岛国家级海洋自然保护区功能区划图

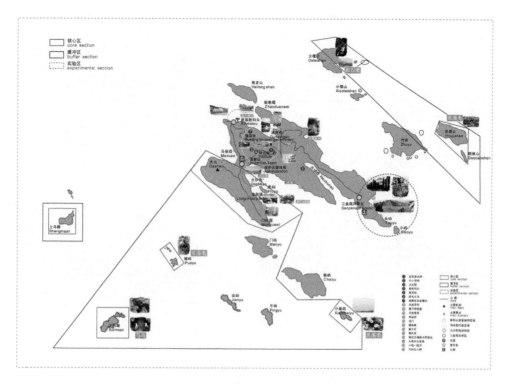

图 I-1　南麂列岛国家级海洋自然保护区功能区划图

附图二 南麂列岛浅海区部分渔业生物图片

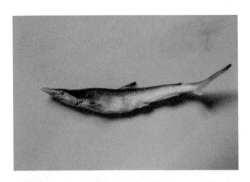

图II-1 尖头斜齿鲨 *Scoliodon sorrakowah*

图II-2 光魟 *Dasyatis laevigatus*

图II-3 斑鰶 *Konosirus punctatus*

图II-4 青鳞小沙丁鱼 *Sardinella zunasi*

图II-5 鳓 *Ilisha elongata*

图II-6 朴蝴蝶鱼 *Chaetodon modestus*

图 II-7 日本鳀 *Engraulis japonicus*

图 II-8 黄鲫 *Setipinna taty*

图 II-9 赤鼻棱鳀 *Thryssa kammalensis*

图 II-10 中颌棱鳀 *Thryssa mystax*

图 II-11 杜氏棱鳀 *Thryssa dussumieri*

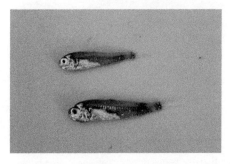

图 II-12 七星底灯鱼 *Benthosema pterotum*

图 II-13 凤鲚 *Coilia mystus*

图 II-14 大海鲶 *Arius thalassinus*

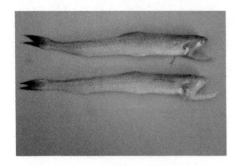

图Ⅱ-15　龙头鱼 Harpadon nehereus

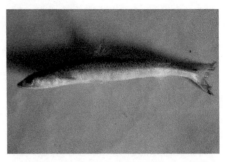

图Ⅱ-16　长蛇鲻 Saurida elongata

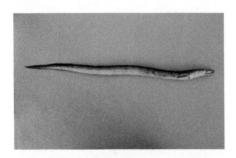

图Ⅱ-17　海鳗 Muraenesox cinereus

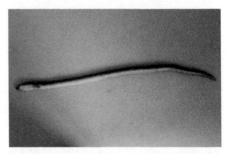

图Ⅱ-18　尖吻蛇鳗 Ophichthus apicalis

图Ⅱ-19　麦氏犀鳕 Bregmaceros macclellandii

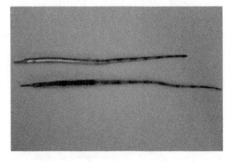

图Ⅱ-20　尖海龙 Syngnathus acus

图Ⅱ-21　鲐 Pneumatophorus japonicus

图Ⅱ-22　羽鳃鲐 Rastrelliger kanagurta

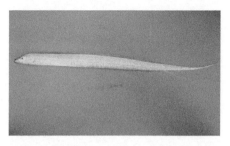

图Ⅱ-23 蓝点马鲛 *Scomberomorus niphonius* 图Ⅱ-24 小带鱼 *Eupleurogrammus muticus*

图Ⅱ-25 鲬 *Platycephalus indicus* 图Ⅱ-26 鹿斑鲾 *Leiognathus ruconius*

图Ⅱ-27 细鳞鯯 *Therapon jarbua* 图Ⅱ-28 日本竹筴鱼 *Trachurus japonicus*

图Ⅱ-29 蓝圆鲹 *Decapterus maruadsi* 图Ⅱ-30 大甲鲹 *Megalaspis cordyla*

图Ⅱ-31　黑纹条鲕 *Zonichthys nigrofasciata*

图Ⅱ-32　棘头梅童鱼 *Collichthys lucidus*

图Ⅱ-33　皮氏叫姑鱼 *Johnius belengerii*

图Ⅱ-34　杜氏叫姑鱼 *Johnius dussumieri*

图Ⅱ-35　白姑鱼 *Argyrosomus argentatus*

图Ⅱ-36　大黄鱼 *Pseudosciaena crocea*

图Ⅱ-37　黄姑鱼 *Nibea albiflora*

图Ⅱ-38　鮸状黄姑鱼 *Nibea miichthioides*

图Ⅱ-39 尖头黄鳍牙䱛 *Chrysochir aureus*

图Ⅱ-40 鮸 *Miichthys miiuy*

图Ⅱ-41 横带髭鲷 *Hapalogenys mucronatus*

图Ⅱ-42 刺鲳 *Psenopsis anomala*

图Ⅱ-43 银鲳 *Pampus argenteus*

图Ⅱ-44 灰鲳 *Pampus cinereus*

图Ⅱ-45 中国鲳 *Pampus chinensis*

图Ⅱ-46 拉氏狼牙虾虎鱼 *Odontamblyopus lacepedii*

图II-47 孔虾虎鱼 *Trypauchen vagina*

图II-48 拟矛尾虾虎鱼 *Parachaeturichthys polynema*

图II-49 纹缟虾虎鱼 *Tridentiger trigonocephalus*

图II-50 褐篮子鱼 *Siganus fuscescens*

图II-51 四指马鲅 *Eleutheronema tetradactylum*

图II-52 六指马鲅 *Polynemus sextarius*

图II-53 短尾大眼鲷 *Priacanthus macracanthus*

图II-54 黄鳍鲷 *Acanthopagrus latus*

图Ⅱ-55 中国花鲈 *Lateolabrax maculatus*

图Ⅱ-56 玳瑁石斑鱼 *Epinephelus quoyanus*

图Ⅱ-57 褐菖鲉 *Sebastiscus marmoratus*

图Ⅱ-58 牙鲆 *Paralichthys olivaceus*

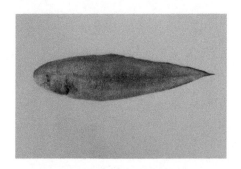

图Ⅱ-59 窄体舌鳎 *Cynoglossus gracilis*

图Ⅱ-60 半滑舌鳎 *Cynoglossus semilaevis*

图Ⅱ-61 眼镜鱼 *Mene maculata*

图Ⅱ-62 毛躄鱼 *Antennarius hispidus*

图Ⅱ-63　绿鳍鱼 *Chelidonichthys kumu*

图Ⅱ-64　吉氏豹鲂鮄 *Dactyloptena gilberti*

图Ⅱ-65　黄鳍东方鲀 *Takifugu xanthopterus*

图Ⅱ-66　铅点东方鲀 *Takifugu alboplumbeus*

图Ⅱ-67　横纹东方鲀 *Takifugu oblongus*

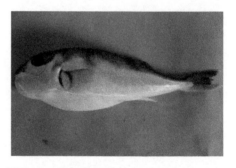

图Ⅱ-68　黑鳃兔头鲀 *Lagocephalus inermis*

图Ⅱ-69　丝背细鳞鲀 *Stephanolepis cirrhifer*

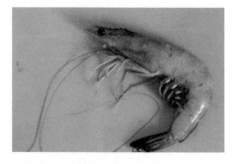

图Ⅱ-70　斑节对虾 *Penaeus monodon*

图II-71　鹰爪虾 *Trachypenaeus curvirostris*　图II-72　哈氏仿对虾 *Parapenaeopsis hardwickii*

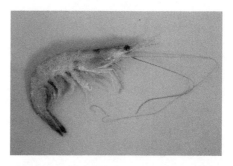

图II-73　中华管鞭虾 *Solenocera crassicornis*　图II-74　周氏新对虾 *Metapenaeus joyneri*

图II-75　须赤虾 *Metapenaeopsis barbata*　　　图II-76　鞭腕虾 *Lysmata vittata*

图II-77　长额拟鞭腕虾 *Exhippolysmata ensirostris*　图II-78　细螯虾 *Leptochela gracilis*

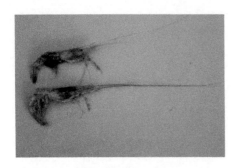

图 II-79　葛氏长臂虾 *Palaemon gravieri*　　图 II-80　脊尾白虾 *Exopalaemon carinicauda*

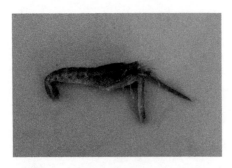

图 II-81　日本鼓虾 *Alpheus japonicus*　　图 II-82　鲜明鼓虾 *Alpheus distinguendus*

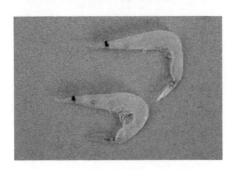

图 II-83　中国毛虾 *Acetes chinensis*　　图 II-84　日本关公蟹 *Dorippe japonica*

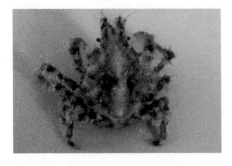

图 II-85　日本矶蟹 *Pugettia nipponensis*　　图 II-86　四齿矶蟹 *Pugettia quadridens*

图 II-87　三疣梭子蟹 *Portunus trituberculatus*　图 II-88　红星梭子蟹 *Portunus sanguinolentus*

图 II-89　远海梭子蟹 *Portunus pelagicus*　图 II-90　纤手梭子蟹 *Portunus gracilimanus*

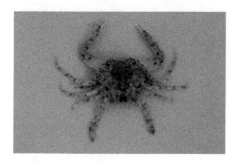

图 II-91　银光梭子蟹 *Portunus argentatus*　图 II-92　锈斑蟳 *Charybdis feriatus*

图 II-93　日本蟳 *Charybdis japonica*　图 II-94　锐齿蟳 *Charybdis acuta*

图II-95　双斑蟳 *Charybdis bimaculata*　　图II-96　隆线强蟹 *Eucrate crenata*

图II-97　七刺栗壳蟹 *Arcania heptacantha*　　图II-98　强壮菱蟹 *Parthenope validus*

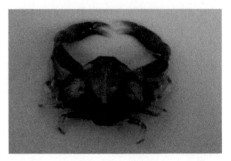

图II-99　泥脚隆背蟹 *Carcinoplax vestita*　　图II-100　斜方五角蟹 *Nursia rhomboidalis*

图II-101　兰氏三强蟹 *Tritodynamia rathbunae* 图II-102　伍氏平虾蛄 *Erugosquilla woodmasoni*

图II-103 金乌贼 *Sepia esculenta*

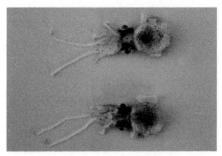

图II-104 双喙耳乌贼 *Sepiola birostrata*

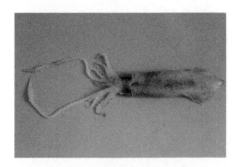

图II-105 火枪乌贼 *Loliolus beka*

图II-106 日本枪乌贼 *Loliolus japonica*

图II-107 结蚶 *Tegillarca nodifera*

图II-108 假奈拟塔螺 *Turricula nelliae*

图II-109 沟鹑螺 *Tonna sulcosa*

图II-110 甲虫螺 *Cantharus cecillei*

图Ⅱ-111　白带三角口螺 *Trigonostoma scalariformis* (Lamarck)

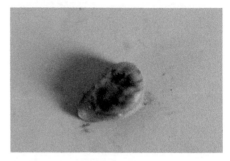

图Ⅱ-112　扁平窦螺 *Sinum planulatum*

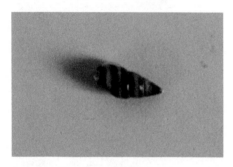

图Ⅱ-113　红带织纹螺 *Nassarius succinctus*

图Ⅱ-114　飞白枫海星 *Archaster typicus*

图Ⅱ-115　马粪海胆 *Hemicentrotus pulcherrimus*

图Ⅱ-116　细雕刻肋海胆 *Temnopleurus toreumaticus*

附录一　浙江省南麂列岛国家级海洋
自然保护区管理条例

浙江省南麂列岛国家级海洋自然保护区管理条例

（1996 年 6 月 29 日浙江省第八届人民代表大会常务委员会第二十八次会议通过
1996 年 7 月 15 日浙江省第八届人民代表大会常务委员会公告第五十一号公布）

第一条　为了保护南麂列岛国家级海洋自然保护区内海洋贝藻类物种资源及其生态环境，促进海洋科学研究和海洋经济的发展，根据《中华人民共和国海洋环境保护法》、《中华人民共和国自然保护区条例》以及其他有关法律、法规，结合本省实际，制定本条例。

第二条　南麂列岛国家级海洋自然保护区（以下简称保护区），位于北纬 27°24′30″至北纬 27°30′00″、东经 120°56′30″至东经 121°08′30″之间的南麂列岛及其附近海域，总面积为一百九十六平方公里。

第三条　省人民政府和保护区所在地的市、县人民政府应当加强对保护区工作的领导，并将保护区事业列入国民经济和社会发展计划。

省环境保护部门、保护区所在地市、县环境保护部门负责保护区的综合管理，有权对保护区的管理依法进行监督检查。

水产、土地、工商、交通、旅游、建设、规划和公安等部门，应当依照有关法律、法规的规定，协助做好保护区的保护和管理工作。

第四条　南麂列岛国家级海洋自然保护区设管理局（以下简称保护区管理局）。保护区管理局是隶属于平阳县人民政府的专门管理机构，负责保护区的保护、建设、规划和管理，业务上接受省海洋管理部门的管理。

保护区管理局可以根据工作需要，设立若干职能机构，具体负责保护区的保护、建设、规划和管理工作。平阳县人民政府有关部门设在南麂列岛的机构受县主管部门和保护区管理局的双重领导。

第五条　保护区管理局的主要职责是：

（一）执行国家和省有关自然保护区的法律、法规和规定；

（二）组织编制、实施保护区的总体规划；

（三）制定保护区的各项管理制度；

（四）监督协调有关部门设在保护区的机构的工作；

（五）设置和维护各种保护设施和标志；

（六）组织并管理在保护区内的科学研究活动和生态环境的监测监视工作；

（七）开展有关海洋自然资源和生态环境保护的宣传教育活动；

（八）监督管理保护区内的旅游开发活动；

（九）按本条例规定对违法行为进行查处；

（十）平阳县人民政府授予的其他管理职能。

第六条 保护区坚持保护为主、适度开发、开发服从保护的原则。

保护区的建设和管理，应当考虑当地经济建设和户籍在南麂列岛的居民的生产、生活需要。

第七条 在保护区内建立专业监察队伍保护管理与群众保护管理相结合的保护管理体系。

第八条 保护区总体规划是保护区保护、建设和管理工作的依据。保护区总体规划由保护区管理局组织编制，经平阳县人民政府审核，报省海洋管理部门批准后组织实施。

第九条 保护区实行三级分区管理：

（一）大山、大山礁、虎屿岛、小柴屿岛、上马鞍岛和大沙岙部分沙滩，以及上述岛屿和沙滩的陆域海岸线外的部分海域为一级保护区；

（二）稻挑山岛、后麂山岛、大檑山岛、海龙山岛、破屿岛、尖屿岛、平屿岛海岸线外二百米处和小柴屿一级保护区区界外二百米处的联线以内的海域和陆域，以及上马鞍岛一级保护区以北、以东、以南各一千米，以西至保护区西界的海域，除去与一级保护区重合的区域，为二级保护区；

（三）保护区内一级保护区和二级保护区之外的其他海域和陆域为三级保护区。

保护区的具体范围，以国家海洋管理部门批准的地理坐标的联线范围为准。保护区范围的调整或者改变，应当经原批准机关批准。

第十条 一级、二级、三级保护区的具体位置和范围，应当标绘于图，予以公告，并设置有关界碑、标志物和保护设施。

任何单位和个人不得破坏或者擅自移动保护区的界碑、标志物和保护设施。

第十一条 一级保护区实行封闭式保护，禁止除下列事项之外的一切活动：

（一）经批准的科学研究和考察活动；

（二）行政管理活动；

（三）船舶在大山南端与门屿岛之间航道内的无害通航；

（四）经省海洋管理部门和保护区管理局特别许可的其他活动。

平阳县人民政府应当创造条件，逐步将一级保护区内门屿尾村的居民迁出，妥善安排迁出居民的生活和生产。

第十二条　二级保护区实行有重点的保护，在确保海洋贝藻类物种资源及其生态环境不遭破坏和污染的前提下，可以进行有规划、有控制的科学研究、考察、教学实习、旅游开发、渔业生产等活动。

在二级保护区内贝藻类的珍稀品种和繁殖期、幼苗期的贝藻类禁止采捕，因科研需要经批准的采捕活动除外。

第十三条　三级保护区实行开发性保护，可进行指导性的开发活动，但不得损害贝藻类物种资源及其生态环境。

在三级保护区内贝藻类的珍稀品种和繁殖期、幼苗期的贝藻类禁止采捕，因科研需要经批准的采捕活动除外。

前条和本条所称禁采期以及禁采品种，由保护区管理局提出，经平阳县人民政府审核，报省海洋管理部门批准后公布执行。

第十四条　进入一级保护区从事科学研究、考察，必须事先经保护区管理局审核，报省海洋管理部门批准后，在指定区域内进行；进入二、三级保护区从事科学研究、考察、教学实习的，必须事先经保护区管理局批准。

进入二、三级保护区采集标本的，必须事先经保护区管理局批准，并按保护区管理局的规定进行。

从事第一款规定的活动的单位和个人，应当将其活动成果（包括照片、录像、资料、论文、图表等）的副本交送保护区管理局存档。

第十五条　保护区所在地的市、县人民政府应当正确引导保护区内的产业结构调整，鼓励渔民改变张网、凿挖等传统渔业生产方式，发展海水养殖、外海捕捞、旅游等产业。

第十六条　在二、三级保护区内进行渔业采捕活动的，除按规定领取捕捞许可证外，还必须经保护区管理局许可。

在二、三级保护区内的渔业采捕，实行配额控制。具体办法，由渔政部门会同保护区管理局提出，报平阳县人民政府批准后实施。

第十七条　在二、三级保护区内进行旅游开发活动的，开发计划必须符合保护区的总体规划。在二、三级保护区内组织旅游活动的，必须按批准的方案进行，并加强管理，防止污染与破坏贝藻类物种资源及其生态环境。

严禁在保护区内开设损害贝藻类物种资源及其生态环境的旅游项目。

第十八条　在二、三级保护区内实施的涉外活动，有关主管部门在审批前，必须征得保护区管理局和省海洋管理部门的同意；在一级保护区实施的涉外活动，有关主管部门在审批前，必须征得保护区管理局和省海洋管理部门同意后，报经国家海洋管理部门批准。

第十九条　保护区管理局应当制定绿化规划，绿化岛屿，保护植被。

禁止在保护区内擅自砍伐林木、挖沙、采石、烧荒、在野外燃烧废弃物等破坏陆域环境的行为。

第二十条 严禁在保护区内建设污染环境、破坏资源、景观的生产设施；其他建设项目，其污染物排放不得超过国家和地方规定的标准。在保护区内已建的设施，其污染物排放超过国家和地方规定的标准的，应当限期治理，逾期未治理或者污染严重的，必须限期关闭或者拆除。

第二十一条 在保护区内航行、停泊和作业的船舶，不得违反海洋环境保护法律、法规的规定排放油类、油性混合物和其他有害物质。

第二十二条 保护区保护、建设、管理所需经费，由海洋管理部门和保护区所在地县级以上人民政府安排。

第二十三条 有下列情形之一的单位和个人，由保护区管理局予以表彰、奖励：

（一）从事保护区保护、建设和管理工作成绩显著的；

（二）研究贝藻类物种资源及其生态环境获得重要成果的；

（三）开展保护区宣传教育工作成绩突出的。

第二十四条 违反本条例规定，有下列行为之一的单位和个人，由保护区管理局责令其改正，并可处以一百元以上二千元以下的罚款；情节严重的，可处以二千元以上五千元以下的罚款：

（一）擅自移动或者破坏保护区保护设施、界碑和标志物的；

（二）未经批准进入一级保护区的；

（三）经批准进行科学研究、考察、教学实习的单位和个人，不按规定提交活动成果副本的。

第二十五条 违反本条例规定，有下列行为之一的单位和个人，由保护区管理局责令其停止违法行为，赔偿损失，没收非法所得，并可处以三百元以上二千元以下的罚款；情节严重的，可处以二千元以上一万元以下的罚款：

（一）在一级保护区内采集、捕捞贝藻类和其他海洋生物的；

（二）在二、三级保护区内擅自采集、捕捞珍稀贝藻类品种或者在贝藻类禁采期内采集、捕捞贝藻类的；

（三）未经许可在二、三级保护区内进行渔业生产的；

（四）在二、三级保护区内超过批准的配额采捕的；

（五）在保护区内擅自砍伐林木、挖沙、采石、烧荒、在野外燃烧废弃物的。

第二十六条 违反本条例第十七条规定，在二、三级保护区内开设的旅游项目，损害贝藻类物种资源及其生态环境的，由保护区管理局责令取消该项旅游项目，并对开设单位处以一万元以上五万元以下的罚款。

第二十七条 违反本条例第二十条、第二十一条规定，给保护区内贝藻类及其生态环境造成污染或者破坏的，由有关主管部门或其委托的保护区管理局依法予以处罚。

第二十八条 在保护区内违反其他法律、法规的，应当依照有关的法律、法规处罚。

第二十九条 当事人对依照本条例做出的行政处罚决定不服的，可以依照《行政复议条例》和《中华人民共和国行政诉讼法》的规定申请复议或者提起诉讼。

第三十条 拒绝、妨碍保护区管理人员执行公务的，由公安机关依照《中华人民共和国治安管理处罚条例》的规定给予处罚；构成犯罪的，依法追究刑事责任。

第三十一条 保护区管理人员玩忽职守、滥用职权、徇私舞弊的，由有关部门按照管理权限给予行政处分；构成犯罪的，依法追究刑事责任。

第三十二条 因海上救助或者紧急避险，不适用本条例有关保护区禁入的规定。但在停留期间，超过救助或者紧急避险必需限度，违反本条例规定的行为，应当依照本条例的有关规定予以处罚。

第三十三条 本条例具体应用中的问题，由省海洋管理部门负责解释。

第三十四条 本条例自 1996 年 10 月 1 日起施行。

附录二 浙江省南麂列岛国家级海洋
自然保护区管理条例实施细则

浙江省南麂列岛国家级海洋自然保护区管理条例实施细则

第一条 为实施《浙江省南麂列岛国家级海洋自然保护区管理条例》（以下简称《条例》），根据《条例》规定，结合保护区实际，制定本细则。

第二条 本细则适用于保护区内所有的机关、部队、团体、学校、企事业单位和公民，以及进入保护区内从事科学研究、考察、教学、实习、旅游开发、渔业生产、临时居住、避风锚泊等活动的任何法人、自然人和其他组织。

第三条 保护区管理局负责本细则的组织实施，县以上人民政府应支持保护区做好保护管理工作，并对保护区工作加强领导、监督和检查。

第四条 保护区管理局按照浙江省海洋局批准的保护区总体规划组织实施保护、管理和建设工作。凡是在保护区内进行开发建设的，都必须编制符合保护区总体规划的区域详细规划，报保护区管理局组织论证、审核批准，才能组织实施。保护区管理局必须将区域详细规划报省海洋局备案。

第五条 保护区监察队是保护区管理局的内设机构，其主要职责是：

（一）具体执行国家和省有关自然保护区的法律、法规和规定；

（二）负责一级保护区（核心区）的封闭式管理；

（三）负责保护区内海域、陆域的生态环境和生物资源保护的监察工作，与有关部门共同维护保护区内的生产秩序；

（四）在保护区内对违反《条例》及其《实施细则》的行为，具体实施查处；

（五）在二、三级保护区内，协同渔政部门制定渔业采捕配额，检查、监督二、三级保护区的开发利用活动；

（六）设置和维护保护区的各种保护设施和标志；

（七）具体检查指导当地群众在二、三级保护区内开展的保护管理工作；

（八）保护区管理局交办的其他工作。

第六条 驻保护区内边防、渔政等有关行政执法机构应当支持、配合保护区监察队做好保护区的保护和管理工作。

第七条 分级保护措施：

（一）一级保护区（核心区）由保护区监察队实行封闭式管理，禁止除《条例》

规定许可的事项之外的一切活动；

（二）二、三级保护区根据《条例》第十二、十三条规定开展活动，实行保护区监察队和当地群众保护管理相结合的保护管理方式；

（三）保护区管理局负责组织、指导二、三级保护区内的群众保护管理队伍，群众保护管理队伍由保护区管理局批准聘任的义务监察队员组成，没有行政处罚权；

（四）保护区管理局负责义务监察队的培训工作，经过培训考核合格后，由管理局发给义务监察队员证书，凭证书上岗管理和保护。

第八条 分级保护区的标志物界碑：

（一）一级保护区（核心区）海域标志设红色浮球（灯）为界，陆域设石碑为界，刻有"核心区界碑"字样；

（二）二级保护区（缓冲区）海域标志设黄色浮球（灯）为界，陆域设石碑为界；

（三）三级保护区（实验区）海域标志设绿色浮球（灯）为界，陆域设石碑为界。

第九条 凡需进入一级保护区从事科学研究、考察的有关人员，必须在七天前向保护区管理局提出书面申请，详细报告人员名单、进出时间、目的和活动内容。经保护区管理局审核，报请省海洋局批准后，由保护区管理局派员带队在指定的区域活动，并按规定将其活动成果（包括照片、录像、资料、论文、图表等）的副本交送保护区管理局存档。

第十条 凡需进入二、三级保护区从事科学研究、考察、教学实习的，要在三天前提出申请，报保护区管理局批准，在指定的地点进行活动，并将其活动成果的副本交送保护区管理局存档。

第十一条 需要在二、三级保护区内实施的涉外活动，有关主管部门必须在一个月前向保护区管理局提出书面申请报告，详细填写人员名单、活动内容、时间计划，经保护区管理局同意，报省海洋局批准，一级区的涉外活动，须报国家海洋局批准。

第十二条 保护区管理局支持和鼓励户籍在南麂列岛的渔民改变张网以及在保护区内的采、捕作业。

第十三条 凡在二、三级保护区内进行贝藻类采捕活动的渔民，都必须向保护区管理局书面申报登记，领取准予生产许可证，按规定的时间、范围、采捕品种进行作业。许可证实行年审制度。

第十四条 在二、三级保护区进行捕捞或其他可能对保护区造成损害的活动，除渔政、航管、边防批准外，还必须到保护区管理局办理许可证。

第十五条 县级以上环境保护行政主管部门要依照《中华人民共和国海洋环

境保护法》《中华人民共和国陆源污染物损害海洋环境管理条例》以及其他有关法律、法规对保护区环境保护实施统一监督管理；会同保护区管理局对保护区内海域及陆地污染源实施现场监督检查。

第十六条 在保护区进行的各种建设项目，必须征得保护区管理局的同意，并严格执行环境影响评价制度和"三同时"制度，根据《建设项目环境保护管理办法》规定，按程序报环境保护行政主管部门审批；已建的违反《条例》第二十条规定的设施，限期在一九九九年底前治理完毕，并经有关部门验收合格达标排放；逾期未治理或不能达标的，必须关闭或拆除。

第十七条 现有设在保护区的宾馆、度假村、招待所及居民区的生活污水必须经过无害化处理，达标后排放。生活垃圾实行袋装或按指定地点堆放，统一处理，并按规定向有关部门缴纳排污费和处理费用。

第十八条 绿化岛屿、保护植被、植树造林是每个公民的应尽义务，保护区内所有单位和个人每年都必须进行义务植树。

第十九条 保护区支持单位和个人到岛上开发淡水资源和承包绿化岛屿。

第二十条 保护区研究所是保护区管理局的内设机构，其主要职责为：

（一）担任保护区内的科学研究任务，申报科研项目和计划，组织科研工作实施，报告科研成果，总结和推广科研经验；

（二）向保护区管理局提供珍稀贝藻类的品种，采取保护的措施，研究发展计划；

（三）向保护区管理局提供贝藻类的现状及生态环境监测资料，提出保护措施，研究发展计划；

（四）对保护区内的海洋自然资源和生态环境进行监测监视工作，并定期发布监测通报；

（五）负责保护区内贝藻类生物标本的采集、研究和保管；

（六）参与和配合国内外海洋及科研机构开展的科研活动；

（七）保护区管理局赋予的其他任务。

第二十一条 合理利用保护区的旅游资源，积极发展污染轻的生态旅游，通过调整产业结构和发展第三产业来提高岛上居民的生活水平和生活质量。

第二十二条 二、三级保护区的旅游开发活动由保护区管理局根据总体规划组织，并按照《条例》第十七条进行管理监督。

第二十三条 旅游开发活动需要招聘从事与旅游相关行业的从业人员时，应优先从户籍在当地的居民中招聘。

第二十四条 严禁在二、三级保护区内采捕下列贝藻类及其他海洋生物的珍稀品种：

（一）贝类：龟甲蛾、中华牡蛎、美丽珍珠贝、肩棘螺、杂色蛤、美叶雪蛤、栉孔扇贝、黑田皱石鳖、格氏蜮、杜氏小节贝、赫氏小节贝、整齐背尖贝、穿结单齿螺、美丽茅草螺、山椒螺、水泡扁玉螺、花扁玉螺、帽秫螺、出众爱克螺、完美菊花螺、海氏光角贝、杂色鲍、皱纹盘鲍、灰云母蛤、侧小须蚶、角隔贻贝、不规则丁蛎、迷人栉纹螺、圆裂齿蛤、日本凯利蛤、小弯曲蛤、西施舌、马氏珠母贝；

（二）藻类：清澜鲜奈藻、扁江蓠、金膜藻、错综红皮藻、粗凝菜、钩凝菜、舌形藻、异管藻、美丽异管藻、柔弱爬管藻、裙带菜、喇叭藻、薜羽藻、叉开松藻、平卧松藻、松藻、蛙掌菜、荧光环节藻、细爬管藻、褐舌藻、黑叶马尾藻；

（三）其他海洋生物：中国鲎、刺参、海豆芽、酸酱贝、日本海马、克氏海马、花点鲥、达氏鲟、黄唇鱼、中华鲟、鲥鱼、蠵龟、玳瑁、棱皮龟、江豚、髯海豹。

第二十五条　在二、三级保护区内，下列贝藻类在繁殖期、幼苗期严禁采捕：

（一）羊栖菜：9月至翌年2月份；

（二）紫菜：9月至翌年3月份；

（三）石花菜：11月至翌年6月份；

（四）荔枝螺：5～6月份；

（五）等边浅蛤：5～6月份，9～10月份；

（六）牡蛎：4～7月份；

（七）厚壳贻贝：3～10月份；

（八）曼氏无针乌贼：4～6月份；

（九）短蛸：3～8月份。

第二十六条　违反《条例》及其《实施细则》规定的行为，由保护区管理局依据《条例》第二十四、二十五、二十六、二十七条的规定，予以处罚。

违反其他法律、法规的，应当依照有关法律、法规由有关主管部门予以处罚。

第二十七条　当事人对行政处罚决定不服的，可以依照《行政复议条例》和《中华人民共和国行政诉讼法》的规定向浙江省海洋局或平阳县人民政府申请复议，或者向人民法院提起诉讼。

第二十八条　本细则具体应用中的问题，由省海洋局负责解释。

第二十九条　本细则自发布之日起施行。

浙江省海洋局

一九九八年十二月十四日

附录三　浙江省人民代表大会常务委员会关于修改《浙江省南麂列岛国家级海洋自然保护区管理条例》的决定

浙江省人民代表大会常务委员会公告第 72 号

《浙江省人民代表大会常务委员会关于修改〈浙江省南麂列岛国家级海洋自然保护区管理条例〉的决定》已于 2017 年 11 月 30 日经浙江省第十二届人民代表大会常务委员会第四十五次会议通过，现予公布，自公布之日起施行。

浙江省人民代表大会常务委员会

2017 年 11 月 30 日

浙江省人民代表大会常务委员会关于修改《浙江省南麂列岛国家级海洋自然保护区管理条例》的决定

浙江省第十二届人民代表大会常务委员会第四十五次会议决定对《浙江省南麂列岛国家级海洋自然保护区管理条例》作如下修改：

一、将第一条修改为："为了保护南麂列岛国家级海洋自然保护区内海洋贝藻类、海洋性鸟类、野生水仙花及其生态环境，促进海洋科学研究和自然生态平衡，根据《中华人民共和国海洋环境保护法》《中华人民共和国自然保护区条例》等有关法律、行政法规，结合本省实际，制定本条例。"

二、将第二条中的"总面积为一百九十六平方公里"修改为："总面积为二百零一点零六平方公里"。

三、将第四条修改为："省海洋行政主管部门和温州市人民政府共同设立南麂列岛国家级海洋自然保护区管理机构（以下简称保护区管理机构）。保护区管理机构负责保护区的保护、建设、规划和管理。"

"保护区管理机构可以根据工作需要，设立若干职能机构，具体负责保护区的保护、建设、规划和管理工作。"

四、删去第六条。

五、将第九条改为第八条，修改为："保护区分为核心区、缓冲区和实验区。"

"核心区、缓冲区和实验区的具体范围，以国家海洋行政主管部门批准的地理坐标的联线范围为准。其范围需要调整或者改变的，应当经原批准机关批准。"

六、将第十一条改为第十条，修改为："核心区实行封闭式保护，禁止任何单位和个人进入。"

"因科学研究的需要，必须进入核心区从事科学研究观测、调查活动的，应当事先向保护区管理机构提交申请和活动计划，并经省海洋行政主管部门批准。"

"保护区所在地人民政府应当创造条件，逐步将核心区内门屿尾村的居民迁出，妥善安排迁出居民的生活和生产。"

七、将第十二条改为第十一条，修改为："核心区外围的缓冲区只准进入从事科学研究观测活动，禁止开展旅游和生产经营活动。"

"因教学科研的目的，需要进入缓冲区从事非破坏性的科学研究、教学实习和标本采集活动的，应当事先向保护区管理机构提交申请和活动计划，经保护区管理机构批准。"

八、将第十三条和第十七条合并为第十二条，修改为："缓冲区外围的实验区可以进入从事科学试验、教学实习、参观考察、旅游以及驯化、繁殖珍稀、濒危野生动植物等活动。"

"在实验区内开展参观、旅游活动的，由保护区管理机构编制方案，方案应当符合保护区管理目标。进入实验区参观、旅游的单位和个人，应当按照方案进行参观、旅游，服从保护区管理机构的管理，防止破坏海洋贝藻类、海洋性鸟类、野生水仙花物种资源及其生态环境。"

"严禁开设与保护区保护方向不一致的参观、旅游项目。"

九、将第十五条改为第十四条，修改为："保护区所在地人民政府应当正确引导保护区内渔民发展保护区外海洋生态养殖、外海捕捞等产业。"

十、删去第十六条。

十一、将第十八条改为第十五条，修改为："外国人进入保护区的，应当事先向保护区管理机构提交活动计划，并经省海洋行政主管部门批准。"

"进入保护区的外国人，应当遵守有关保护区的法律、法规和规定，未经批准，不得在保护区内从事采集标本等活动。"

十二、将第十九条改为第十六条，修改为："保护区管理机构应当制定绿化规划，绿化岛屿，保护植被。"

"任何单位和个人不得在保护区内从事法律、行政法规禁止的行为。"

"禁止在保护区内采集野生水仙花、挖礁捡拾鸟蛋、捕捉鸟类、在野外燃烧废弃物等行为。"

十三、将第二十条改为第十七条，修改为："严禁在核心区和缓冲区建设任何生产设施。严禁在实验区内建设污染环境，破坏资源、景观的生产设施；其他建设项目，其污染物排放不得超过国家和地方规定的标准。实验区内已建成的设施，其污染物排放超过国家和地方规定的标准的，应当限期治理；逾期未治理或者污染严重的，应当限期关闭或者拆除。"

十四、将第二十四条改为第二十二条，修改为："违反本条例第九条第二款规定，擅自移动或者破坏保护区的界碑、标志物和保护设施的，由保护区管理机构责令改正，可处二百元以上二千元以下罚款；情节严重的，处二千元以上五千元以下罚款。"

十五、将第二十五条改为第二十三条，修改为："违反本条例第十六条第三款规定，在保护区内采集野生水仙花、挖礁捡拾鸟蛋、捕捉鸟类、在野外燃烧废弃物的，由保护区管理机构责令停止违法行为，赔偿损失，没收非法所得，可并处三百元以上二千元以下罚款；情节严重的，并处二千元以上一万元以下罚款。"

十六、删去第二十六条、第二十七条。

十七、将第二十八条改为第二十一条，修改为："违反本条例规定的行为，法律、行政法规已有法律责任规定的，从其规定。"

十八、删去第二十九条、第三十条、第三十一条、第三十二条。

此外，对个别文字作了修改，并根据本决定对条文顺序作了相应调整。

本决定自公布之日起施行。

《浙江省南麂列岛国家级海洋自然保护区管理条例》根据本决定作相应修改，重新公布。

后　记

　　1993 年 4 月，我从浙江水产学院（现浙江海洋大学）调入南麂列岛国家级海洋自然保护区工作，至今已有 24 个年头。南麂列岛优越的自然环境和丰富的生物多样性一直深深地吸引着我，让人流连忘返。20 多年来，我有幸在这里见证了一次又一次重要的科学考察活动，也结识了一批又一批来自国内外高校和科研院所的专家学者，与他们结下了深厚的情谊。我初到南麂时，保护区管理机构才刚刚组建（1992 年 6 月成立），但不久就专门成立了保护区研究所（1993 年 7 月成立），并任命我为负责人，从此本人与南麂的科研工作结下了不解之缘。一路走来，风风雨雨，千头万绪，但对保护区生态环境和保护对象的动态变化进行长期监测始终是一项最基础的工作任务。在南麂保护区不同区域内设置固定断面，研究海洋生物多样性几十年、一百年的长期变化，追踪人类活动对它们的影响，需要一代又一代人坚持做下去。如今南麂列岛国家级海洋自然保护区建立了博士后科研工作站、海洋生物与环境实验室，引进了国外高层次人才，与中国科学院海洋研究所、国家海洋局第二海洋研究所、北京师范大学、厦门大学、中国海洋大学、南京林业大学、上海海洋大学、浙江海洋大学等单位建立了长期合作关系，科研工作已逐步走上正轨，成果丰硕。为此我感到万分欣慰，并相信将来会有更好的发展。

　　南麂列岛国家级海洋自然保护区建立于 1990 年 9 月，建区之前（1989 年 8 月 25 日至 9 月 5 日）曾由环保部门组织海洋、生物、地理、土壤、地质、环保和规划等方面的专家对南麂列岛进行过一次多学科大型科学考察活动，中国科学院海洋研究所曾呈奎、刘瑞玉院士担任顾问，中国科学院海洋研究所、中国科学院植物研究所、上海自然博物馆、杭州大学、浙江水产学院等十余家单位参加。浙江省环境保护局于 1994 年在中国环境科学出版社出版了本次考察成果《南麂列岛自然保护区综合考察文集》。保护区成立之后，国家海洋局第二海洋研究所于 1992 年 5 月至 1993 年 3 月牵头实施了"南麂列岛国家自然保护区本底调查——潮间带底栖生物及环境质量评价"调查项目，并分别在《东海海洋》1994 年第 2 期和 1998 年第 2 期上刊出了两期调查成果专辑。1992 年浙江省海洋管理局还专门编辑出版了《南麂列岛国家级海洋自然保护区论文选（一）》。2003 年 3 月 16 日至 20 日、6 月 27 日至 7 月 4 日，国家海洋局第二海洋研究所再次牵头，完成了"浙江南麂列岛国家级海洋自然保护区功能区调整科学考察"项目，撰写了专题报告并发表了多篇论文。从 2005 年开始，由全球环境基金（GEF）技术援助、联合国开发计划署（UNDP）组织实施、中国政府国家海洋局（SOA）和南部沿海海洋主管部门及美国国家海洋和大气管理局（NOAA）共同承担的国别项目——"中国南部沿海生物多样性管理项目"（SCCBD）将南麂列岛列为 4 个示范区之一，开展海洋生物多样性与可持续利用示范，项目结束后，海洋出版社于 2011 年出版了《基于海岛管理的南麂列岛生物多样性保护实践与经验》。这些科学考察成果为南麂列岛保护和发展提供了弥足珍贵的基础资料。然而，随着时间的推移和环境的变迁，南麂列岛国家级海洋自然保护区的生态环境和海洋生物资源种类组成、群落结构及生物多样性等都发生了很大的变化，而且由于资金等条件所限，过去对浅海生态环境和生物资源一直缺乏系统调查研究。因此，重新全面开展一次南麂列岛国家级海洋自然保护区的生态环境与海洋生物资源的综合调查意义重大，势在必行。

随着国家海洋强国战略的实施和海洋事业的发展，海洋生态文明建设受到空前重视，海洋自然保护区作为海洋生态文明建设的主阵地正在发挥越来越重要的作用。2010 年国家海洋局开始实施中央分成海域使用金支持地方项目，浙江省海洋与渔业局组织申报了"浙江省海洋自然（特别）保护区建设"项目，项目下达总经费2000 万元，其中，"南麂列岛海洋自然保护区建设"作为首要子项目安排经费 1500万元。该子项目针对南麂列岛国家级海洋自然保护区当前最迫切需要解决的实际问题，主要设计安排了如下 4 方面建设内容。第一，保护区管护设施建设：①远程雷达监控系统建设；②数字视频环境监控系统建设。第二，保护区海洋生物资源与栖息环境调查及保护效果评估：①潮间带贝藻类资源群落结构特点、生物多样性研究；②浅海生物资源种类组成、数量分布及其群落结构特点研究；③保护区环境质量特点与海流系统特征及变动规律研究；④核心区贝藻类主要优势种演替规律研究；⑤保护效果评估及生物多样性保护与生物资源可持续利用的对策研究。第三，保护区宣传教育与科研监测能力建设：①保护区科教馆展览设施及设备购置；②保护区科教馆布展；③保护区实验室建设。第四，保护区大型海藻场建设和生态修复：①利用天然岩礁进行铜藻等大型海藻场建设；②人工海藻床（海藻增殖礁）建设；③浮筏栽培大型海藻；④海藻场建设本底与跟踪调查。其中，"南麂列岛国家级海洋自然保护区海洋生物资源与栖息环境调查及保护效果评估"项目（简称"保护区海洋生物资源与环境调查项目"）作为一项重要内容安排经费 275 万元。

本项目下达后，南麂列岛国家海洋自然保护区管理局领导高度重视，成立项目领导小组和实施小组，时任局长方明晓任项目领导小组组长，而本人作为保护区分管科研的总工程师有幸担任"保护区海洋生物资源与环境调查项目"实施小组组长。考虑到本调查项目内容技术要求高，工作量大，时间跨度长，要求多学科合作，项目申报和实施方案编写时已邀请中国科学院海洋研究所、中国环境科学研究院、浙江海洋学院等相关科研单位参加，经平阳县人民政府研究决定项目实施仍继续由这些单位根据各自的学科优势分工负责、协作完成。经充分协商讨论，将项目任务具体分解如下：由中国环境科学研究院、南麂列岛国家海洋自然保护区管理局负责保护区生态环境调查与评价；由中国科学院海洋研究所、浙江海洋学院、南麂列岛国家海洋自然保护区管理局负责保护区潮间带生物调查研究；由浙江海洋学院、南麂列岛国家海洋自然保护区管理局负责浅海渔业资源调查研究；由南麂列岛国家海洋自然保护区管理局负责项目总协调和后勤保障。根据分工要求，项目组于 2013 年 11 月、2014 年 2 月、2014 年 5 月、2014 年 8 月至 9 月分别开展了秋、冬、春、夏 4 个季节潮间带、浅海生态环境与生物资源外业调查和采样，并进行内业处理和分析鉴定，获取了大量的样品和数据，并由各单位分头负责完成了调查报告的撰写，部分成果已撰写成论文报告陆续在有关学术刊物上发表。为了全面系统地反映本次调查成果，为保护区积累科学资料，我们决定编辑出版成果报告系列专著，《南麂列岛海洋自然保护区浅海生态环境与渔业资源》是其中的第一本著作，其他成果将随项目研究进展陆续推出。

本项目是保护区建区以来首次由南麂列岛国家海洋自然保护区管理局牵头组织实施的大型科学考察活动，通过本项目的实施，保护区培养锻炼了自己的科研队伍，组织协调能力显著提升，多名科研人员通过参加本项目工作完成了在职研究生学习任务；有关项目参加单位也利用本项目培养了一批博士后、博士及硕士研究生，使保护区在培养专业人才方面发挥了重要的作用。同时也正是有了这些敏锐、勇敢的年轻人的辛勤劳动和不懈努力，项目才得以顺利完成。中国科学院海洋研究所海洋生物分类与系统演化实验室主任徐奎栋研究员、浙江海洋大学水产学院院长俞存根教授、中国环境科学研究院林岿璇博士作为各合作单位的项目负责人为本项目的实施倾注了大量的心血。他们制订了周密的实施方案，调配了得力的人员组成强大的考察团队，4 家单位先后参加本项目的工作人员有 50 多人，组成了保护区建立以来阵容最强大的一次科考团队。此外，在本项目的申报和实施过程中，浙江省海洋与渔业局生态环境处傅国君副调研员负责组织协调项目申报工作，多次召集会议讨论实施方案编写和修改，并对项目的实施进行督促；国家海洋局宁波海洋开发研究院杨和福研究员主持总实施方案的编写；华东师范大学生态与环境科学学院甲壳类专家刘文亮副研究员受邀参加了部分调查工作；辽宁师范大学生命科学学院藻类专家王宏伟教授也多次指派研究生前来参加调查；南麂列岛国家海洋自然保护区管理局时任局长方明晓和现任局长周胜荣及全局同志都对项目的实施给予了大力支持和热心帮助；还有中国海监南麂列岛国家海洋自然保护区支队"中国海监 7072"号艇全程参加了海上调查工作和后勤支援。本项目的成功实施离不开各方的携手合作和无私奉献，在此一并表示衷心的感谢！

蔡厚才

2017 年 4 月 28 日于南麂列岛